U0234317

应用概率论基础

Fundamentals of Applied Probability

刘宴涛　编著

北京理工大学出版社
BEIJING INSTITUTE OF TECHNOLOGY PRESS

内容简介

本书主要内容包括集合论基础、随机事件和概率、随机变量、随机变量的数字特征、概率极限理论、数理统计基本概念、参数估计、假设检验等. 本书是在总结教学经验的基础上汇编成册的，内容翔实，表述严谨，深入浅出，既清晰地阐明了各个概念和定理，又能与工程应用紧密结合，有助于读者掌握和理解概率论基础知识. 本书可作为大学工程类专业本科生“概率论与数理统计”课程的教材，还可以为工程技术人员参考使用.

图书在版编目（CIP）数据

应用概率论基础 / 刘宴涛编著. —北京：北京理工大学出版社，2013.3（2024.2重印）

ISBN 978-7-5640-6554-6

Ⅰ. ①应…　Ⅱ. ①刘…　Ⅲ. ①概率论-高等学校-教材②数理统计-高等学校-教材　Ⅳ. ①O21

中国版本图书馆 CIP 数据核字（2012）第 186697 号

出版发行 / 北京理工大学出版社
社　　址 / 北京市海淀区中关村南大街 5 号
邮　　编 / 100081
电　　话 /（010）68914775（办公室）　68944990（批销中心）　68911084（读者服务部）
网　　址 / http：// www.bitpress.com.cn
经　　销 / 全国各地新华书店
印　　刷 / 北京虎彩文化传播有限公司
开　　本 / 710 毫米 × 1000 毫米　1/16
印　　张 / 14
字　　数 / 275 千字　　　　责任编辑 / 陈莉华
版　　次 / 2013 年 3 月第 1 版　2024 年 2 月第 4 次印刷　　　　责任校对 / 周瑞红
定　　价 / 28.00 元　　　　责任印制 / 王美丽

序

对于像“概率论”这样一门历史悠久的数学基础课而言，其学科体系、章节安排、基本材料都已经比较成熟，所以想要编写出一本新颖的教材确非易事。日前刘宴涛博士以其近著见示，读来让人耳目一新。该书充分考虑了工程类专业的学科特点，在讲解的难度上把握得非常得当。国内的概率论教材大多为数学专业的专家所编著，其中有些教材为了保持知识体系的完整性和数学的严谨性，把概率论完全建立在测度论基础上，这对于工科专业的低年级学生来说未免难度太大。还有些教材尽管难度较低，但与工程应用结合得不紧密，例题多以生活中抽球、掷色子等试验为主，缺少与工程实践结合得比较紧密的例子，这就让学生感觉概率距离自己的专业知识太远，无法学以致用。刘宴涛博士的这本著作在这两点上处理得很好，虽然章节安排上与现有的《概率论》教材类似，但在选材和行文上颇为斟酌，既沿着现行教材讲解的主线，又清晰地阐述了像《集合论基础》《概率论公理化体系》《几何概率》等传统教材讲述较少的内容；既举了很多工程实例，又加入了一些 MATLAB 使用的技巧，这些都极大地提高了学生对基本概念的理解和用概率论解决实际问题的能力。此外，该书对随机事件、随机变量、数字特征等知识点的讲解沿着离散型和连续型两条线并行前进，这种行文的方式可以帮助读者清晰地理解对这两类问题处理方法的不同，因此是一种很好的内容编排方式。最后，需要特别指出的是，该书充分利用了图形化工具清晰明了的特点，在讲解诸如随机变量的分布函数和概率密度函数、三种重要分布、假设检验拒绝域等概念时，以及一些例题的求解过程中，大量运用了图形加以说明，极大地帮助了读者的理解。

刘宴涛博士在概率论与随机过程、通信、网络等交叉领域从事研究和教学工作多年，积累了丰富的经验，这部著作凝聚了他多年的心得体会，相信能够给读者提供很大的帮助。

安建平

前言

“概率论”是一门研究随机现象的数量规律性的数学学科，而随机现象表现为没有确定的规律性，但具有统计规律性，在经济、通信、控制、社会学、网络、交通等领域普遍存在，因此“概率论”已经成为工程技术人员不可缺少的基本知识.

本书主要内容包括集合论基础、随机事件和概率、随机变量、随机变量的数字特征、概率极限理论、数理统计基本概念、参数估计、假设检验等. 本书是在编著者总结教学经验的基础上汇编成册的，内容翔实，表述严谨，深入浅出，既清晰地阐明了各个概念和定理，又能与工程应用紧密结合，有助于读者掌握和理解概率论基础知识.

本书的主要编写特点如下：

（1）直观化、实用化. 作为一门本科阶段必修的数学基础课，学生在学习“概率论”后，一方面觉得“概率有点难”；另一方面存在“不知概率有什么用，怎么用”的疑惑。本书把理论与实际应用紧密结合，在阐述基本知识点的同时，列举了大量工程应用实例加以解释，并辅以图形、图表等辅助手段，力争做到对知识点的说明直观化、实用化. 比如，以作者较为熟悉的通信和信息领域为例，信息论是重要的理论基础，而香农信息论正是以概率的方法构建的，其中熵、平均互信息、信道容量等概念都要靠概率的相关概念加以解释；再比如，大数定律和中心极限定理一直是概率论学习的难点，学生很难理解和应用，而在信息论中著名的渐进等分割性定理（AEP）的证明就是靠大数定律，把这样的例子融入到“概率论”教学中，不但能增加学生的学习兴趣，把理论直观化、实例化，还能促进学科的交叉学习，让学生触类旁通.

（2）内容的广度、深度适中. 广度、深度适中是本书另一个追求的目标，本书兼顾“概率论”这门课程的特点和考研及工程应用等具体要求，在选材的广度和深度方面下了很大工夫，既清晰地阐述事件概率、随机变量、常用分布、数字特征、数理统计等基本知识点；又增加了对集合论、基本事件空间、公理化体系、分布函数和矩等概念的说明，这些内容在国内现行的大学教材中阐述得较少或者较浅，导致学生学完后不能建立完整的知识体系，碰到一个实际概率问题不知从何处下手加以分析.

本书可用作大学工程类专业“概率论”课程的教材，亦可作为工程技术人员参考使用. 其内容涵盖了“概率论与数理统计”的基本内容，本书在编写过程中参考了教育部考试中心拟定的硕士研究生入学考试数学大纲．在此，向引用文献的作者表示衷心的感谢！

限于编著者水平，书中疏漏与不妥之处，敬请读者批评指正．

编著者

目　录

第一章　集合论基础 …… 1

1.1　集合的基本概念 …… 1

1.2　集合的运算 …… 2

1.3　集合的映射 …… 5

1.4　集合的对等与分类 …… 5

1.4.1　集合的对等 …… 5

1.4.2　集合的基数 …… 6

1.4.3　可列集与不可列集 …… 6

1.4.4　集合的分类 …… 8

1.5*　测度理论基础 …… 8

1.5.1　点集 …… 8

1.5.2　开集、闭集和波雷尔集 …… 9

1.5.3　测度 …… 9

习题一 …… 11

第二章　随机事件和概率 …… 12

2.1　随机试验的基本概念 …… 12

2.2　离散型随机试验 …… 14

2.2.1　基本事件的概率分布 …… 15

2.2.2　σ 代数 …… 17

2.2.3　概率空间 …… 17

2.2.4　古典概型 …… 18

2.3　连续型随机试验 …… 20

2.4　概率的定义 …… 23

2.4.1　概率的统计定义 …… 23

2.4.2　概率的古典定义 …… 24

2.4.3　概率的公理化定义 …… 24

2.4.4　公理的推论 …… 25

2.5　条件概率 …… 27

2.5.1　条件概率和乘法公式 …… 27

2.5.2　随机事件的独立性 …… 28

2.5.3 独立试验序列概型 …… 30
2.5.4 全概公式和逆概公式 …… 31
*2.5.5 条件概率在数字通信中的应用 …… 33
2.6* 几何概率 …… 35
习题二 …… 38
第三章 随机变量 …… 42
3.1 什么是随机变量? …… 42
3.2 随机变量概率的获得 …… 43
3.3 随机变量的概率分布和分布函数 …… 44
3.3.1 随机变量的概率分布 …… 44
3.3.2 分布函数 …… 47
3.4 离散型随机变量 …… 51
3.4.1 两点分布 …… 51
3.4.2 二项分布 …… 52
3.4.3 几何分布 …… 53
3.4.4 超几何分布 …… 53
3.4.5 泊松分布 …… 54
3.5 连续型随机变量 …… 57
3.5.1 均匀分布 …… 58
3.5.2 指数分布 …… 58
3.5.3 正态分布 …… 59
3.6 一维随机变量函数的分布 …… 61
3.6.1 离散型 …… 62
3.6.2 连续型 …… 63
3.7 二维随机变量 …… 65
3.7.1 离散型随机变量 …… 65
3.7.2 连续型随机变量 …… 67
3.7.3 条件分布 …… 73
3.8 随机变量的独立性 …… 75
3.9 二维随机变量函数的分布 …… 76
习题三 …… 83
第四章 随机变量的数字特征 …… 88
4.1 数学期望及其性质 …… 88
4.1.1 随机变量的期望 …… 88
4.1.2 随机变量函数的期望 …… 91
4.1.3 矩 …… 94
4.1.4 数学期望的性质 …… 94

4.2　方差及其性质 …… 96
4.2.1　随机变量的方差 …… 96
4.2.2　方差的性质 …… 97
4.3　常用分布的期望和方差 …… 98
4.3.1　离散型 …… 98
4.3.2　连续型 …… 102
4.4　协方差和相关系数 …… 105
4.5*　熵 …… 108
4.6*　特征函数 …… 110
习题四 …… 112
第五章　概率极限理论 …… 116
5.1*　随机变量的收敛性 …… 116
5.2　切比雪夫不等式 …… 117
5.3　大数定律及其应用 …… 118
5.4　中心极限定理及其应用 …… 122
习题五 …… 126
第六章　数理统计基本概念 …… 129
6.1　数理统计基本概念及概率密度的近似求法 …… 129
6.2　统计量 …… 132
6.3　三种重要分布 …… 135
6.4　正态总体统计量的分布 …… 139
6.4.1　单个正态总体统计量的分布 …… 139
6.4.2　两个正态总体统计量的分布 …… 144
习题六 …… 149
第七章　参数估计 …… 152
7.1　参数估计的基本概念 …… 152
7.2　点估计 …… 152
7.2.1　矩估计 …… 152
7.2.2　最大似然估计 …… 154
7.2.3　点估计量的评价标准 …… 155
7.3　正态总体参数的区间估计 …… 158
7.3.1　区间估计的基本概念 …… 158
7.3.2　单个正态总体参数的区间估计 …… 159
7.3.3　两个正态总体参数的区间估计 …… 162
7.3.4　单侧置信区间估计 …… 164

习题七 …… 166
第八章　假设检验 …… 170
8.1　假设检验的基本概念 …… 170
8.2　单个正态总体参数的假设检验 …… 172
8.3　两个正态总体参数的假设检验 …… 176
习题八 …… 180
附表一　标准正态分布表 …… 183
附表二　χ^2分布表 …… 185
附表三　t 分布表 …… 187
附表四　F 分布表 …… 189
习题答案 …… 197
参考文献 …… 208

第一章

集合论基础

集合论是研究集合，尤其是无限集合的一般性质的理论，是19世纪卓越的德国数学家康托尔（George Cantor 1845—1918）创立起来的．在创立之初，该理论已渗透到数学的许多分支，并成为近代数学的基础，因为任何一个数学概念都能从集合论的概念出发定义出来，任何一条数学定理也能从集合论的定理出发推导出来．大部分数学学科分支都可以统一在集合论的框架中，比如，几何学是研究点的集合；抽象代数中的群、环、域等都是定义了某种特殊运算的集合；数学分析中实数、有理数等都是集合，函数也无非是集合间映射的代名词，函数的定义域和值域也是集合；此外，实变函数、泛函等都与各种集合相关联．对各种概率问题的讨论虽然出现得很早，但这门学科的理论基础直到近代才被确立，与很多其他学科一样，概率论也是构建在集合论、测度论等理论体系之上的，所以，我们有必要对集合论和测度论有所了解．

1.1　集合的基本概念

一个数学系统必须从一些不可定义或无须定义的概念开始，集合就是这样一个概念．一般将明确的能够相互区别的个体事物的全体称为集合，组成集合的个体事物称为元素，这是对集合的一个直观的描述性的说明．根据该说明，构成集合的元素必须是能够明确的相互区分的，所以在一个学校中，低年级同学不能构成一个集合，因为这里“低年级”是一个模糊的界定．常用大写字母A, B, C, D表示某集合，用小写字母a，b，c或x，y，z代表元素．元素a如果是集合A中的某个元素，则称a属于A，记作$a \in A$；反之，称a不属于A，记作$a \notin A$. 我们熟知的集合有，全体自然数构成的集合被称为自然数集，记作$\mathbf{N}$；全体实数构成的集合被称为实数集，记作$\mathbf{R}$；全体有理数构成的集合被称为有理数集，记作$\mathbf{Q}$. 再比如：

(a) 一个班级的全体同学；

(b) $\{0, 1\}$，该集合是逻辑代数、数字电路和数字通信的基础；

(c) 先后掷两颗色子的全部可能结果；

(d) 打靶时假设不会发生脱靶，则击中点构成的集合；

(e) 区间(a, b)中的全部实数.

在这几个例子中，(a) 集合的元素是每个同学；(c) 集合的元素是有序对的形式，包括 (1, 1)，(1, 2)，(1, 3)，(1, 4)，(1, 5)，(1, 6)，…，(6, 1)，(6, 2)，(6, 3)，(6, 4)，(6, 5)，(6, 6) 共 36 个元素，每个元素的第一个分量表示第一颗色子的结果，第二个分量表示第二颗色子的结果.

集合有以下两种表示方法：

(1) 列举法：列出集合中的全体元素，元素之间用逗号分开，然后用花括号括起来. 比如 $\{a, b, c, d\}$ 和 $\{0, 1, 2, \cdots\}$. 需要说明的是集合中元素是没有次序的，因此 $\{a, b, c, d\}$ 和 $\{d, c, b, a\}$ 是同一个集合.

(2) 描述法：用集合中元素的共有性质描述集合. 比如 $A = \{x \mid x$ 是三年级同学$\}$ 表示三年级全体同学构成的集合；再比如 $B = \{x \mid x$ 是自然数$\}$.

与集合有关的另外一些概念包括：

空集：没有任何元素的集合称为空集，用符号 $\varnothing$ 表示，因此空集的元素个数为 0. $\varnothing$ 在集合论中扮演着代数中 0 的角色.

子集：如果集合 A 的所有元素同时也是集合 B 的元素，则称 A 是 B 的子集，记作 $A \subseteq B$，读作 A 包含于 B，或 B 包含 A；如果 A 是 B 的子集，且 B 中存在着不属于 A 的元素，即 $\exists x \in B$，但 $x \notin A$，则称 A 是 B 的真子集，记作 $A \subset B$. 规定空集 $\varnothing$ 是任何集合的子集. 如果 $A \subseteq B$ 且 $B \subseteq A$，则称集合 A 和 B 相等，这常常被用来证明两个集合相等.

全集：讨论某具体问题时，需要选定一个“最大的”集合，使该问题涉及的其他所有集合都成为其子集，称这个“最大的”集合为全集，用符号 Ω 表示.

集合类：以集合作为元素的集合称为集合类. 因此，集合类可看作是“集合的集合 (Set of Set)”.

集合函数：以集合为自变量的函数称为集合函数，简称集函数. 因此，集合函数的定义域应该是集合类.

1.2 集合的运算

集合的运算是指集合与集合之间的运算，包括交、并、差、补、笛卡尔积和幂集，这些运算的结果是一个新的集合. 文氏图 (Voronoi diagram) 可以清楚直观地表示集合的运算. 在文氏图中，以大的矩形区域表示全集 Ω，以矩形区域内部小的区域表示各个子集.

1. 交 ($A \cap B$)

集合 A 和 B 的交集是这样一个集合，该集合中的元素既属于集合 A，又属于集合 B，因此是由 A 和 B 的公共元素所构成. 用描述法表示为：

$$A \cap B = \{x \mid x \in A \text{ 且 } x \in B\}.$$

$A \cap B$ 也可记作 AB. 当两个集合没有交集，即 $A \cap B = \varnothing$ 时，称 A 和 B 互不相容或互斥. 推广到三个集合，集合 A，B 和 C 互不相容是指 A，B，C 两两互不相容，即同时满足：

$$A\cap B\cap C=\varnothing \text{且} A\cap B=\varnothing, A\cap C=\varnothing, C\cap B=\varnothing.$$

所以只满足 $A\cap B\cap C=\varnothing$ 不能称作 A，B 和 C 互不相容．用文氏图表示如图 1－2－1 和图 1－2－2 所示．

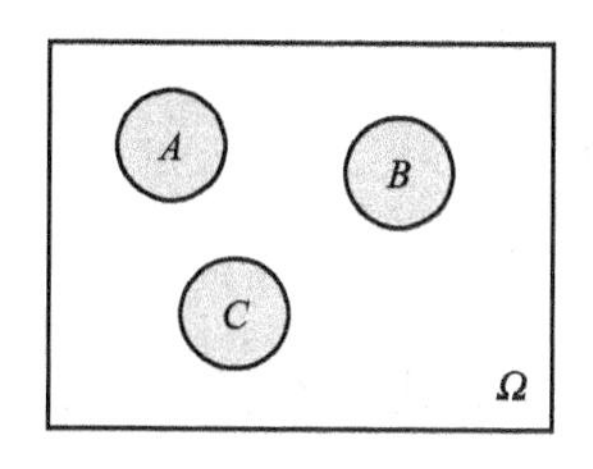

图 1－2－1　A，B 和 C 互不相容

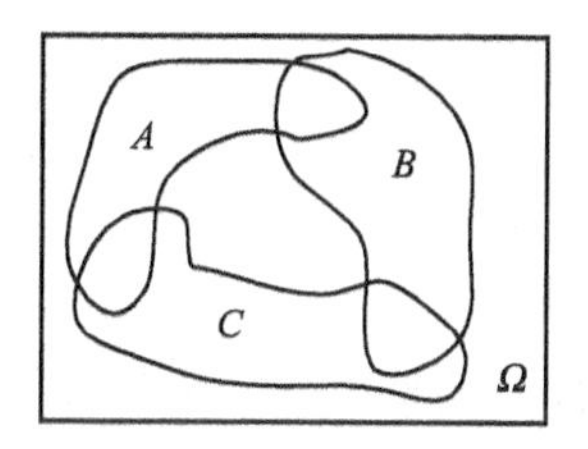

图 1－2－2　$A\cap B\cap C=\varnothing$ 但不是 A，B 和 C 互不相容

2. 并（$A\cup B$）

集合 A 和 B 的并集中的元素或者属于集合 A，或者属于集合 B，因此是由 A 和 B 的所有元素构成．用描述法表示为：

$$A\cup B=\{x \mid x\in A \text{ 或 } x\in B\}.$$

当且仅当 A 和 B 互不相容时，$A\cup B$ 也可以记作 $A+B$.

特别地，当 $A\cap B=\varnothing$ 且 $A\cup B=\Omega$ 时，称 A 和 B 是对立的．推广到有限多个集合的情形，对于集合　A_1，A_2，A_3，…，A_n，若：

$$A_i\cap A_j=\varnothing \quad (\forall i\neq j, 1\leqslant i,j\leqslant n) \quad \text{且} \quad \bigcup_{i=1}^{n} A_i=\Omega,$$

则称 A_1，A_2，A_3，…，A_n 为完备互斥的，也称 A_1，A_2，A_3，…，A_n 构成了全集 Ω 的一个分割（Partition）．

3. 差（$A-B$）

集合 A 和 B 的差集由属于 A 但不属于 B 的元素构成，差集也可记作 A/B，差集 $A-B$ 也被称作 B 对 A 的相对补集，用描述法表示为：

$$A-B=\{x \mid x\in A \text{ 且 } x\notin B\}.$$

不难证明，$A-B=AB^{c}$．需要说明的是两个集合的交集和并集都是满足交换律的，但差集不满足交换律，即通常情况下 $A-B\neq B-A$.

4. 补（A^{c}）

集合 A 的补集定义为全集 Ω 和集合 A 的差集，即 $A^{c}=\Omega-A$，集合 A 的补集是由全集 Ω 中所有不属于集合 A 的元素构成，补集又称余集或绝对补集，亦可记作 $\overline{A}$.

集合的各种运算结果用文氏图表示如图 1－2－3 中的阴影部分所示．

5. 笛卡尔积（$A\times B$）

笛卡尔积又称为集合的乘积，其结果是一个新的集合，该集合由 A 和 B 中的元素组成的有序数对构成．因为是有序数对，所以笛卡尔积的运算不满足交换律，即 $A\times B\neq B\times A$.

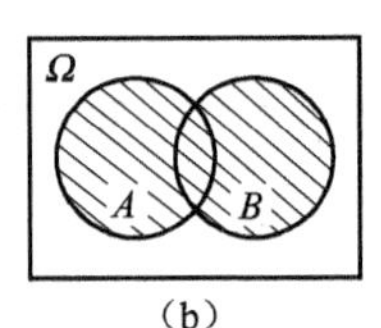

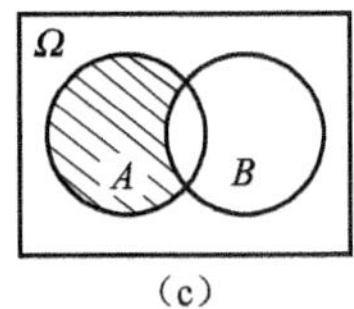

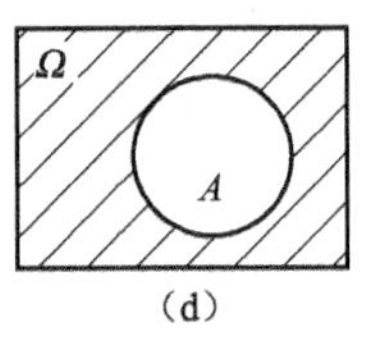

(a)　(b)　(c)　(d)

图 1－2－3

(a) $A\cap B$; (b) $A\cup B$; (c) $A-B$; (d) A^c

6. 幂集

集合 A 的幂集是一个集合类，由 A 的全部子集所构成，用 2^A 表示．

例 1－2－1　集合 $A=\{1,2,3\}$

$$B=\{2,3,5\}$$

$$\Omega=\{1,2,3,4,5,6,7,8,9,0\}$$

$$A\cap B=\{2,3\}$$

$$A\cup B=\{1,2,3,5\}$$

$$A-B=\{1\}$$

$$A^c=\{4,5,6,7,8,9,0\}$$

$$A\times B=\{(1,2),(1,3),(1,5),(2,2),(2,3),(2,5),(3,2),(3,3),(3,5)\}$$

$$2^A=\{\varnothing,\{1\},\{2\},\{3\},\{1,2\},\{1,3\},\{2,3\},\{1,2,3\}\}$$

集合运算具有如下一些性质：

(1) 交换律：

$$A\cup B=B\cup A$$

$$A\cap B=B\cap A$$

(2) 结合律：

$$(A\cup B)\cup C=A\cup(B\cup C)$$

$$(A\cap B)\cap C=A\cap(B\cap C)$$

(3) 分配律：

$$(A\cup B)\cap C=(A\cap C)\cup(B\cap C)$$

$$(A\cap B)\cup C=(A\cup C)\cap(B\cup C)$$

(4) De Morgen 律：

$$(A\cup B)^c=A^c\cap B^c$$

$$(A\cap B)^c=A^c\cup B^c$$

请读者应用文氏图自行检验．

1.3　集合的映射

1. 映射

设 X 和 Y 是两个非空集合，若存在一个规则 f，使得对于 X 中的每一个元素 x，按照 f，都存在 Y 中的唯一一个元素 y 与之相对应，则称 f 是定义在 X 上取值在 Y 中的映射，记作 f：$X \to Y$. X 是 f 的定义域，集合 $\mathrm{Ran}(f) = \{y \mid y = f(x), x \in X\}$ 是 f 的值域；x 和 y 分别称作映射 f 的原像和像.

2. 单射

对于映射 f 的值域 $\mathrm{Ran}(f)$ 中的每个像元素 y，若唯一的存在自己的原像 x，则称该映射为单射.

3. 满射

如果集合 Y 中每个元素 y 都存在原像 x，即 Y 就是映射 f 的值域 $Y = \mathrm{Ran}(f)$，则称该映射为满射.

4. 一一映射

既是单射又是满射的映射称作一一映射.

四种映射的示意如图 1－3－1 所示.

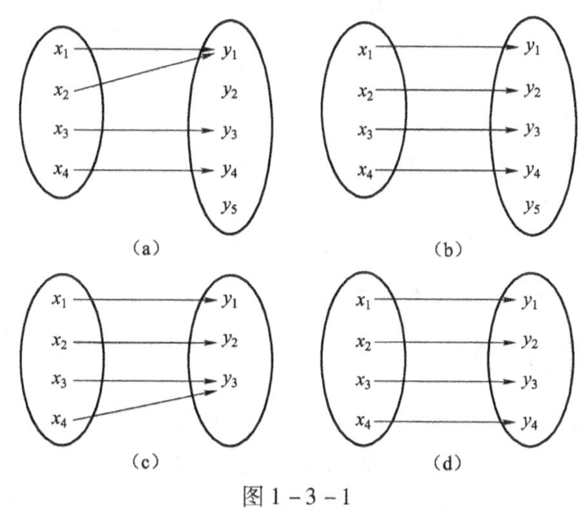

图 1－3－1

（a）映射；（b）单射而非满射；（c）满射而非单射；
（d）既是单射又是满射，即一一映射

1.4　集合的对等与分类

1.4.1　集合的对等

定义 1－4－1：若集合 A 和 B 之间存在一一映射，则称 A 和 B 对等，记作 $A \sim B$.

****
*　　　　注意：集合的对等不是相等　　　　　*
****

例 1-4-1　集合 {1, 2} 对等于 {0, 2}

例 1-4-2　集合 A = {1, 2, 3, 4, 5, …} 对等于 B = {2, 4, 6, 8, 10, …}.

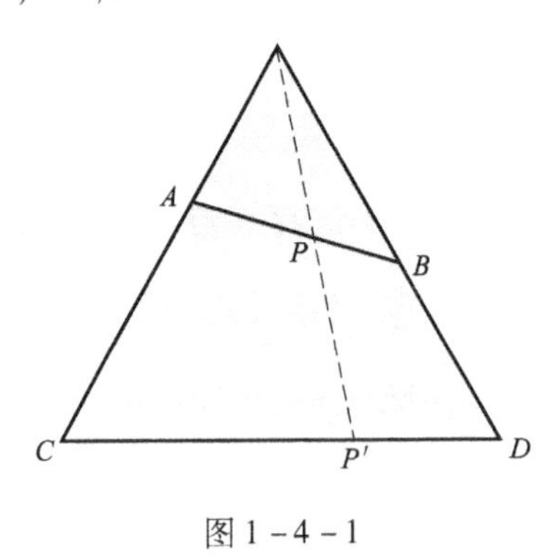

图 1-4-1

例 1-4-3　图 1-4-1 所示线段 AB 和 CD 是点构成的集合，对于 AB 上的任意一点 P，都可以用图示的方法对应到 CD 上的一点 P'，反之亦然．所以集合 AB 和 CD 是对等的．

从例 1-4-2 中我们看到了一个有趣又似乎有些令人惊讶的现象，集合 A 居然和自己的一个真子集 B 存在着对等关系，这种与自身真子集存在对等关系的情况不可能发生在元素个数有限的集合（有限集）中，只有无限集合才可能具有这一性质．事实上，该性质也正是无限集的一种定义方式．

定义 1-4-2：能与自身真子集对等的集合称为无限集；不是无限集的集合称为有限集．

在历史上，无穷一直是哲学中的一个论题．很长一段时间，人们不知道在无穷集合之间是否有大小之分，又如何区分大小．直到 19 世纪 70 年代，伟大的德国数学家康托尔对无限集合是否能比较大小进行了深入的探索，不但把无穷数引进了数学的概念，而且还把无穷数分成了各种不同的类型，从而给出了对这个问题的解答并创立了成为近代数学各门学科基础的集合论．

1.4.2　集合的基数

集合中元素的个数是对集合大小的很自然的描述．对于有限集，元素的个数总是可以数得过来的，尽管这很枯燥．但对于无限集，由于其中元素个数为无穷多个，怎么比较大小呢？康托尔从对等的概念出发，认为互相对等的集合元素个数是相同的，把对等集合的这个公共的性质提炼出来，就称为集合的基数．

定义 1-4-3：相互对等的集合归为一类，称其公共的“元素个数”为这一类集合的基数或势（Cardinality）．

规定空集的基数是零，有限集的基数是自然数，无限集的基数称为超限数．

1.4.3　可列集与不可列集

集合论的魅力表现在无穷集合中，我们遇到的第一个无限集合是自然数集合 $\mathbf{N}=\{0,1,2,3,4,\cdots\}$，称自然数集 $\mathbf{N}$ 的基数为 $\aleph_0$，读作阿列夫零．

定义 1-4-4：凡是能与自然数集 **N** 对等的集合统称为可列集（或可数集 Countable Set），不是可列集的无限集合称为不可列集（Uncountable Set）.

因此，所有可列集的基数都是$\aleph_0$，下面这些集合都是可列集.

例 1-4-4　可列集

(a) $\{1, 2, 3, 4, \cdots\}$；

(b) $\{2, 4, 6, 8, \cdots\}$；

(c) $\{1, 1/2, 1/3, 1/4, \cdots\}$；

(d) $\{\cdots, -3, -2, -1, 0, 1, 2, 3, \cdots\}$.

下面我们不加证明地给出可列集的一些性质：

(1) 有限个可列集的并集是可列集；

(2) 可列个可列集的并集是可列集；

(3) 若集合 A，B 是可列集，则 $A\times B$ 是可列集.

定理 1-4-1：有理数集合 **Q** 是可列集.

证明：$\mathbf{Q}=\mathbf{Q}^+\cup\{0\}\cup\mathbf{Q}^-$，其中 $\mathbf{Q}^+$ 和 $\mathbf{Q}^-$ 分别表示正有理数集和负有理数集.

$$\mathbf{Q}^+=\left\{\begin{matrix}\frac{1}{1},\frac{1}{2},\frac{1}{3},\frac{1}{4},\cdots\\ \frac{2}{1},\frac{2}{2},\frac{2}{3},\frac{2}{4},\cdots\\ \frac{3}{1},\frac{3}{2},\frac{3}{3},\frac{3}{4},\cdots\\ \cdots\end{matrix}\right\}$$

相当于可列个集合 $A_i=\left\{\frac{i}{1}, \frac{i}{2}, \frac{i}{3}, \frac{i}{4}, \cdots\right\}$　$i=1, 2, 3, \cdots$的并集，根据性质（2），可列个可列集的并集仍可列，可知 $\mathbf{Q}^+$ 是可列集. 同理，$\mathbf{Q}^-$ 也是可列集. 所以，$\mathbf{Q}=\mathbf{Q}^+\cup\{0\}\cup\mathbf{Q}^-$是可列集.

这又是一个与直观感觉大相径庭的结论，有理数集的元素个数似乎应该比自然数集多得多，但这两个集合的基数居然相等！（可见直觉是多么地不可靠）. 有理数集还有一个有趣的性质就是稠密性，即对于数轴上无论多么短的小区间，只要区间长度不为零则其中必存在着无穷多个有理数.

****
*　　　　有理数集既是稠密的又是可列的　　　　*
****

定理 1-4-2：实数集合 **R** 是不可列集.

把实数集 **R** 的超限基数记作 c，根据集合论中连续统假设，有 $2^{\aleph_0}=c$，且不存在集合，其基数介于$\aleph_0$ 和 c 之间. 实数集似乎已经很大了，那么还有没有无限集合，其基数大于 c 呢？答案是肯定的. 如果一个有限集 A 的基数是 a，则不难

验证 A 的幂集 2^A 的基数是 $2^a>a$，这可以从例 1－2－1 中得到验证．类似的结论对于无限集也成立，实数集的幂集的基数是 $2^c>c$，如果把这个取幂集的操作持续做下去，则其基数将持续增长，所以可得出结论：基数没有最大的．

1.4.4　集合的分类

根据 1.4.2 节的讨论，可以根据集合的基数对集合加以分类，集合分为有限集和无限集，无限集又分为可列集和不可列集．在工程应用中，经常用术语离散集合和连续集合，其中离散集包括了有限集和可列集，连续集则指不可列集．其分类关系如图 1－4－2 所示．

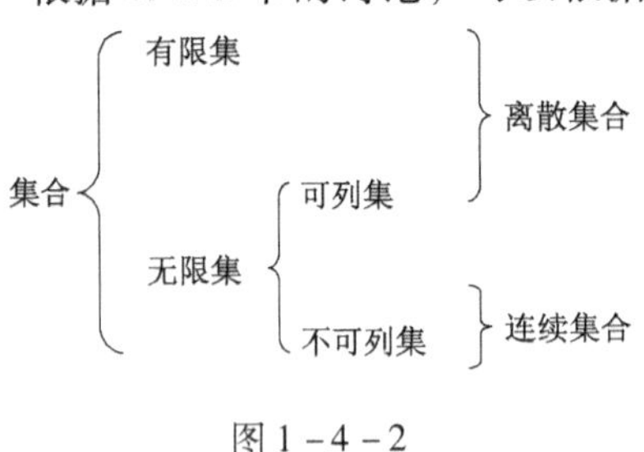

图 1－4－2

按照基数从小到大的次序，可以把各种集合排序如表 1－4－1 所示．

表 1－4－1

集合	$\varnothing$	有限集	可列集（**N**、**Q**）	实数集（**R**）	实数集的幂集 2^R	实数集幂集的幂集 …
基数	0	自然数	$\aleph_0$	c	2^c	$2^{2^c}\cdots$
	0 ＜ 自然数 ＜ $\aleph_0$ ＜ $2^{\aleph_0}=c$ ＜ 2^c ＜ 2^{2^c} ＜ … 小 → 大					

1.5* 测度理论基础

1.5.1　点集

定义 1－5－1：设 X 是非空集合，对于 X 中任意的两个元素 x 和 y，按照某一法则都对应唯一的实数 $d(x,y)$，且满足：

（1）非负性：$d(x,y)\geqslant 0$；$d(x,y)=0$ 当且仅当 $x=y$；

（2）对称性：$d(x,y)=d(y,x)$；

（3）三角不等式：对于任意的 x，y，$z\in X$，恒有

$$d(x,y)\leqslant d(x,z)+d(y,z),$$

则称 $d(x,y)$ 为 x，y 的距离，并称 X 是以 d 为距离的距离空间，记作 (X,d)，X 中的元素称为点．

一维、二维和三维欧氏空间是我们最熟悉的距离空间，以三维空间为例，两点 $A(x_1,y_1,z_1)$ 和 $B(x_2,y_2,z_2)$ 的距离被定义为：

$$d(A,B)=\sqrt{(x_2-x_1)^2+(y_2-y_1)^2+(z_2-z_1)^2}.$$

虽然后面的讨论不限于欧氏空间中的点集，但欧氏空间可以提供直观的例证.

定义 1-5-2：设 (X, d) 是距离空间，称 X 中的点的集合

(1) $B_r(x_0)=B(x_0,r)=\{x \mid x\in X, d(x,x_0)<r\}$ 为以 x_0 为中心，以 r 为半径的开球，亦称为 x_0 的 r 邻域；

(2) $\overline{B}_r(x_0)=\overline{B}(x_0,r)=\{x \mid x\in X, d(x,x_0)\leqslant r\}$ 为以 x_0 为中心，以 r 为半径的闭球；

(3) $S_r(x_0)=S(x_0,r)=\{x \mid x\in X, d(x,x_0)=r\}$ 为以 x_0 为中心，以 r 为半径的球面.

定义 1-5-3：设 A 是空间中某一点集.

若 $\exists r>0$，使得 $B_r(x)\subset A$，则称 x 为 A 的内点；

若 $\exists r>0$，使得 $B_r(x)\cap A=\varnothing$，则称 x 为 A 的外点；

若 $\exists r>0$，使得 $B_r(x)\cap A=\{x\}$，则称 x 为 A 的孤立点；

若 $\forall r>0$，使得 $B_r(x)\cap A\neq\varnothing$，则称 x 为 A 的接触点；

若 $\forall r>0$，使得 $B_r(x)\cap(A\setminus\{x\})\neq\varnothing$，则称 x 为 A 的聚点，又称极限点；

若 $\forall r>0$，使得 $B_r(x)\cap A\neq\varnothing$ 且 $B_r(x)\cap A^c\neq\varnothing$，则称 x 为 A 的边界点；

称集合 A 的内点的全体为集合 A 的内部，记作 A^o；

称集合 A 的接触点的全体为集合 A 的闭包，记作 $\overline{A}$；

称集合 A 的聚点的全体为集合 A 的导集，记作 A'；

称集合 A 的边界点的全体为集合 A 的边界，记作 ∂A；

例 1-5-1 $A=(0,1)\cup\left\{5+\dfrac{1}{n}\ (n=1, 2, 3, \cdots)\right\}$，内点集合为 $(0, 1)$，聚点集合为 $[0, 1]\cup\{5\}$，$5+\dfrac{1}{n}\ (n=1, 2, 3, \cdots)$ 是孤立点.

1.5.2 开集、闭集和波雷尔集

若点集 A 中的点都是内点，则称 A 为开集. 因此，对于开集 A 有 $A=A^o$；若 A 等于 A 的闭包，则称点集 A 为闭集，亦可定义闭集为开集的余集；以开集和闭集为对象，做至多可列次或交或并的运算得到的集合称为波雷尔（Borel）集.

1.5.3 测度

很多物理量和数学量都具有可加性. 比如，两袋面粉总的质量等于这两袋面粉各自质量的和；两个线段连接在一起构成的和线段的长度等于这两个线段各自长度的和. 类似的性质在二维面积和三维体积中也存在. 把这个概念推而广之，赋予一般的集合以类似的度量，就得到了测度的概念.

定义 1-5-4：测度是在一个给定集合 Ω 的某个子集类 $\mathcal{F}$ 上定义的一个满足可列可加性的非负的集合函数 $\mu(A)$，$A\in\mathcal{F}$，即若 $A_i(i\in\mathbf{N})$ 是 $\mathcal{F}$ 中两两不相交

的集合，且$\bigcup_{i \in N} A_i \in \mathcal{F}$，则有：

$$\mu(\bigcup_{i \in N} A_i) = \sum_{i \in N} \mu(A_i).$$

可见，测度就是一种集合函数，以集合类 $\mathcal{F}$ 为定义域，以可列可加性为其根本特性．为了研究测度$\mu(A)$，首先需要讨论 $\mathcal{F}$ 应具有哪些性质才适合做$\mu(A)$的定义域，这是一个比较高深的数学问题，已经超出了本书所能讨论的范围，但在下一章我们将给出概率（就是一种测度）的定义域需要满足的条件．

点集作为一种集合，对其测度的定义一直是数学家们孜孜以求试图解决的问题．历史上，Hankel、Cantor、Jordan 和 Lebesgue 都曾提出过针对点集的测度的定义方式，其中，应用最为广泛的是勒贝格（Lebesgue）的测度定义．这里不对其做深入解释，有兴趣的读者可以参看有关测度论或实分析的书籍．需要说明的是包括勒贝格测度在内的所有测度定义方式都不能对所有点集满足可列可加性. C. Caratheodory 针对勒贝格测度给出了一个条件，把 $\mathbf{R}^n$ 中的点集分为 Lebesgue 可测集和不可测集．至于为什么会有集合不可测，以及不可测集是个什么样子，也不是本书讨论的话题，读者可以查阅相关文献．幸运的是，在概率的研究范畴内以及实际生活中，我们不大可能碰到不可测集，最经常接触的集合，如开集、闭集和 Borel 集都是可测集，所以完全可以把不可测集这种“古怪的东西”留给数学家去伤脑筋好了．

本章小结

明确的能够相互区别的个体事物的全体称为集合，组成集合的个体事物称为元素．元素与集合的关系包括属于（$a \in A$）和不属于（$a \notin A$)．与集合有关的概念包括全集、空集、子集，此外，集合构成的集合叫作集合类，以集合为自变量的函数叫作集合函数．集合与集合间的运算包括交、并、差、补、笛卡尔积以及幂集，集合间的运算可以用文氏图方便地表示．两个集合 X 和 Y 之间的映射就是一个规则 f，使得对于 X 中的每一个元素按照该规则都存在 Y 中的唯一一个元素与之相对应，映射包括普通映射、单射、满射、一一映射等，一一映射又叫对等. 相互对等的集合公共的“元素个数”称为这一类集合的基数或势．按照集合的对等关系可以对集合加以分类，元素个数有限的集合是有限集，两个对等的有限集元素个数一定是相等的．能够和自己的真子集建立对等关系的集合为无限集，无限集又可以具体分为可列集和不可列集，能够与自然数集建立对等关系的集合为可列集，反之称为不可列集．自然数集、整数集、有理数集等都是可列集合，它们的基数都是$\aleph_0$，实数集是不可列集，基数记为 c. 无论是有限集还是无限集，其幂集的基数都是大于原集合的基数的，所以基数没有最大，只有更大．

习　题　一

1. 下面各集合按照基数从小到大的次序排列为（　　）.

A. 有限集 < 有理数集 < 实数集 < 实数集的幂集

B. 有理数集 < 有限集 < 实数集 < 实数集的幂集

C. 实数集 < 有理数集 < 有限集 < 实数集的幂集

D. 实数集的幂集 < 实数集 < 有理数集 < 有限集

2. 集合$\{1,2\}\times\{3,4\}$的运算结果是（　　）.

A. $\{3,8\}$　　　　B. $\{(1,3),(1,4),(2,3),(2,4)\}$

C. $\{1,4\}$　　　　D. $\{(3,1),(3,2),(4,1),(4,2)\}$

3. 事件$A-B$应用文氏图（阴影部分）表示是（　　）.

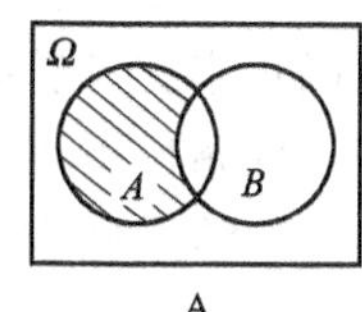

A

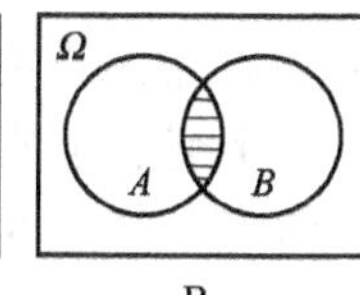

B

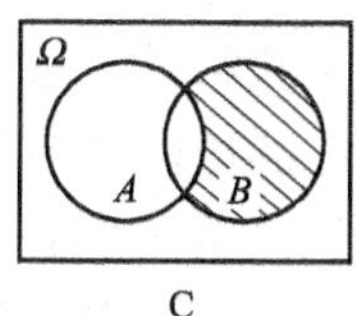

C

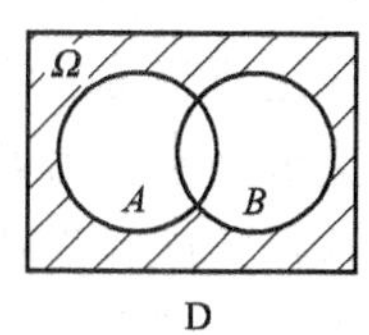

D

4. 集合$\{1, 2\}$的幂集是（　　）.

A. $\{1, 2, \{1, 2\}\}$

B. $\{\varnothing, \{1\}, \{2\}, \{1, 2\}\}$

C. $\{1, 2\}$

D. $\{1\}, \{2\}$

5. 以下集合不属于可列集的是（　　）.

A. 自然数集　　B. 整数集　　C. 有理数集　　D. 实数集

第二章

随机事件和概率

2.1 随机试验的基本概念

概率论是一种用数学方法分析随机现象的学科，随机现象表现为没有确定的规律性，但具有某种统计规律性．如果某个实际的物理试验或想象中的试验，在试验之前知道所有可能的试验结果，每次试验之前虽不能确定本次试验结果的取值，但知道该结果必为可能的试验结果之一，且该试验在相同条件下可以重复进行，则称这样的试验为随机试验 E. 随机试验每个可能的试验结果称作该试验的一个基本事件（又称样本点），常用符号 ω 表示，基本事件一定是彼此互斥的．随机试验所有可能的试验结果构成的集合称作该试验的基本事件空间（又称样本空间），常用符号 Ω 表示．在分析具体问题时，很重要的是先搞清楚随机试验所对应的基本事件空间是什么．

例 2－1－1 扔一枚硬币，该试验的基本事件包括：

ω_1："正面朝上"，ω_2："反面朝上"；

该试验的基本事件空间为 $\Omega=\{\omega_1,\omega_2\}$.

例 2－1－2 掷一颗色子，以点数为试验结果，则该试验的基本事件空间为：

$$\Omega=\{1,2,3,4,5,6\}.$$

例 2－1－3 先后掷两颗色子，该试验的基本事件空间为：

$$\Omega=\left\{\begin{matrix}(1,1) & (1,2) & (1,3) & (1,4) & (1,5) & (1,6)\\(2,1) & (2,2) & (2,3) & (2,4) & (2,5) & (2,6)\\(3,1) & (3,2) & (3,3) & (3,4) & (3,5) & (3,6)\\(4,1) & (4,2) & (4,3) & (4,4) & (4,5) & (4,6)\\(5,1) & (5,2) & (5,3) & (5,4) & (5,5) & (5,6)\\(6,1) & (6,2) & (6,3) & (6,4) & (6,5) & (6,6)\end{matrix}\right\}.$$

该试验中，由于能区分出先后两个色子的点数，所以基本事件（1，2）和（2，1）是不同的.

例 2－1－4 先扔一枚硬币，如果正面朝上则再掷一颗色子，如果反面朝上则再扔一枚硬币，该试验的基本事件空间为：

$\Omega=\{(正,1),(正,2),(正,3),(正,4),(正,5),(正,6),(反,正),(反,反)\}$.

在实际问题中，有时我们更关心的并不是随机试验产生某个结果（即基本事件）的可能性有多大，而是试验结果位于基本事件空间中某个区域的可能性有多大．比如，掷一颗色子的试验中，问题的提出方式可能会是“点数小于5的可能性有多大”．为了描述这类问题，需要引入事件的概念．称由若干基本事件组成的集合为一个事件．由此可见，如果把基本事件空间Ω看作是全集，那么事件A应该是其中的某个子集．一次随机试验做完后，如果试验结果是事件A中的某个基本事件，则称事件A发生了．比如，以A表示掷色子点数小于5的事件，则有$A=\{1,2,3,4\}$，如果试验结果为3，我们就说事件A发生了．对于一个基本事件空间Ω可以构造出众多的事件（回忆第一章，如果一个有限集合Ω中的元素个数为n，则Ω共有2^n个子集，因此一共存在着2^n个可能的事件），在其中有两个特殊的事件值得注意，一个是不可能事件$\varnothing$，该事件不含有任何基本事件，因此在该随机试验中不可能发生；另一个是必然事件Ω，该事件包含了全部基本事件，因此试验做完后必然事件一定会发生．

例2-1-5　在例2-1-1扔一枚硬币的试验中，我们可以构造出下列事件：

（1）正面朝上$=\{\omega_1\}$；

（2）正面朝上或反面朝上$=\{\omega_1,\omega_2\}$；

（3）正面朝上且反面朝上$=\varnothing$.

例2-1-6　在例2-1-2掷一颗色子的试验中，我们可以构造出下列事件：

（1）结果为1 $=\{1\}$；

（2）结果为偶数$=\{2,4,6\}$；

（3）结果是不超过3的偶数$=\{2\}$；

（4）结果不是偶数$=\{1,3,5\}$；

（5）结果小于等于4 $=\{1,2,3,4\}$.

对这些具体事件的概率（而非基本事件的概率）的计算是概率论的主要任务之一，让我们来看一个稍显复杂的例子：

例2-1-7　17世纪，赌徒Méré根据自己的经验认为掷一颗色子4次，至少出现一个6的机会，要比掷两颗色子24次至少出现一对6的机会更大一些，并就这个问题向数学家Pascal请教．今天，我们可以应用组合分析的方法得到这两个概率的精确值为：

$$P(\text{掷一颗色子4次，至少出现一个6})=1-\left(\frac{5}{6}\right)^4=0.517\,7,$$

$$P(\text{掷两颗色子24次，至少出现一对6})=1-\left(\frac{35}{36}\right)^{24}=0.491\,4,$$

所以Méré的猜想是正确的．

经过上面的阐述，不难发现基本事件、基本事件空间和事件完全可以对应于集合论中元素、全集和子集等概念，如表2-1-1所示．

表 2-1-1

概率论术语	集合论术语
基本事件	元素 ω
基本事件空间	全集 Ω
事件	子集
不可能事件	空集$\varnothing$
必然事件	全集 Ω

由于存在这样的对应关系，所以我们可以应用集合的观点看待事件，集合论中各种运算及性质都可以应用到对事件概率的分析中.

本节的最后介绍一下复合随机试验的概念. 设 m 个结果有限的随机试验 $E_i(i=1,\cdots,m)$，各自的样本空间假设为：

$$E_1=\{\omega_1^1,\omega_2^1,\cdots,\omega_{n_1}^1\};$$
$$E_2=\{\omega_1^2,\omega_2^2,\cdots,\omega_{n_2}^2\};$$
$$\vdots \quad \vdots \quad \vdots \quad \vdots$$
$$E_m=\{\omega_1^m,\omega_2^m,\cdots,\omega_{n_m}^m\}.$$

复合随机试验是把这 m 个试验顺序做一次，记为：

$$E_1\times E_2\times\cdots\times E_m.$$

复合随机试验的基本事件空间应该是各个试验 E_i 的基本事件空间的笛卡尔积. 所以，复合随机试验的基本事件的个数应该是 $\prod\limits_{i=1}^{m}n_i$，每个基本事件应该由 m 个分量构成，即：

$$\omega=(\omega^1,\omega^2,\cdots,\omega^m).$$

例 2-1-8 记扔一枚硬币为 E_1，掷一颗色子为 E_2，则试验 $E_1\times E_2$（相当于先扔一枚硬币再掷一颗色子）的基本事件空间为：

$$\{(正,1),(正,2),(正,3),(正,4),(正,5),(正,6),$$
$$(反,1),(反,2),(反,3),(反,4),(反,5),(反,6)\}.$$

2.2 离散型随机试验

正如上一节提到的，概率论的主要任务之一就是分析或计算随机试验中各个事件的概率值. 但是对于离散集合和连续集合，我们不得不采取不同的计算方法，所以必须首先根据基本事件空间的类型把随机试验区分为离散型试验或连续型试验. 称基本事件空间为有限集或可列集的随机试验为离散型随机试验.

2.2.1　基本事件的概率分布

离散型随机试验具体可以分为基本事件个数是有限的或可列的两种情况．前一种情况所涉及的概率论通常被称为初等概率论，上一节给出的几个例子都是属于这种有限的情形．这类试验的基本事件的概率分布可以列成表格的形式．

例 2－1－1 中基本事件的概率分布见表 2－2－1：

表 2－2－1

ω_i	ω_1	ω_2
$P(\omega_i)$	1/2	1/2

例 2－1－2 中基本事件的概率分布见表 2－2－2：

表 2－2－2

ω	1	2	3	4	5	6
$P(\omega)$	1/6	1/6	1/6	1/6	1/6	1/6

例 2－1－3 中基本事件的概率分布见表 2－2－3：

表 2－2－3

ω	(1，1)	(1，2)	(1，3)	…	(6，5)	(6，6)
$P(\omega)$	1/36	1/36	1/36	…	1/36	1/36

例 2－1－4 中基本事件的概率分布为见表 2－2－4：

表 2－2－4

ω	(正，1)	(正，2)	(正，3)	(正，4)	(正，5)	(正，6)	(反，正)	(反，反)
$P(\omega)$	1/12	1/12	1/12	1/12	1/12	1/12	1/4	1/4

还有一类随机试验，尽管基本事件的个数是无限的，却是可列的，所以基本事件空间也属于离散集合．对于这类随机试验，基本事件的概率分布也可以列成表格的形式，但此时表格是半无限的．

例 2－2－1　打靶试验，设单次打靶击中的概率为 p，脱靶的概率为 $q=1-p$，持续射击，直到射中为止．如果以 i 表示射击次数，以 ω_i 表示“射击次数为 i 次”这一基本事件，则该随机试验的基本事件空间为：

$$\Omega=\{\omega_1,\omega_2,\omega_3,\cdots\}.$$

其基本事件的概率的概率分布见表 2－2－5：

表 2-2-5

ω_i	$i=1$	$i=2$	$i=3$	…	$i=n$	…
$P(\omega_i)$	p	pq	pq^2	…	pq^{n-1}	…

综合上面的叙述可见，无论是有限的还是可列的基本事件空间的随机试验，对其基本事件概率的描述都是类似的．我们后面的讨论将以可列基本事件空间为主，因为它包含了有限的情形．对于一个含有样本点 ω_1，ω_2，ω_3，…的离散样本空间 Ω，我们需要为每个基本事件 ω_i 都赋予一个数 $p(\omega_i)$，称其为基本事件 ω_i 的概率，$p(\omega_i)$需要满足：

(a) $0 \leqslant p(\omega_i) \leqslant 1$　　（非负性）；

(b) $\sum_{i=1}^{\infty} p(\omega_i) = 1$　　（规范性）.

在对一个离散型随机试验进行概率分析时，我们面临着两个问题：第一是该随机试验的基本事件空间 Ω 中每个基本事件 ω_i 的概率 $p(\omega_i)$ 如何赋予；第二是由若干个基本事件组合而成的事件 A 的概率如何计算．第一个问题，即对样本点 ω_i 的概率 $p(\omega_i)$ 的赋予并不是概率论所能完成的任务，至少不是概率论主要完成的任务．$p(\omega_i)$ 是由该随机试验的物理特性决定的，比如，扔一枚正常的硬币，根据经验可知正面朝上（ω_1）和反面朝上（ω_2）的概率各是 0.5；但对于一枚特制的硬币，比如一侧的金属密度高于另一侧，则必然会表现为一面朝上的概率高于另一面的结果．在我们遇到的实际概率问题中，随机试验往往具有均衡性、对称性等特点，结合这些特点并辅助以一些统计或组合分析的方法就可以解决第一个问题．

概率论主要解决的是第二个问题，即根据基本事件 ω_i 的概率 $p(\omega_i)$ 计算某事件 A 的概率，对于离散型的随机试验，由于其基本事件空间是有限的或可列的，解决这个问题并没有本质上的困难，只需应用公式

$$P(A) = \sum_{\omega_i \in A} p(\omega_i) \tag{2-2-1}$$

就可以得到任意事件 A 的概率．该公式源于概率的可加性，这将在概率的公理化定义中加以解释．公式（2-2-1）用语言描述为：对于离散型随机试验，任何一个事件 A 的概率都是 A 所包含的基本事件的概率的总和．

通过上面的说明，我们对概率有了一个基本的认识，即概率可以理解为对一个事件（或集合）的一个度量，它描述了在随机试验中该事件发生的可能性的大小．由于每个随机试验都涉及很多事件，所以概率可以看作是事件的函数，即我们在第一章中提到的集合函数，因此概率函数 $P(A)$ 的定义域应该是集合的集合（即集合类）．那么什么样的集合类才能充当概率函数的定义域呢？前面我们提到过，对于一个基本事件空间 Ω 来说，我们可以构造出包括必然事件 Ω 和不可能事件 $\varnothing$ 在内的许多事件来，事件就是集合，可以做集合能做的交、并、差、

补等运算并生成新的事件，对这些事件也应该能够定义并计算其概率．因此，概率函数的定义域应该具有“全”或者说“封闭”的性质，也就是说定义域中的事件通过集合运算得到的新事件还应该属于该定义域，具有这样性质的集合类是被称为事件代数和 σ 代数的东西．

2.2.2　σ 代数

假设全集 Ω 是有限集，所谓事件代数 $\mathcal{A}$，是指这样一个集合类，满足：

（1）$\varnothing$，$\Omega \in \mathcal{A}$；

（2）若 $A \in \mathcal{A}$，$B \in \mathcal{A}$，则 $A \cap B$，$A \cup B$，$A - B \in \mathcal{A}$.

可见事件代数是包含了全集和空集，且对交、并、差、补等运算封闭的集合类．下面是几个事件代数的例子：

（a）$\mathcal{A} = \{\varnothing, \Omega\}$；

（b）$\mathcal{A} = \{\varnothing, \Omega, A, A^c\}$；

（c）$\mathcal{A} = \{$全集 Ω 的全部子集$\}$，即全集 Ω 的幂集构成事件代数.

可见，事件代数是封闭的集合类，其中任意有限个集合所做的运算生成的新集合仍然属于该集合类，所以可以充当概率函数的定义域．但事件代数仅仅是对有限个集合的运算封闭，为了能够处理基本事件空间为可列集的随机试验，我们必须对事件代数的概念加以推广，使作为概率函数定义域的集合类对可列个事件的运算封闭，这就产生了 σ 代数的概念．

定义 2-2-1：设 Ω 是抽象点 ω 的集合，Ω 的一些子集构成集合 $\mathcal{F}$，满足：

（1）$\varnothing$，$\Omega \in \mathcal{F}$；

（2）若 $A \in \mathcal{F}$，则 $A^c \in \mathcal{F}$；

（3）若可列个 $A_m \in \mathcal{F}$，则 $\bigcup_{m=1}^{\infty} A_m \in \mathcal{F}$，

则称 $\mathcal{F}$ 为 Ω 的一个 σ 代数.

因此 σ 代数是事件代数向可列无限集合的推广，其本质特征也是对其内部的事件的运算封闭．

2.2.3　概率空间

至此，我们通过三步，建立了离散型随机试验的概率模型．

第一步：分析该随机试验的基本事件空间.

有限型　$\Omega = \{\omega_1, \omega_2, \cdots, \omega_N\}$

可列型　$\Omega = \{\omega_1, \omega_2, \omega_3, \cdots\}$

第二步：建立了 Ω 子集的某个事件代数 $\mathcal{A}$（有限型）或 σ 代数 $\mathcal{F}$（可列型）.

第三步：应用公式

$$P(A) = \sum_{\omega_i \in A} p(\omega_i)$$

计算 $\mathcal{A}$ 或 $\mathcal{F}$ 中任意事件 A 的概率 $P(A)$.

定义 2-2-2：称三元组（Ω，$\mathcal{A}$，P）或（Ω，$\mathcal{F}$，P）为离散型随机试验 E 的概率空间（或概率场），其中：

（1）$\Omega = \{\omega_1, \omega_2, \cdots, \omega_N\}$ 或 $\{\omega_1, \omega_2, \omega_3, \cdots\}$ 为基本事件空间；

（2）$\mathcal{A}$ 或 $\mathcal{F}$ 是 Ω 的子集构成的事件代数或 σ 代数；

（3）$P = \{P(A) \mid A \in \mathcal{A}$ 或 $A \in \mathcal{F}\}$ 是 $\mathcal{A}$ 或 $\mathcal{F}$ 中任意事件 A 的概率.

需要说明的是，在离散型随机试验中，一般都是以 Ω 的全部子集（即 Ω 的幂集）作为 σ 代数 $\mathcal{F}$，而基本事件 ω_i 的概率的赋予则取决于随机试验的物理特性.

2.2.4 古典概型

在离散型随机试验中，最重要同时也是最具代表性的就是古典概型. 如果随机试验 E 具有性质：

（1）只有有限个基本事件 ω_1，ω_2，$\cdots$，ω_N；

（2）所有基本事件都是等可能的；

则称该随机试验 E 为古典型随机试验，称该试验所对应的概率模型为古典概型. 古典概型的概率空间三元组（Ω，$\mathcal{F}$，P）为：

$$\begin{cases} \Omega: \{\omega_1, \omega_2, \cdots, \omega_N\}; \\ \mathcal{F}: \text{由 } \Omega \text{ 的全部子集构成,即 } \mathcal{F} = 2^{\Omega}; \\ P(A) = k/N, \ k \text{ 是 } A \text{ 中基本事件的个数}, \ N \text{ 是全部基本事件的个数}. \end{cases}$$

由于所有基本事件都是等可能性的，可以给每个基本事件赋予概率测度：

$$P(\omega_i) = \frac{1}{N}$$

所以才有 $P(A) = k/N$ 成立. 古典概型中所有基本事件都是等可能的，这来源于物理世界中的某些对称性、均衡性，所有基本事件都处于平等的地位，没有哪个基本事件比其他基本事件更特别. 比如，一枚正常硬币的两面或者一颗正常色子的六面都满足这种均衡性（否则，扔硬币或掷色子决定胜负就有失公允了）.

例 2-2-2 掷一颗色子的试验，如果以 A 表示点数小于 5 的事件，则：

$$\begin{cases} \Omega: \{1, 2, 3, 4, 5, 6\}, \quad N = 6; \\ \mathcal{F}: \text{由 } \Omega \text{ 的全部子集构成，因此共有 } 2^6 \text{ 个事件}; \\ P(A) = 4/6, \ A \text{ 中基本事件包括 } \{1, 2, 3, 4\}, \ k = 4. \end{cases}$$

例 2-2-3 袋中有 3 白 2 黑共 5 个相同形状的球，随机抽取 2 个（不区分抽取的次序），以 A 表示抽到 2 个白球的事件. 为了描述该试验的基本事件空间，给 5 个球分别标号，设白球标号为 1，2，3；黑球标号为 4，5，则：

$$\begin{cases} \Omega: \{(1,2),(1,3),(1,4),(1,5),(2,3),(2,4), \\ \quad (2,5),(3,4),(3,5),(4,5)\}; \\ \mathcal{F}:\text{由 }\Omega\text{ 的全部子集构成,因此共有 }2^{10}\text{ 个事件}; \\ P(A)=C_3^2/C_5^2=3/10,\ A\text{ 中基本事件包括}\{(1,2),(1,3),(2,3)\}. \end{cases}$$

例 2-2-4　抽样问题，设袋中共有 100 个球，其中有 5 个红球，95 个黑球，一次抽一个球，共抽 10 次，针对放回和不放回两种抽样方式，求其中恰有 2 个红球的概率.

解： 给这 100 个球编号从 1 到 100，其中红球编号为 1 到 5，黑球编号为 6 到 100.

（1）不放回抽样，做 10 次不放回抽样相当于一次从袋中抽取 10 个球，所以概率空间三元组为：

Ω：共有 $N=C_{100}^{10}$ 个样本点；

$\mathcal{F}$：由 Ω 的全部子集构成，因此共有 $2^{C_{100}^{10}}$ 个事件；

$P(A)=\dfrac{C_5^2C_{95}^8}{C_{100}^{10}}$. 由于事件 A 表示样本中有 2 个红球，8 个黑球，所以对事件 A 有利的样本点个数为 $k=C_5^2C_{95}^8$.

（2）放回抽样，相当于向 10 个位置放数，每个位置都可以从 100 个数中选择.

$$\Omega=\begin{pmatrix} 100 & 100 & 100 & 100 & 100 & 100 & 100 & 100 & 100 & 100 \\ \cdots & & & & & & & & & \\ 1 & 1 & 1 & 1 & 1 & 1 & 1 & 1 & 1 & 2 \\ 1 & 1 & 1 & 1 & 1 & 1 & 1 & 1 & 1 & 1 \end{pmatrix}$$

$$\begin{matrix} 1 & 2 & 3 & 4 & 5 & 6 & 7 & 8 & 9 & 10 \end{matrix}\ \text{十个位置}$$

样本点数为 $N=100^{10}$.

$\mathcal{F}$：由 Ω 的全部子集构成；

$P(A)=\dfrac{C_{10}^2 5^2 95^8}{100^{10}}$. 由于事件 A 表示样本中恰有 2 个红球，8 个黑球，所以先选择两个位置放红球（C_5^2），这两个位置每个球的标号都可以是 1 至 5（5^2），剩余 8 个位置每个球的标号都可以是 6 至 100（95^8）.

放回抽样的结果也常写作 $P(A)=C_{10}^2 0.05^2 0.95^8$，这就可以和后面 2.5.2 节要讲到的独立试验序列概型统一起来.

例 2-2-5　占位问题，n 个球随机地放到 n 个盒中，每个盒都有球的概率是多少？

解： 把球和盒分别编号为 1 到 n，并把 n 个球看作是 n 个位置，n 个盒随机地选择这 n 个位置，则有：

$$\Omega=\begin{pmatrix} n & n & n & \cdots & n \\ \vdots & \vdots & \vdots & & \vdots \\ 1 & 1 & 1 & \cdots & 2 \\ 1 & 1 & 1 & \cdots & 1 \end{pmatrix}\begin{matrix}\text{盒}\\\text{的}\\\text{编}\\\text{号}\end{matrix}\qquad \text{共有 } N=n^n \text{ 个样本点}$$

$$\begin{matrix}1 & 2 & 3 & \cdots & n & \text{球的编号}\end{matrix}$$

"每个盒都有球"这一事件要求样本点中不能有重复出现的盒的编号，这相当于把 n 个盒做一个全排列，所以对这一事件有利的样本点共有 $k=n!$ 个，所以

$$P(\text{每个盒都有球})=\frac{n!}{n^n}.$$

例 2-2-6 生日问题，假设有 r 个人，每个人的生日在一年的 365 天中等概率，问这 r 个人生日都不同的概率是多少？

解： r 个人相当于 r 个位置，把 1 到 365 这 365 个数随机地放入这 r 个位置，有

$$\Omega=\begin{pmatrix} 365 & 365 & 365 & \cdots & 365 \\ \vdots & \vdots & \vdots & & \vdots \\ 1 & 1 & 1 & \cdots & 2 \\ 1 & 1 & 1 & \cdots & 1 \end{pmatrix},\qquad \text{共有 } N=365^r \text{ 个样本点}.$$

$$\begin{matrix}1 & 2 & 3 & \cdots & r & \text{人的编号}\end{matrix}$$

"r 个人生日都不同"这一事件相当于从 365 个数中选择 r 个做排列，所以对这一事件有利的样本点共有 $k=A_{365}^r$ 个，因此：

$$P(r\text{ 个人的生日都不同})=\frac{A_{365}^r}{365^r}.$$

古典概型包括了我们遇到的大部分概率问题，但还有很多概率问题不符合古典概型．如例 2-1-4，由于各个基本事件的概率不相同，所以不属于古典概型．再比如，例 2-2-1 中的打靶试验，其基本事件空间是可列集合，该试验既不符合基本事件个数有限的要求，也不符合基本事件等概的要求（事实上，对于基本事件空间为可列集的随机试验，所有基本事件是不可能等概的，因为那将导致 $P(\Omega)=\sum_{i=1}^{\infty}p(\omega_i)$ 趋于无穷大，而不是收敛于 1），因此也不属于古典概型．可见，古典概型只能用来描述很少一部分概率问题．还有很多物理试验，其基本事件空间是无限不可列的，对此我们需要建立一套处理连续集合的方法，对这一类概率问题，类似于离散型随机试验概率空间的构造方法，也可以建立相应的概率空间三元组．

2.3 连续型随机试验

称基本事件空间为不可列集的随机试验为连续型随机试验．在离散型随机试

验中，由基本事件的概率通过加法就可以确定任意事件的概率．但当基本事件空间为不可列集合时，我们不得不从离散集合跨越到连续集合，在这种情况下，对事件概率的计算遭遇了本质上的困难．

首先，对于这种基本事件空间为连续集合的随机试验，为每个基本事件赋概已经没有意义，我们只能讨论某个事件的概率，而认为每个基本事件的概率为0. 这一问题可以类比于物理学中质量的计算．对于比较简单的情况（或抽象的情况），物体仅由离散的质点组成，每个质点质量有限，则物体的质量等于所有质点质量之和．对于复杂的情况，物体质量是连续分布的（这也是现实中最常见的情况），我们不能说物体上某点的质量是多少，物体总质量要靠对密度取积分得到．因此，离散对应着求和，连续对应着积分．

其次，在离散型随机试验中，我们常把全集 Ω 的幂集作为 σ 代数充当概率函数的定义域．但当面对不可列的基本事件空间 Ω 时，对 σ 代数的构造就遇到了前所未有的困难．当基本事件空间 Ω 不可列时，由于 Ω 存在不可测的子集，无法为其定义测度使其满足集合测度的可列可加性，所以不能再把基本事件空间 Ω 的幂集当作概率函数 $P(A)$ 的定义域．但正如第一章提到的，在概率研究的范畴内是不大可能遇到不可测集的，所以我们可以取出连续集合 Ω 的一部分或全部可测子集，构成 σ 代数并以此来充当概率函数的定义域．下面将讨论一种最为常见的连续型随机试验．

几何型随机试验：设 Ω 是 n 维空间中的 Lebesgue 可测集，测度为 $L(\Omega)>0$，向 Ω 中均匀地投掷质点 M，点 M 必定落在 Ω 中，且 M 落在 Ω 的可测子集 A 中的概率与 A 的测度 $L(A)$ 成正比，与 A 的位置和形状无关，称这样的试验为几何型试验．具体地，以 $n=2$ 为例，如图 2－3－1 所示，$L(\Omega)$ 和 $L(A)$ 分别表示区域 Ω 和 A 的面积：

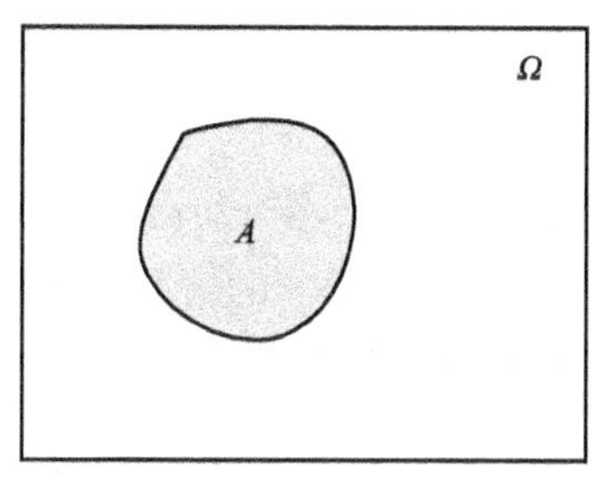

图 2－3－1

$$P(\text{点 } M \text{ 落在 } A \text{ 中})=L(A)/L(\Omega).$$

作为几何型随机试验模型的一个应用，让我们讨论一下约会问题．

例 2－3－1　约会问题．

两人相约在一段时间 $[0,\ T]$ 内在某地见面，先到的人应等候另一人，直到等待时间超过了 t（$t<T$）后方可离开，问他们能够相会的概率有多大?（假定两人在时间段 $[0,\ T]$ 内的任意时刻到达约会地点都是等可能的）

解： 分别用变量 x 和 y 表示两个人到达约会地点的时刻．因为每个人在时间段 $[0,\ T]$ 内的任意时刻到达约会地点都是等可能的，这相当于以（x，y）为坐标的点落在正方形区域 $[0,\ T]^2$ 内各处是等可能的，因此这属于几何型随机试验．

分析题意，两人能够相会当且仅当 $|x-y|<t$ 成立，即点（x，y）落在

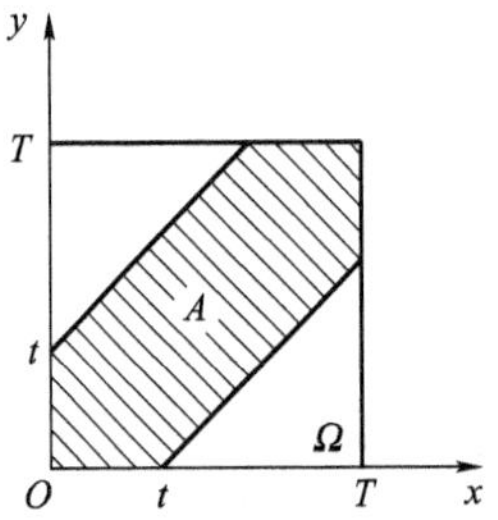

图 2－3－2 中阴影区域 A 内. 所以:

$$
\begin{aligned}
&P(\text{两人能够相会}) \\
&=P(\text{点}(x,y)\text{落在图中阴影区域 }A\text{ 内}) \\
&=\frac{(\text{阴影部分面积})}{(\text{正方形区域面积})} \\
&=1-\left(1-\frac{t}{T}\right)^2
\end{aligned}
$$

图 2－3－2　约会问题

例 2－3－2　在长为 l 的线段 AB 上任取两点，将 AB 分成三段，求这三段能构成三角形的概率.

解法 1：如图 2－3－3（a）所示，以 x，y 表示两个分点的坐标，因为分点是随机选取的，所以该试验的基本事件空间 Ω 为正方形区域 $[0,\ l]^2$，其测度为 $L(\Omega)=l^2$.

首先假设 $x<y$，为了构成三角形，需要满足两边之和大于第三边的条件，即:

$$
\begin{cases}
x+y-x>l-y, \\
x+l-y>y-x, \\
l-y+y-x>x.
\end{cases}
$$

整理得:

$$
\begin{cases}
y>l/2, \\
y-x<l/2, \\
x<l/2.
\end{cases}
$$

对应于图 2－3－3（b）中 A_1 区域.

再考虑到 $x>y$ 的情况，则可得到图 2－3－3（b）中 A_2 区域，所以分成的三段能构成三角形的概率为

$$
P(A)=P(A_1+A_2)=\frac{L(A_1+A_2)}{L(\Omega)}=\frac{1}{4}.
$$

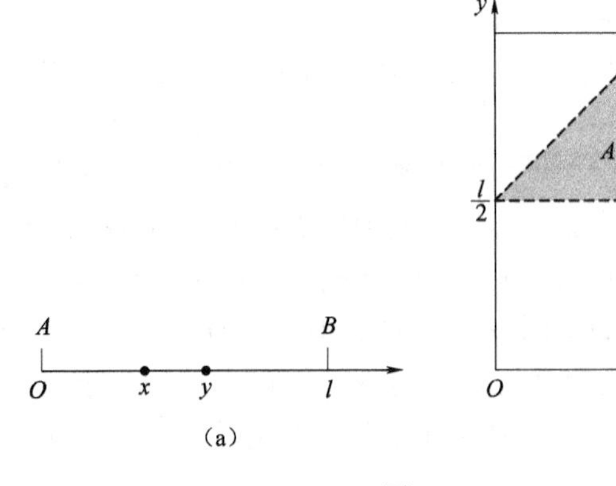

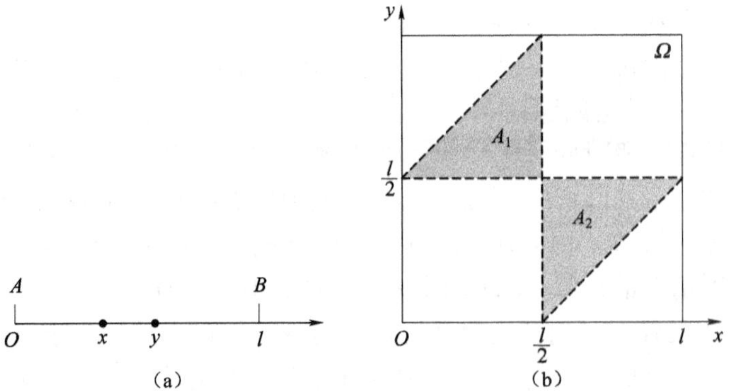

图 2－3－3

解法 2：如图 2－3－4（a）所示，以 x，y 表示两个线段的长度，因为要满足 $x+y<l$，所以该试验的基本事件空间 Ω 为三角形区域，其测度为 $L(\Omega)=l^2/2$. 进一步，三个线段能构成三角形的事件 A 需要满足不等式：

$$\begin{cases} x+y>l-x-y, \\ x+l-x-y>y, \\ y+l-x-y>x. \end{cases}$$

整理得：

$$\begin{cases} x+y>l/2, \\ y<l/2, \\ x<l/2. \end{cases}$$

对应于图 2－3－4（b）中 A 区域.

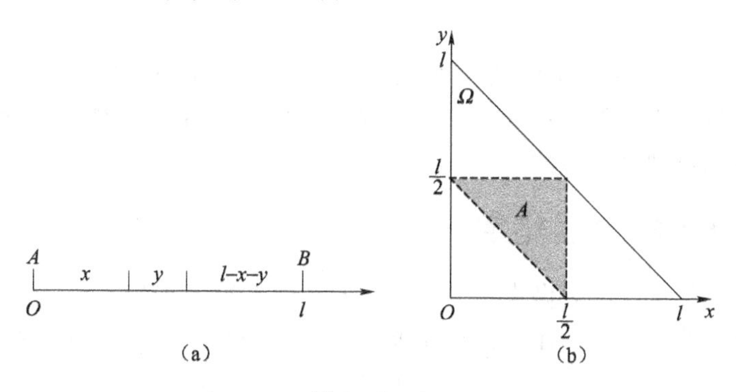

图 2－3－4

所以分成的三段能构成三角形的概率为：

$$P(A)=\frac{L(A)}{L(\Omega)}=\frac{1}{4}.$$

几何型随机试验仅仅是连续型随机试验的冰山一角，后面陆续还会看到很多其他类型的连续型试验. 类似于离散型随机试验概率空间的构造方法，对于连续型随机试验，也可以为其建立相应的概率空间三元组，我们将在概率的公理化定义中探讨这一问题.

2.4　概率的定义

前面我们未加说明地使用了“概率”这个词，但至今为止还没有对这个术语做出准确的定义和详尽的解释. 从历史上看，曾经出现过多个对概率的定义方式.

2.4.1　概率的统计定义

设事件 A 在 n 次随机试验中发生了 m 次，则称比值 m/n 为随机事件 A 的相对频率，记作$f_n(A)$，即：

$$f_n(A)=\frac{m}{n}.$$

大量的实践证明，当$n\to\infty$时，相对频率将在某个确定值附近摆动，或者说相对频率的极限存在，称相对频率的极限为事件A的概率，记作

$$P(A)=\lim_{n\to\infty}f_n(A).$$

这被称为概率的统计定义．根据这种定义方式，为了得到事件A的概率，需要做大量的试验才行．

2.4.2 概率的古典定义

在前面对古典概型的介绍中，引入了一种概率的定义，即：

$$P(A)=k/N.$$

其中，k是A中基本事件的个数，N是基本事件空间Ω中所有的基本事件个数，称这种定义方式为概率的古典定义．显然，这种古典定义只能应用于古典概型，所以，其适用范围是很窄的．

2.4.3 概率的公理化定义

概率的统计定义需要做大量的随机试验，这在很多工程实践中往往是不现实的；概率的古典定义只适用于古典型概率问题，即基本事件个数有限，且所有的基本事件都是等可能的，这又极大地限制了概率的应用范围，所以这两种定义方式都不适合作为概率的标准定义．此外，尽管前面我们为古典型试验、打靶试验和几何型试验中的事件定义了概率，但这三种试验远远没有穷尽所有的随机试验，那么脱离这些随机试验的具体背景，有没有适用于所有随机试验的抽象的定义方式呢？

苏联数学家柯尔莫戈洛夫（Kolmogorov）指出："概率论作为一种数学的学理是必须加以公理化的，而且也能够恰如几何学或代数学一样来加以公理化的．这就是说，给出了所研究对象的名称及基本关系以及此等基本关系所服从的公理以后，全部其他的叙述就可以仅根据这些公理来推演，而不必顾虑这些对象及关系的特殊的具体意义了．" Kolmogorov对概率论的公理化工作做了深入的研究，并在1933年出版的专著《概率论的基本概念》中提出了现在广为接受的概率的公理化定义．

概率的公理化定义：

设随机试验E的基本事件空间为Ω，$\mathcal{F}$是Ω的子集的σ代数，$P(A)$（$A\in\mathcal{F}$）是定义在$\mathcal{F}$上的实值集合函数，如果$P(A)$满足下述三条公理：

公理Ⅰ（非负性）：对于任意事件$A\in\mathcal{F}$，有$P(A)\geqslant 0$；

公理Ⅱ（规范性）：$P(\Omega)=1$；

公理Ⅲ（可列可加性）：对于可列个互不相容的事件$A_m\in\mathcal{F}$，$A_iA_j=\varnothing$（$i\neq$

j)，有

$$P(\bigcup_{m=1}^{\infty} A_m) = \sum_{m=1}^{\infty} P(A_m)$$

成立，则称 $P(A)$ 为随机事件 A 的概率，称三元组（Ω，$\mathcal{F}$，P）为随机试验 E 的概率模型或概率空间.

回忆第一章中关于集合测度的叙述，测度 $\mu(A)$ 也是一种集合函数，其最本质特征就是具有可列可加性，即对于可列个两两不相容的集合 A_1，A_2，A_3，$\cdots \in \mathcal{F}$，有：

$$\mu(\bigcup_{m=1}^{\infty} A_m) = \sum_{m=1}^{\infty} \mu(A_m).$$

所以概率在本质上就是定义在 σ 代数 $\mathcal{F}$ 上且满足规范性（$\mu(\Omega)=1$）的一种测度，也称之为概率测度.

例 2-2-1 中打靶试验的概率空间（Ω，$\mathcal{F}$，P）为：

（1）$\Omega = \{\omega_1, \omega_2, \omega_3, \cdots\}$ 为基本事件空间；

（2）$\mathcal{F}$ 是 Ω 的全部子集构成的 σ 代数；

（3）$P(A) = \sum_{\omega_i \in A} p(\omega_i)$，$A \in \mathcal{F}$ 是 $\mathcal{F}$ 中任意事件的概率.

2.3 节中几何型试验的概率空间（Ω，$\mathcal{F}$，P）为：

（1）Ω 是全集，是 n 维空间中的 Lebesgue 可测集；

（2）$\mathcal{F}$ 是 Ω 的全部可测子集构成的 σ 代数；

（3）对于 $\mathcal{F}$ 中的任意事件 A，有 $P(A) = L(A)/L(\Omega)$，$L(A)$ 和 $L(\Omega)$ 分别表示集合 A 和 Ω 的 Lebesgue 测度.

2.4.4　公理的推论

概率的基本公理只有三条，从这三条公理出发，我们可以得到许多有用的结论.

推论 2-4-1：对于两个不相交的事件 A 和 B，有：

$$P(A+B) = P(A) + P(B)$$

这被称为概率的有限可加性，是概率公理Ⅲ可列可加性的特例，只需令其他集合为空集即可. 有限可加性可以推广到有限多个互不相交的事件 A_1，A_2，$\cdots$，A_n 的情形，即：

$$P(A_1 + A_2 + \cdots + A_n) = P(A_1) + P(A_2) + \cdots + P(A_n).$$

推论 2-4-2：对于任意事件 A，有：

$$P(A) \leqslant 1.$$

由 $A + A^c = \Omega$ 和推论 2-4-1，可得：

$$P(A + A^c) = P(A) + P(A^c) = P(\Omega) = 1.$$

又由公理Ⅰ，$P(A^c) \geqslant 0$，所以：

$$P(A) \leqslant 1.$$

推论 2-4-3：对于两事件 $A\subset B$，有：

$$P(A)\leqslant P(B), P(B-A)=P(B)-P(A),$$

因为集合 A 和 $B-A$ 是集合 B 的两个对立的子集，对立是互不相交的特例，所以由推论 2-4-1 可得：

$$P(B)=P(B-A+A)=P(B-A)+P(A).$$

所以：

$$P(B-A)=P(B)-P(A).$$

又因为 $P(B-A)\geqslant 0$，所以：

$$P(A)\leqslant P(B).$$

推论 2-4-4：对于任意事件 A，B，有：

$$P(A\cup B)=P(A)+P(B)-P(AB).$$

对于任意 A，B，因为 $A\cup B=A+A^{c}B$，应用推论 2-4-2 可得：

$$P(A\cup B)=P(A+A^{c}B)=P(A)+P(A^{c}B).$$

又因为 $A^{c}B$ 是 B 的子集，应用推论 2-4-3 可知：

$$\begin{aligned}P(A\cup B)&=P(A)+P(A^{c}B)\\&=P(A)+P(B)-P(B-A^{c}B)\\&=P(A)+P(B)-P(AB).\end{aligned}$$

推论 2-4-4 又被称为概率加法公式，推论 2-4-1 是概率加法公式的一个特例.

把加法公式加以推广，对于任意事件 A，B，C，可得：

$$\begin{aligned}&P(A\cup B\cup C)\\&=P(A)+P(B\cup C)-P(A\cap(B\cup C))\\&=P(A)+P(B)+P(C)-P(BC)-P[(AB)\cup(AC)]\\&=P(A)+P(B)+P(C)-P(BC)-[P(AB)+P(AC)-P(ABC)]\\&=P(A)+P(B)+P(C)-P(BC)-P(AB)-P(AC)+P(ABC)\end{aligned}$$

进一步推广，对于任意有限个事件 A_1，A_2，…，A_n 的并的概率，满足：

$$P\left(\bigcup_{i=1}^{n}A_i\right)=\sum_{i=1}^{n}A_i-\sum_{1\leqslant i<j\leqslant n}P(A_iA_j)+\sum_{1\leqslant i<j<k\leqslant n}P(A_iA_jA_k)-\cdots+(-1)^{n-1}P(A_1A_2\cdots A_n)$$

推论 2-4-5：对于任意事件 A，B，有：

$$P(A\cup B)\leqslant P(A)+P(B).$$

推论 2-4-5 被称为布尔不等式，可由推论 2-4-4 直接得到.

推广至有限的情形可得：

$$P(A_1\cup A_2\cup\cdots\cup A_n)\leqslant P(A_1)+P(A_2)+\cdots+P(A_n).$$

上述推论也可以看作是概率的性质，能够极大帮助我们进行概率的计算. 此外，这些性质也可以通过文氏图获得直观简明的理解.

2.5 条件概率

考察这样一个问题：袋中有标号为1到10的十个球，其中标号为1到7的球为红色，标号为8到10的球为黑色，现随机抽取一个球，已知抽到的是红球，问球的标号是偶数的概率是多少？

如果把抽到红球记作事件A，抽到偶数标号的球记作事件B，则该问题相当于"已知A成立的条件下，B成立的概率是多少".我们称此概率为事件B在事件A成立条件下的条件概率，记作$P(B|A)$. 由于已知试验结果抽到的是红球，所以在事件A成立的条件下，基本事件空间变为$\Omega'=\{1,2,3,4,5,6,7\}$，在此基本事件空间下，事件$B$包括的基本事件有$\{2, 4, 6\}$. 不难验证，此试验符合古典概型，所以有：

$$P(B|A)=k/N=3/7.$$

一般地，称**"已知事件A成立的条件下，事件B成立的概率"为B在A成立条件下的条件概率，记作$P(B|A)$**. 由于事件A的成立为事件B提供了一些信息，所以$P(B|A)$和$P(B)$通常是不相等的.（不难验证，上例中$P(B)$等于0.5）

2.5.1 条件概率和乘法公式

定理2-5-1：在概率空间（Ω，$\mathcal{F}$，P）中，设事件$A\in\mathcal{F}$，$B\in\mathcal{F}$，A的概率为$P(A)>0$，则有公式：

$$P(B|A)=\frac{P(AB)}{P(A)}.$$

证明：以古典概型为例，设试验E的基本事件空间为Ω，Ω由N个等概的基本事件构成. 设事件A由N_A个基本事件构成，事件B由N_B个基本事件构成，所以有：

$$P(A)=\frac{N_A}{N},\qquad P(B)=\frac{N_B}{N}.$$

设事件A，B的交事件AB中共有N_{AB}个基本事件，则有：

$$P(AB)=\frac{N_{AB}}{N}.$$

已知事件A成立，意味着基本事件空间由原来的Ω缩减为Ω'，Ω'由组成事件A的N_A个基本事件组成. 在这个新的基本事件空间Ω'中，能使事件B成立的基本事件就是A，B的交事件AB中的N_{AB}个基本事件，所以有：

$$P(B|A)=\frac{N_{AB}}{N_A}=\frac{N_{AB}/N}{N_A/N}=\frac{P(AB)}{P(A)}.$$

此定理可以在前面的抽球试验中得到验证. 需要说明的是条件概率作为一种概率，也应该符合概率的公理化定义.

定理 2-5-2：如果 $P(A)>0$，则 $P(\cdot|A)$ 也是定义在 $\mathcal{F}$ 上的概率，即

（1）对于 $\forall B\in\mathcal{F}$，有 $P(B|A)\geqslant 0$；

（2）$P(\Omega|A)=1$；

（3）对于可列个互不相容的事件 $B_m\in\mathcal{F}$，$B_iB_j=\varnothing(i\neq j)$，有

$$P\left(\bigcup_{m=1}^{\infty}B_m\mid A\right)=\sum_{m=1}^{\infty}P(B_m\mid A)$$

成立.

证明：（1）略.

（2）$P(\Omega|A)=\dfrac{P(\Omega A)}{P(A)}=\dfrac{P(A)}{P(A)}=1.$

（3）
$$\begin{aligned}P\left(\bigcup_{m=1}^{\infty}B_m\mid A\right)&=\frac{P((B_1\cup B_2\cup B_3\cup\cdots)\cap A)}{P(A)}\\&=\frac{P(B_1\cap A)+P(B_2\cap A)+P(B_3\cap A)+\cdots}{P(A)}\\&=\frac{\sum_{m=1}^{\infty}P(B_mA)}{P(A)}=\sum_{m=1}^{\infty}P(B_m\mid A)\end{aligned}$$

在（3）的证明过程中，第二个等式应用了事件 $B_m\in\mathcal{F}$ 互不相容的条件. 条件概率计算公式亦可以写为：

$$P(AB)=P(B|A)P(A)=P(A|B)P(B).$$

推广至有限个事件的情形，有：

定理 2-5-3：$P(A_1A_2\cdots A_n)=P(A_1)P(A_2|A_1)P(A_3|A_2A_1)\cdots P(A_n|A_{n-1}\cdots A_3A_2A_1)$.

定理 2-5-3 又称为概率的乘法定理或乘法公式.

2.5.2 随机事件的独立性

在很多实际的或理想的试验中，可能存在着事件 A 的发生对事件 B 没有任何影响，反之亦然，或者说，事件 A 的发生不能给事件 B 提供任何信息量（因此不改变 B 的概率），通常称这样的两个事件 A，B 是彼此独立的. 表示成概率的形式就是

$$P(B|A)=P(B)\text{或者 }P(AB)=P(B)P(A).$$

例 2-5-1 在一副 52 张扑克牌（不包括大小王）中随机抽取一张，用 A 表示事件“抽到黑桃”，用 B 表示事件“抽到 J”，不难计算

$$P(A)=1/4,$$
$$P(B)=1/13,$$
$$P(AB)=1/52.$$

所以事件 A 和 B 是独立的.

事件的独立、对立和互斥（互不相容）是几个容易混淆的概念. 两个事件互

斥（互不相容）是指它们的交集为空；对立是互斥的特例，是指两个事件交集为空，且并集为全集 Ω；独立是指两个事件彼此没有影响，或者等式 $P(BA)=P(B)P(A)$ 成立，与互斥没有必然的联系．在上面扑克牌的例子中，A，B 是独立的，但不是互斥的．反之，两个事件 A，B 互斥能推出 $P(BA)=0$，但因为 $P(B)$、$P(A)$ 不为 0，所以 $P(B)P(A)\neq 0$，可见互斥推不出独立．独立、互斥和对立的关系如图 2－5－1 所示．

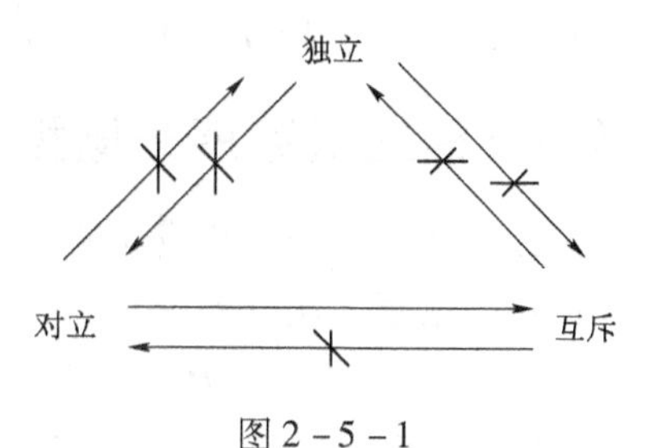

图 2－5－1

另外需要说明的是，两个事件 A，B 独立的根本原因在于随机试验中 A，B 彼此互不影响，而不是因为等式 $P(B|A)=P(B)$ 或者 $P(AB)=P(B)P(A)$ 成立，该等式只是 A，B 独立的外在表现形式，尽管实际问题中可以应用该等式判断 A，B 是否独立．

例 2－5－2　掷两颗色子，以事件 A 表示"第一颗色子为 1 点"，以事件 B 表示"第二颗色子为偶数点"，从试验特征上看，A，B 彼此互不影响，所以应该是独立的．

$$P(A)=1/6,$$
$$P(B)=1/2,$$
$$P(AB)=1/12.$$

可见，事件 A，B 确实是独立的．

定义 2－5－1：n 个事件 A_1，A_2，…，A_n 是相互独立的，如果

$$P\{A_1A_2\cdots A_n\}=P\{A_1\}P\{A_2\}\cdots P\{A_n\}$$

相互独立能推出两两独立，但反之不成立．

例 2－5－3　如图 2－5－2 所示由三个灯泡组成的电路，已知灯泡 A，B，C 损坏的概率分别是 0.3，0.2，0.1，且三个灯泡损坏与否彼此独立，求电路断路的概率．

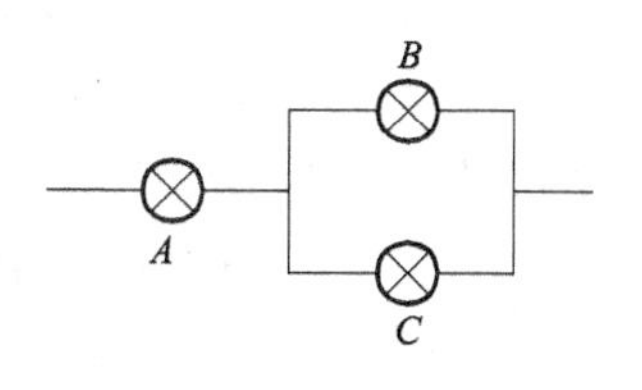

图 2－5－2

解：如果以事件 A，B，C 分别表示灯泡 A，B，C 损坏，则

$$\text{电路断路}=A\cup(B\cap C).$$

所以电路断路的概率为：

$$\begin{aligned}P[A\cup(B\cap C)]&=P(A)+P(B\cap C)-P[A\cap(B\cap C)]\\&=P(A)+P(B)P(C)-P(A)P(B)P(C)\\&=0.3+0.2\cdot 0.1-0.3\cdot 0.2\cdot 0.1\\&=0.314.\end{aligned}$$

本题一个可能产生的错误解法是：

$$P[A\cup(B\cap C)]=P[(A\cup B)\cap(A\cup C)]$$
$$=P(A\cup B)P(A\cup C)$$
$$=[P(A)+P(B)-P(A)P(B)][P(A)+P(C)-P(A)P(C)].$$

其错误在于 $(A\cup B)$ 和 $(A\cup C)$ 并不独立，所以第二个等式不成立.

2.5.3 独立试验序列概型

假设单次伯努利试验成功的概率为 p，失败的概率为 $q=1-p$，把该试验在相同条件下重复 n 次（称之为 n 重伯努利试验），则其中恰好成功 k 次的概率为：

$$P=C_n^k p^k q^{n-k}\quad(k=0,1,2,\cdots,n)$$

证明： n 重伯努利试验共有 2^n 个样本点（即试验序列），但这些样本点并不是等概的（思考为什么），因此不能简单地套用古典概型的计算公式. 以事件 $A_i(i=1,\cdots,n)$ 表示第 i 次试验成功，记第 i 次试验失败为事件 $\overline{A_i}$，则有 $P(A_i)=p$，$P(\overline{A_i})=q$. 由于 n 次试验相互独立，所以其中恰好成功 k 次对应于试验序列的 n 个位置中有 k 个位置为成功，$n-k$ 个位置为失败，不失一般性，假设成功位置为 1 到 k. 则

$$P(A_1\cdots A_k\overline{A_{k+1}}\cdots\overline{A_n})=P(A_1)\cdots P(A_k)P(\overline{A_{k+1}})\cdots P(\overline{A_n})=p^k q^{n-k}.$$

在 n 个位置中选择 k 个成功位置共有 C_n^k 种可能，这些可能的样本点彼此是互斥的，所以根据概率的加法公式有

P（n 次独立试验成功 k 次）$=C_n^k p^k q^{n-k}$（$k=0，1，2，\cdots，n$）.

例 2-5-4 （巴拿赫火柴盒问题）某人有两盒火柴，其中各有 n 根火柴，吸烟时从任意一盒中取一根火柴，经过若干时间后，发现一盒火柴已经用完，求此时另一盒还有 r 根火柴的概率.

解： 把从一盒中取火柴记为成功，概率为 p；把从另一盒中取火柴记为失败，概率为 $q=1-p$. 则 $p=q=0.5$. 分析题意可知，该试验相当于把单次取火柴试验独立重复进行 $2n-r$ 次，其中成功了 n 次，失败了 $n-r$ 次，所以结果为：

$$P(\text{另一盒还有 } r \text{ 根火柴})=C_{2n-r}^n 0.5^n 0.5^{n-r}.$$

例 2-5-5 某公司有 7 个顾问，每个顾问提供正确意见的概率是 0.6，现就某事是否可行分别征求意见，按多数人的意见做出决策，则做出正确决策的概率是多少？

解： 对每个顾问征求意见相当于一次独立试验，由题意知，$P(\text{试验成功})=p=0.6$，$P(\text{试验失败})=q=0.4$，7 个顾问相当于 7 次独立重复试验，因为是按照多数人的意见做出决策，所以决策正确相当于试验成功的次数为 7 或 6 或 5 或 4，所以：

$$P(\text{决策正确})$$
$$=C_7^7 0.6^7 0.4^0+C_7^6 0.6^6 0.4^1+C_7^5 0.6^5 0.4^2+C_7^4 0.6^4 0.4^3$$
$$=0.710\,2.$$

2.5.4 全概公式和逆概公式

条件概率很重要的应用在于全概公式和逆概公式，在介绍这两个公式之前，让我们先复习一下集合（事件）完备互斥的概念.

定义 2-5-2：对于有限（或可列个）集合（或事件）A_1，A_2，A_3，…，A_n，若

$$A_i \cap A_j = \varnothing (\forall i \neq j, 1 \leqslant i,j \leqslant n) \text{ 且 } \bigcup_{i=1}^{n} A_i = \Omega,$$

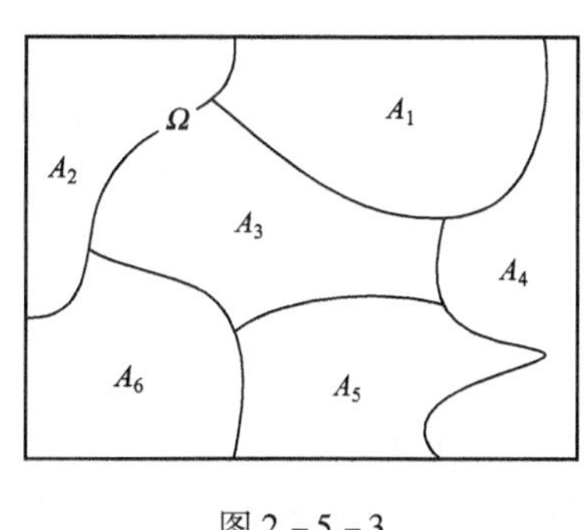

图 2-5-3

则称 A_1，A_2，A_3，…，A_n 为完备互斥的，也称 A_1，A_2，A_3，…，A_n 构成了全集 Ω 的一个完备互斥事件组（如图 2-5-3 所示）. 对于任意一次随机试验，完备互斥事件组 A_1，A_2，A_3，…，A_n 中的事件必然有且仅有一个发生.

定理（全概公式）2-5-4：设 A_1，A_2，A_3，…，A_n（n 为有限或可列无穷）构成了随机试验 E 基本事件空间 Ω 的一个完备互斥事件组，则对于任意事件 B，有

$$P(B) = \sum_i P(B \mid A_i)P(A_i).$$

证明：因为 A_1，A_2，A_3，…，A_n 构成 Ω 的完备互斥事件组，所以有：

$$\begin{aligned} P(B) &= P(B\Omega) = P(B(\bigcup_i A_i)) \\ &= \sum_i P(BA_i) \quad (\text{因为 } A_i, A_j \text{ 彼此互不相容,所以 } BA_i, BA_j \text{ 彼此互不相容}) \\ &= \sum_i P(B \mid A_i)P(A_i). \end{aligned}$$

例 2-5-6 甲箱中有 a 个白球和 b 个黑球，乙箱中有 c 个白球和 d 个黑球，自甲箱中任取一球放入乙箱，然后再从乙箱中任取一球，求该球是白球的概率.

解：试验的第一步是从甲箱中取一球放入乙箱，因为该球或者是白球或者是黑球，所以可以设完备互斥事件组为

A_1 = "从甲箱中取出的是白球"，

A_2 = "从甲箱中取出的是黑球"，

设事件 B 为"从乙箱中取出的球是白球"，则有

$$\begin{aligned} P(B) &= P(B|A_1)P(A_1) + P(B|A_2)P(A_2) \\ &= \frac{c+1}{c+d+1}\frac{a}{a+b} + \frac{c}{c+d+1}\frac{b}{a+b} \end{aligned}$$

定理（逆概公式）2-5-5：设 A_1，A_2，A_3，…，A_n（n 为有限或可列无穷）构成了随机试验 E 基本事件空间 Ω 的一个完备互斥事件组，则对于任意事

件 B，有：

$$P(A_i \mid B) = \frac{P(B \mid A_i)P(A_i)}{\sum_j P(B \mid A_j)P(A_j)}.$$

证明：

$$P(A_i \mid B) = \frac{P(A_iB)}{P(B)} = \frac{P(B \mid A_i)P(A_i)}{\sum_j P(B \mid A_j)P(A_j)}.$$

逆概公式又称贝叶斯（Bayes）公式，用于在已知某个结果 B 成立时，反推某个条件 A_i 成立的概率.

例 2－5－7 数字发信机以概率 0.6 和 0.4 发出信号“0”和“1”，由于信道中干扰和噪声的影响，当发出“0”时，数字收信机以概率 0.8 和 0.2 收到“0”和“1”；当发出“1”时，数字收信机以概率 0.1 和 0.9 收到“0”和“1”，求：

（1）收信机收到“0”时，发信机确实发出“0”的概率；

（2）收信机收到“1”时，发信机确实发出“1”的概率.

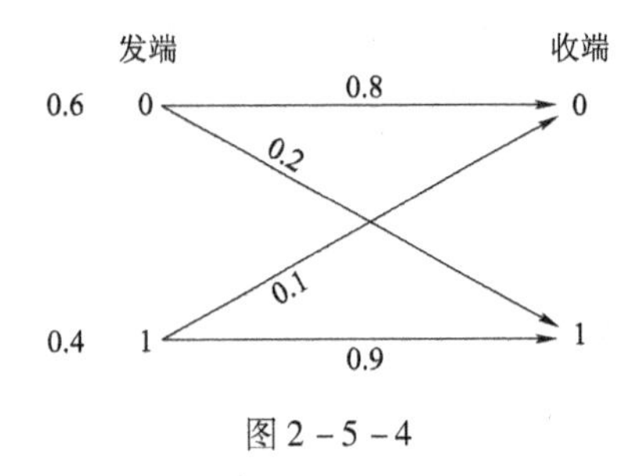

图 2－5－4

解：收发关系可以表示成图 2－5－4 所示.

以事件 A_0 表示“发信机发出 0”，

以事件 A_1 表示“发信机发出 1”，

以事件 B_0 表示“收信机收到 0”，

以事件 B_1 表示“收信机收到 1”.

由题意知，A_0 和 A_1 构成完备事件组，且

$$P(A_0)=0.6; \quad P(A_1)=0.4;$$

$$P(B_0 \mid A_0)=0.8; \quad P(B_1 \mid A_0)=0.2;$$

$$P(B_0 \mid A_1)=0.1; \quad P(B_1 \mid A_1)=0.9.$$

应用逆概公式，

（1）P(收信机收到 0 时，发信机确实发出 0 的概率)

$$=P(A_0 \mid B_0)=\frac{P(A_0B_0)}{P(B_0)}=\frac{P(B_0 \mid A_0)P(A_0)}{P(B_0 \mid A_0)P(A_0)+P(B_0 \mid A_1)P(A_1)}$$

$$=\frac{0.8 \cdot 0.6}{0.8 \cdot 0.6+0.1 \cdot 0.4}=\frac{12}{13}.$$

（2）P(收信机收到 1 时，发信机确实发出 1 的概率)

$$=P(A_1 \mid B_1)=\frac{P(A_1B_1)}{P(B_1)}=\frac{P(B_1 \mid A_1)P(A_1)}{P(B_1 \mid A_0)P(A_0)+P(B_1 \mid A_1)P(A_1)}$$

$$=\frac{0.9 \cdot 0.4}{0.2 \cdot 0.6+0.9 \cdot 0.4}=\frac{3}{4}.$$

****

* 应用全概或逆概公式求解问题，关键在于确定完备互斥事件组 *

****

*2.5.5 条件概率在数字通信中的应用

数字通信的主要特点是在有限的时间间隔内发送有限波形集中的一个波形，而模拟通信则是从无限个波形中选择一个进行发送．数字通信的接收端不需要精确地再生发送波形，只需要判决出发送端发送的是哪个符号即可．

设信道的输入变量为 X，取值于 $(a_1, a_2, \cdots, a_r)$，输出变量为 Y，取值于 $(b_1, b_2, \cdots, b_s)$．

定义 2-5-3：

先验概率 $P(a_i)$： 即发送端发送符号 a_i 的概率.

前向概率 $P(b_j|a_i)$： 即发送端发送符号 a_i 时，接收端收到符号 b_j 的概率.

后向概率 $P(a_i|b_j)$： 即接收端收到符号 b_j 时，对应发送端发送符号 a_i 的概率，后向概率又称后验概率．

前向概率又叫转移概率，把全部转移概率写成矩阵的形式，称为信道矩阵. 即

$$\begin{bmatrix} p(b_1|a_1) & p(b_2|a_1) & \cdots & p(b_s|a_1) \\ \vdots & \vdots & & \vdots \\ p(b_1|a_r) & p(b_2|a_r) & \cdots & p(b_s|a_r) \end{bmatrix}$$

所谓译码规则就是一个函数关系 $F(b_j)$，使得每个接收符号 b_j 都有唯一一个发送符号 a_i 与之相对应，也就是把 b_j 译成 a_i，即

$$F(b_j)=a_i(i=1,2,3,\cdots,r;j=1,2,3,\cdots,s).$$

那么当接收端收到符号 b_j 后，

（1）译码正确是指收到符号 b_j 后确实译成了发送端发送的符号 a_i，所以译码正确的概率为 $P(F(b_j)|b_j)=P(a_i|b_j)$．

（2）译码错误是指收到符号 b_j 后译成了与发送端发送的符号 a_i 不同的其他符号，所以译码错误的概率为 $P(e|b_j)=1-P(F(b_j)|b_j)$．

进一步应用全概公式，平均译码错误概率为：

$$\begin{aligned} P_E &= \sum_{j=1}^{s} P(e\mid b_j)P(b_j) \\ &= \sum_{j=1}^{s}[1-P(F(b_j)\mid b_j)]P(b_j) \\ &= \sum_{j=1}^{s}P(b_j)-\sum_{j=1}^{s}P[F(b_j)\mid b_j]P(b_j) \\ &= 1-\sum_{j=1}^{s}P[F(b_j)\mid b_j]P(b_j). \end{aligned}$$

注意上式中 $P(b_j)$ 是在译码之前产生的，与译码规则无关，所以为了降低 P_E，应使 $P(e|b_j)$ 最小，或者等价地使 $P(F(b_j)|b_j)$ 最大．这相当于在收到符号 b_j 后，应该译成与之相对应的后验概率 $P(a_i|b_j)$ 最大的那个发送符号 a_i，这种译码规则被称为最大后验概率准则，因为这种译码规则使平均错误概率 P_E 最小，所以又称为最小错误概率准则．又因为 $P(a_i|b_j)=\dfrac{P(a_ib_j)}{P(b_j)}$，所以，为了使 $P(a_i|b_j)$ 最大，也可以等价地设计译码规则使得 $P(a_ib_j)$ 最大，所以又称其为最大联合概率准则．为了应用最小错误概率准则，需要先根据先验概率 $P(a_i)$ 和转移概率 $P(b_j|a_i)$ 计算出后验概率 $P(a_i|b_j)$ 或联合概率 $P(a_ib_j)$，然后对于每个 b_j，找出它所对应的后验概率 $P(a_i|b_j)$ 最大的那个 a_i，并把译码规则设计成 $F(b_j)=a_i$ 即可．

最大后验概率准则可以得到最小的平均错误概率，因此是性能最佳的译码准则．但该准则依赖于先验概率 $P(a_i)$，这在很多实际应用中是未知的，或者是随时间变化的，这就导致无法应用最大后验概率准则．为了解决这个问题，在实际工程应用中，更为常用的是最大似然译码准则．

$$P(a_ib_j)=P(a_i|b_j)P(b_j)=P(b_j|a_i)P(a_i)$$

为了使 $P(a_ib_j)$ 取得最大值，在所有 $P(a_i)$ 相等的条件下（即发送的各个符号先验等概率），亦可直接选取 $P(b_j|a_i)$ 最大即可，这样我们就可以直接利用信道矩阵中给定的前向概率 $P(b_j|a_i)$ 作为评价标准，既避免了使用先验概率 $P(a_i)$，也免去了计算后验概率 $P(a_i|b_j)$ 的麻烦．这种以前向概率作为评价标准的译码准则被称为最大似然译码准则．需要说明的是，最大似然译码准则仅仅在发送符号的先验概率相等时才能使平均错误概率 P_E 最小，该条件不成立时，不能保证最小错误概率，因此，最大似然译码准则是一种次最优的译码准则．

例 2－5－8 信道矩阵为：

$$\begin{matrix} & & b_1 & b_2 & b_3 \\ P(a_1) & a_1 & & & \\ P(a_2) & a_2 & & & \\ P(a_3) & a_3 & & & \end{matrix}\begin{pmatrix} 0.5 & 0.3 & 0.2 \\ 0.2 & 0.3 & 0.5 \\ 0.3 & 0.3 & 0.4 \end{pmatrix}.$$

发送符号的先验概率为：

$$P(a_1)=0.25;\qquad P(a_2)=0.25;\qquad P(a_3)=0.5.$$

计算得到联合概率矩阵为：

$$\begin{matrix} a_1 \\ a_2 \\ a_3 \end{matrix}\overset{\begin{matrix} b_1 & \quad b_2 & \quad b_3 \end{matrix}}{\begin{pmatrix} 0.125 & 0.075 & 0.05 \\ 0.05 & 0.075 & 0.125 \\ 0.15 & 0.15 & 0.2 \end{pmatrix}}.$$

所以根据最小错误概率译码准则设计的译码规则应该是：

$$\begin{cases} F(b_1) = a_3 \\ F(b_2) = a_3 \\ F(b_3) = a_3 \end{cases}$$

在最大似然译码准则下，上面那个三元信道矩阵的译码规则应该是：

$$\begin{cases} F(b_1) = a_1 \\ F(b_2) = a_3 \\ F(b_3) = a_2 \end{cases}$$

请读者自行验证.

2.6* 几何概率

前面提到的几何型随机试验是基于点的集合，在那里，我们定义点落在某个集合（事件）中的概率为该集合的测度与全集的测度之比，即 $P(A) = L(A)/\ L(\Omega)$. 几何概率，又称积分几何，把集合的类型加以推广，面对的是各种几何体（线、面、体），研究的是如何把概率的思想和方法应用到几何体构成的集合上. 几何概率作为概率的一个分支，具有多学科交叉、理论深奥、应用广泛等特点，完全可以作为一门单独的学科存在. 本书作为概率的一本入门级著作，不打算也不可能对几何概率做出透彻全面的讲解，只能以直线集合为例介绍几何概率的基本思想.

几何概率问题最早可以追溯到两个世纪以前的 Buffon 针问题. 为了把概率的思想应用到随机几何对象上，首先需要定义这些几何对象的密度和测度. 在几何概率中，平面上的一条直线由其到原点的距离 s 和其法线与 x 轴夹角 θ 所决定，A，B 互不相容.

如图 2-6-1 所示，$(s,\ \theta)$ 同时也是从原点到该直线所做垂线的垂足的极坐标. 进一步，定义 $\mathrm{d}s\mathrm{d}\theta$ 为平面上直线集合的密度，定义 $\int_K \mathrm{d}s\mathrm{d}\theta$ 为区域 K 中直线集合的测度. 为简化起见，这里仅考虑 K 为凸集，即集合中任意两点的连线上的所有点仍属于该集合，用公式表示为

$$\forall A \in K,\ \ \forall B \in K \Rightarrow AB \in K.$$

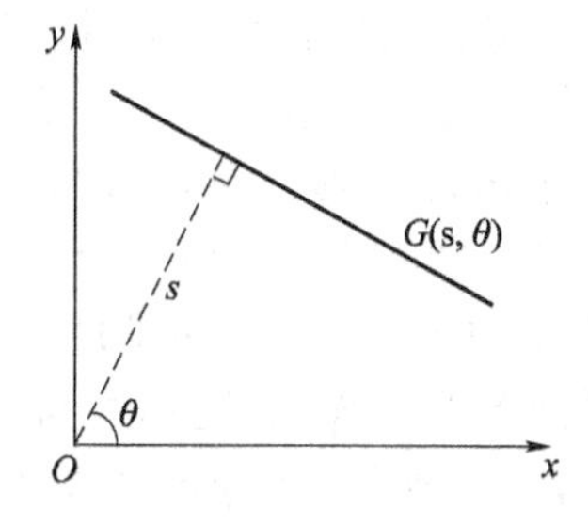

图 2-6-1 平面上的直线由其坐标 $(s,\ \theta)$ 所决定

根据几何概率的原理，这样定义的直线的密度和测度是唯一满足刚体运动群不变性的密度和测度．直线方程定义为：

$$x\cos\theta + y\sin\theta - s = 0$$

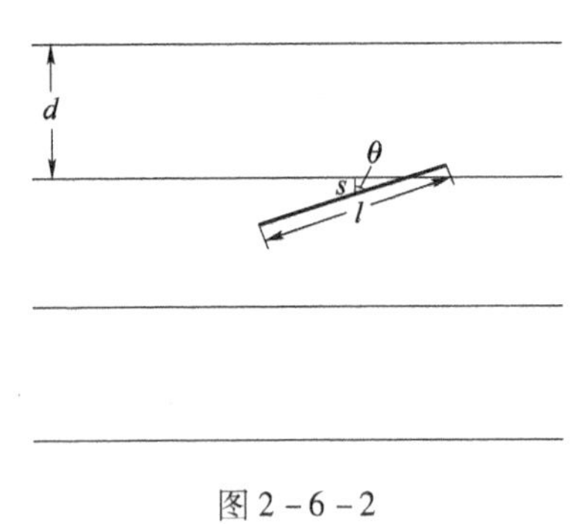

图 2－6－2

Buffon 针问题：

如图 2－6－2 所示，平面上以等间距 d 平行放置着无数根直线，把一根长度为 $l(l\leqslant d)$ 的针随机地抛掷在平面上，求针与直线相交的概率 p.

解： 以 s 表示针的中点距离最近直线的距离，以 θ 表示针与直线垂线的夹角．充分考虑针抛掷位置的对称性，则针的所有位置构成的集合的测度为：

$$\int_0^{\pi/2}\int_0^{d/2} \mathrm{d}s\mathrm{d}\theta = \frac{\pi d}{4}.$$

其中，考虑到只有当 s 小于等于 $\frac{l}{2}\cos\theta$ 时，针才能与直线相交，所以，能够与直线相交的那些针的位置集合的测度为：

$$\int_0^{\pi/2}\int_0^{\frac{l}{2}\cos\theta} \mathrm{d}s\mathrm{d}\theta = \frac{l}{2}.$$

由此，针与直线相交的概率为：

$$p = \frac{l/2}{\pi d/4} = \frac{2l}{\pi d}$$

Buffon 针实验曾被用来验证 π 的取值．

本 章 小 结

对于某个实际的或理想的试验，如果试验之前不能确切知道该试验的结果，但是知道该试验所有可能的结果，且这个试验在条件不变的情况下可以重复进行，则称这种试验为随机试验，用符号 E 表示．扔硬币、掷色子、不脱靶地扎飞镖等都是随机试验．称随机试验每个可能的结果为基本事件（样本点），用 ω 表示，随机试验所有可能的结果构成的集合称为基本事件空间（样本空间），用 Ω 表示．由若干基本事件构成的集合称为事件，用 A 表示，随机试验进行后，如果试验结果为事件 A 的某个基本事件，则称事件 A 发生了，这与日常用语是一致的．基本事件、基本事件空间和事件这三个概念分别对应于集合论中元素、全集和子集．根据基本事件空间 Ω 的不同，可以把随机试验分为两大类，如果 Ω 是离散集合（即有限集合或可列无限集合），则称之为离散型随机试验；如果 Ω 是连续集合（即不可列无限集合），则称之为连续型随机试验．

对于离散型试验，往往可以借助均匀性、对称性为每个基本事件赋予一个概率，从而得到一张概率分布表，如下所示．

ω	ω_1	ω_2	ω_3	$\cdots$	ω_n 或 ω_∞
$p(\omega_i)$	p_1	p_2	p_3	$\cdots$	p_n 或 p_∞

其中 $p(\omega_i)$ 需要满足：

（a）$0 \leqslant p(\omega_i) \leqslant 1$　（非负性）；

（b）$\sum_{i=1}^{\infty} p(\omega_i) = 1$　（规范性）．

此外，可以应用公式 $P(A) = \sum_{\omega_i \in A} p(\omega_i)$ 计算任意事件 A 的概率 $P(A)$．在离散型试验中，最重要的也是最具代表性的是古典概型，即基本事件空间为有限集合且每个基本事件等概的随机试验模型，我们遇到的大部分概率问题都可以归结到这种模型中．对于连续型试验，单个样本点的概率 $p(\omega)$ 已经没有意义，或者说 $p(\omega)=0$，某个事件 A 的概率 $P(A)$ 则通常要通过积分计算．

称三元组（Ω，$\mathcal{F}$，$P(A)$）为随机试验 E 的概率空间（Probability Space），其中：

（1）Ω 表示基本事件空间，即 $\Omega = \{\omega\}$；

（2）$\mathcal{F}$ 表示基于 Ω 的某个 σ 代数，满足：

　（a）$\varnothing$，$\Omega \in \mathcal{F}$；

　（b）若 $A \in \mathcal{F}$，则 $A^c \in \mathcal{F}$．

　（c）若可列个 $A_m \in \mathcal{F}$，则 $\bigcup_{m=1}^{\infty} A_m \in \mathcal{F}$．

（3）$P(A)$ 表示 $\mathcal{F}$ 中任意一个事件 A 发生的概率．

概率空间（Ω，$\mathcal{F}$，$P(A)$）完备地描述了一个随机试验中各个事件的概率情况．

概率本质上是以事件 A 为自变量的函数 $P(A)$，因此概率是以 σ 代数 $\mathcal{F}$ 为定义域的，概率函数有着自己特有的一些性质：

（1）非负性，即对于任意事件 $A \in \mathcal{F}$，有 $P(A) \geqslant 0$；

（2）规范性，即 $p(\Omega)=1$；

（3）可列可加性，即对于可列个互不相容的事件 $A_m \in \mathcal{F}$，$A_iA_j = \varnothing$（$i \neq j$），有 $P(\bigcup_{m=1}^{\infty} A_m) = \sum_{m=1}^{\infty} p(A_m)$ 成立．

这也被称作概率的公理化定义．可见概率无非就是定义在 σ 代数 $\mathcal{F}$ 上的，满足规范性的一种测度函数．概率的一切性质均可以由这三条公理推出，其中比较重要的是加法公式，即

$\forall A$，$B \in \mathcal{F}$，有 $P(A \cup B) = P(A) + P(B) - P(AB)$　加法公式．

称在事件 A 发生的条件下，事件 B 发生的概率为事件 B 在事件 A 成立条件下的条件概率，记作 $P(B \mid A)$．条件概率也是概率，也要满足三条公理．条件

概率的计算公式为：

$$P(B|A)=\frac{P(AB)}{P(A)}\quad 或写作 \quad P(AB)=P(B|A)P(A).$$

后者也被称作乘法公式．应用条件概率，可以得到在实际应用中非常重要的全概公式和逆概公式．设 A_1，A_2，A_3，…，A_n（n 为有限或可列无穷）构成了随机试验 E 基本事件空间 Ω 的一个完备互斥事件组，则对于任意事件 B，有：

$$P(B)=\sum_i P(B\mid A_i)P(A_i) \qquad 全概公式$$

$$P(A_i\mid B)=\frac{P(B\mid A_i)P(A_i)}{\sum_j P(B\mid A_j)P(A_j)} \qquad 逆概公式$$

此外，如果事件 A 的发生对事件 B 没有任何影响，或者用条件概率描述为

$$P(B|A)=P(B).$$

则称事件 A 和 B 是独立的．独立性是对称的，即 A 和 B 独立必然意味着 B 和 A 也是独立的．公式

$$P(B|A)=P(B),\qquad P(A|B)=P(A),\qquad P(AB)=P(B)P(A)$$

三者是等价的，都可以被用来验证事件 A 和 B 的独立性．

最后，用下表总结离散型试验和连续型试验的区别：

	离散型试验	连续型试验
基本事件空间 Ω	离散集合	连续集合
基本事件 ω 的概率	可以为 ω_i 赋概，即 $p(\omega_i)$	不能为 ω 赋概，即 $p(\omega)$ 没有意义或者说 $p(\omega)=0$
$\mathcal{F}$（即 σ 代数）	Ω 的全部子集，即 2^{Ω}	通常由 Ω 的全部可测子集构成
事件 A 的概率 $P(A)$	求和 $P(A)=\sum_{\omega_i\in A}p(\omega_i)$	通常用积分的方法

习　题　二

1. 设 A，B，C 表示三个随机事件，试将下列事件用 A，B，C 表示出来．

(1) A 出现，B，C 不出现；

(2) A，B 都出现，C 不出现；

(3) 三个都出现；

(4) 三个事件中至少有一个出现；

(5) 三个事件都不出现；

(6) 不多于一个事件出现；

（7）不多于两个事件出现；

（8）三个事件至少有两个出现；

（9）A，B 至少有一个出现，C 不出现；

（10）A，B，C 中恰好出现两个.

2. 甲、乙两艘轮船驶向一个不能同时停泊两艘轮船的码头，它们在一昼夜内到达的时间是等可能的，如果甲船停泊的时间是一小时，乙停泊的时间是两小时，求它们中任何一艘都不需要等待码头空出的概率是多少？

3. 某种动物由出生活到 20 岁的概率为 0.8，活到 25 岁的概率为 0.4，问现年 20 岁的这种动物活到 25 岁的概率是多少？

4. 从 0，1，2，…，9 等 10 个数字中，任意选出不同的三个数字，试求下列事件的概率：

A_1 = “三个数字中包含 0 和 5”；

A_2 = “三个数字中包含 0 或 5”；

A_3 = “三个数字中含 0 但不含 5”.

5. 已知 $P(A)=0.7$，$P(A-B)=0.3$，$P(B-A)=0.2$，求 $P(\overline{AB})$ 与 $P(\overline{A}\,\overline{B})$.

6. 设事件 A 与 B 互不相容，$P(A)=0.4$，$P(B)=0.3$，求 $P(\overline{A}\,\overline{B})$ 与 $P(\overline{A}\cup B)$.

7. 设 $AB\subset C$，试证明 $P(A)+P(B)-P(C)\leqslant 1$.

8. 设 A，B，C 是三个事件，且 $P(A)=P(B)=P(C)=\frac{1}{4}$，$P(AB)=P(BC)=0$，$P(AC)=\frac{1}{8}$，求 A，B，C 至少有一个发生的概率.

9. 一个盒子中装有 15 个乒乓球，其中 9 个新球，在第一次比赛时任意抽取 3 只，比赛后仍放回原盒中；在第二次比赛时同样地任取 3 只球，求第二次取出的 3 个球均为新球的概率.

10. 三人独立地破译一个密码，他们能译出的概率分别是$\frac{1}{5}$，$\frac{1}{3}$，$\frac{1}{4}$，求他们将此密码译出的概率.

11. 在 1 700 个产品中有 500 个次品，1 200 个正品，任取 200 个，求：

（1）恰有 90 个次品的概率；

（2）至少有 2 个次品的概率.

12. 从 5 双不同的鞋子中任取 4 只，这 4 只鞋子中至少有两只鞋子配成一双的概率是多少？

13. 将两信息分别编码为 A 和 B 传递出去，接收站收到时，A 被误收作 B 的概率为 0.02，而 B 被误收作 A 的概率为 0.01，信息 A 与信息 B 传送的频繁程度为 2∶1，若接收站收到的信息是 A，问原发信息是 A 的概率是多少？

14. 有两箱同种类的零件，第一箱装 50 只，其中 10 只一等品；第二箱装 30 只，其中 18 只一等品. 今从两箱中任挑出一箱，然后从该箱中取零件两次，每次任取一只，做不放回抽样．试求：

（1）第一次取到的零件是一等品的概率．

（2）第一次取到的零件是一等品的条件下，第二次取到的也是一等品的概率．

15. 设甲袋中装有 n 只白球、m 只红球；乙袋中装有 N 只白球、M 只红球．今从甲袋中任意取一只球放入乙袋中，再从乙袋中任意取一只球．问取到白球的概率是多少？

16. 随机将 15 名新生平均分配到三个班级中去，这 15 名新生中有 3 名优秀生，求：

（1）每个班级各有一名优秀生的概率；

（2）3 名优秀生分在同一班级里的概率．

17. 将 C、C、E、E、I、N、S 等七个字母随机地排成一行，那么恰好排成英文单词 *SCIENCE* 的概率为多少？

18. 把 n 个不同的质点随机地投入 N（$N \geqslant n$）个盒子中，假定每个盒子最多只能容纳一个质点，求下列事件的概率．

（1）$A=$“指定某盒是空”；

（2）$B=$“指定的 n 个盒子各有一质点”．

19. 10 件产品中有 4 件次品，6 件正品，从中任取两件，已知有一件次品，求另一件是正品的概率．

20. 从装有 6 个红球，4 个白球，5 个蓝球的盒子里连续摸出 3 只球，求依次为红、白、蓝球的概率．

（1）如果摸球是放回的；

（2）如果摸球是不放回的．

21. 袋内有一个白球和一个黑球，先从袋内任取一球，若取出白球，则试验终止，若取出黑球，再把黑球放回袋中的同时，再加进一个黑球，然后再从中任取一球，如此下去，直到取出白球为止，求下列事件的概率．

（1）取了 n 次均未取到白球；

（2）试验在第 n 次取球后终止．

22. 某机构有一个 9 人组成的顾问小组，若每个顾问贡献正确意见的百分比是 0.7，现在对该机构对某事可行性与否个别征求各位顾问意见，并按多数人做出决策，求做出正确决策的概率．

23. 袋中有 7 个球，其中红球 5 个白球 2 个，从袋中取球两次，每次随机地取球一个，且第一次取出的球不放回袋中，求：

（1）第一次取得白球，第二次取得红球的概率；

（2）两次取得的球中一个白球，另一个是红球的概率；

（3）取得两个球颜色相同的概率．

24. 500 人中，至少有一个人的生日在 7 月 1 日的概率是多少？（1 年按 365

天计算）

25. 设有某产品40件，其中有10件次品，其余为正品．现从中任取5件，求出取出的5件产品中至少有4件次品的概率．

26. 某人忘记了电话号码的最后一位数字，因而他随意地拨号，求他拨号不超过三次而接通电话的概率，若已知最后一个数字是奇数，那么此概率又是多少？

27. 假设目标出现在射程之内的概率为0.7，这时射击命中目标的概率为0.6，试求两次独立射击至少有一次命中的概率 p.

28. 甲乙两人投篮命中率分别为0.7，0.8，每人投篮3次，求：

（1）两人进球数相等的概率；

（2）甲比乙进球多的概率．

29. 在圆周上任取三个点 A，B，C，求三角形 ABC 为锐角三角形的概率．

30. 设有甲、乙、丙三门炮，同时独立地向某目标射击，命中率分别为0.2，0.3，0.5，目标被命中一发而被击毁的概率为0.2，被命中两发而被击毁的概率为0.6，被命中三次而被击毁的概率为0.9，求：

（1）三门火炮在一次射击中击毁目标的概率；

（2）在目标被击毁的条件下，只由甲火炮击中的概率．

31. 一猎人用猎枪向一只野兔射击，第一枪距离野兔200 m远，如果未击中，他追到距离野兔150 m远处进行第二次射击，如果仍未击中，他追到距离野兔100 m远处再进行第三次射击，此时击中的概率为0.5，如果这个猎人射击的击中率与他到野兔的距离平方成反比，求猎人击中野兔的概率．

32. 甲、乙两名运动员进行乒乓球单打比赛，已知每一局甲胜的概率为0.6，乙胜的概率为0.4，比赛时可以采用三局二胜制或五局三胜制，问在这两种比赛制度下，甲获胜的可能性各为多大？

33. 有三个盒子，在甲盒中装有2个红球，4个白球；乙盒中装有4个红球，2个白球；丙盒中装有3个红球，3个白球．设到三个盒子中取球的机会相等，今从中任取一球，它是红球的概率为多少？又若已知取到的球是红球，问它来自甲盒的概率是多少？

34. 一幢10层楼房中的一架电梯，在底层登上7位乘客，电梯在每一层都停，乘客从第二层起离开电梯，假设每位乘客在哪一层离开电梯是等可能的，求没有两位及两位以上乘客在同一层离开的概率．

35. 一架长机和两架僚机一同飞往某地进行轰炸，但要到达目的地，必须有无线电导航，而只有长机具有此项设备，一旦到达目的地，各机将独立地进行轰炸且炸毁目标的概率为0.3，在到达目的地之前必须经过高射炮阵地上空，此时任一飞机被击落的概率为0.2，求目标被炸毁的概率．

第三章

随 机 变 量

在切比雪夫之前，对概率论研究的主要内容是计算随机事件的概率，是切比雪夫最早意识到“随机变量”的概念和“随机变量的数学期望”的全部意义，并使用这些概念．现在，随机变量已经成为概率论的一个重要概念，在概率论历史上具有里程碑式的意义，它使概率论的研究对象从事件扩大到了随机变量．

3.1　什么是随机变量?

例 3-1-1：

(1) 从一筐苹果中随机地抽取一个，以变量 W 表示抽得苹果的重量．

(2) 从一个班级中随机地抽取一名同学，以变量 H 和 X 表示抽得同学的身高和年龄．

(3) 打靶试验中，假设不会发生脱靶，以变量 R 表示击中点与靶心的距离．

(4) 掷两颗色子，以变量 S 表示它们的点数之和．

在上面这些例子中，变量 W，H，X，R，S 具有共同的特点．一方面，它们都表征了样本点的某些特征（重量、身高、年龄、距离等），它们的取值随着样本点的变化而变化，因此这些变量可以看作是以样本点 ω 为自变量的函数（或者说以样本空间 Ω 为定义域的函数）；另一方面，在随机试验进行之前，我们无法确定这些变量的取值，只有当试验结束，试验结果（即样本点）已经产生，才能知道这些变量的取值，所以这些变量的取值又表现出随机性，因此称之为随机变量．

定义 3-1-1：随机变量．

设 $(\Omega, \mathcal{F}, P)$ 是一个概率空间，$\xi(\omega)$ 是定义在基本事件空间 Ω 上的单值实函数，如果对于任意实数 x，集合 $\{\omega: \xi(\omega) \leqslant x\}$ 都是一个事件，即：

$$\{\omega:\xi(\omega)\leqslant x\}\in\mathcal{F}$$

则称 $\xi(\omega)$ 为随机变量（random variable 简记作 r. v. ）．

对定义中第三句话的理解需要比较高深的数学知识，已经超出了本书的范围，这里不做精确的解释，有兴趣的读者可以参阅王梓坤先生的著作《概率论基础及其应用》．简单的理解其实还是不可测集惹的祸，如果对于任意实数 x，不能满足条件：

$$\{\omega:\xi(\omega)\leqslant x\}\in\mathcal{F}$$

则有可能导致随机变量 ξ 取某些值时所对应的样本点构成的集合是不可测集，而我们是无法为不可测集合赋予概率的，在下一节会看到，这将进一步导致无法计算 ξ 取那些值的概率．但正如我们在第一章中提到的，在实际工程应用中，几乎不可能遇到不可测集，所以我们只需把随机变量简单地理解成定义在样本空间上的单值实函数即可，而不必花费心思去检验是否满足第三句话那个条件．

根据随机变量值域类型的不同，可以把随机变量划分为两种类型：

（1）离散型随机变量：仅能取有限个或可列个数值，即变量的值域是离散集合．

（2）连续型随机变量：能够取不可列个数值，即变量的值域是连续集合．

在例 3-1-1 中，变量 X，S 为离散型随机变量，W，H，R 为连续型随机变量．可见，随机变量两种类型的划分并不是基于随机试验（或样本空间）是离散型的还是连续型的，在例 3-1-1 中，W，H 都是基于离散型样本空间，但它们却是连续型的随机变量．

3.2　随机变量概率的获得

对于随机变量，我们在关心其取何值的同时，更关心的是它以多大的概率取这些值．比如，在掷两颗色子的试验中，我们可能会关心点数之和 S 等于 12、小于等于 5、大于 10 的概率，即 $P(S=12)$、$P(S\leqslant 5)$、$P(S>10)$．那么，随机变量取某个或某些值的概率与事件的概率有什么关系呢？本试验的基本事件空间如表 3-2-1 所示，每个样本点的两个分量分别表示两个色子的点数，且所有 36 个样本点都是等概的．即 $P(\omega_i)=1/36$，$i=1$，…，36．不难分析，点数之和 $S=12$ 对应着基本事件（6，6），所以概率应该为 1/36．点数之和 $S\leqslant 5$ 对应着基本事件（1，1），（1，2），（1，3），（1，4），（2，1），（2，2），（2，3），（3，1），（3，2），（4，1），所以概率为 10/36．点数之和 $S>10$ 对应着基本事件（5，6），（6，5），（6，6），所以概率为 3/36．

表 3-2-1

(1，1)	(1，2)	(1，3)	(1，4)	(1，5)	(1，6)
(2，1)	(2，2)	(2，3)	(2，4)	(2，5)	(2，6)
(3，1)	(3，2)	(3，3)	(3，4)	(3，5)	(3，6)
(4，1)	(4，2)	(4，3)	(4，4)	(4，5)	(4，6)
(5，1)	(5，2)	(5，3)	(5，4)	(5，5)	(5，6)
(6，1)	(6，2)	(6，3)	(6，4)	(6，5)	(6，6)

对于更为一般的随机试验，随机变量 $\xi(\omega)$ 取某些值（或位于某个区域）总

可以映射成基本事件空间 Ω 的某个子集，即某个事件，如图 3－2－1 所示，所以可以通过计算该事件的概率得到 $\xi(\omega)$ 取这些值的概率．

****

*　　随机变量 $\xi(\omega)$ 通过所对应的事件获得它取值的概率　　*

****

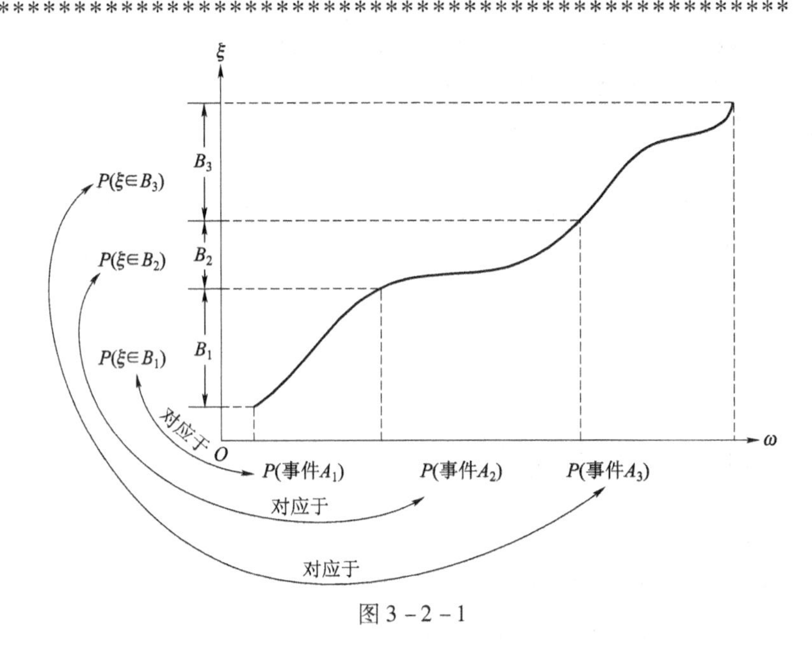

图 3－2－1

需要说明的是，很多实际应用中某些随机变量的直观意义反倒比样本空间 Ω 或事件的意义更为清晰明了，所以以后可以直接使用随机变量，而不必指明样本空间 Ω.

3.3　随机变量的概率分布和分布函数

3.3.1　随机变量的概率分布

随机变量在其值域（离散型是离散集合；连续型是连续集合）内的概率分布是一个很重要的问题．“分布”这个词正如它字面上的意思，描绘了某种东西或某种物质在某个区域的散布情况，随机变量的概率分布反映了概率测度在取值区间内的散布情况．考虑到随机变量位于全部取值区间内总的概率为 1，所以我们可以形象地理解为：如图 3－3－1 所示，在某个随机变量 X 的取值区间内，比如 (a, b) 或 $(-\infty, +\infty)$，散布着

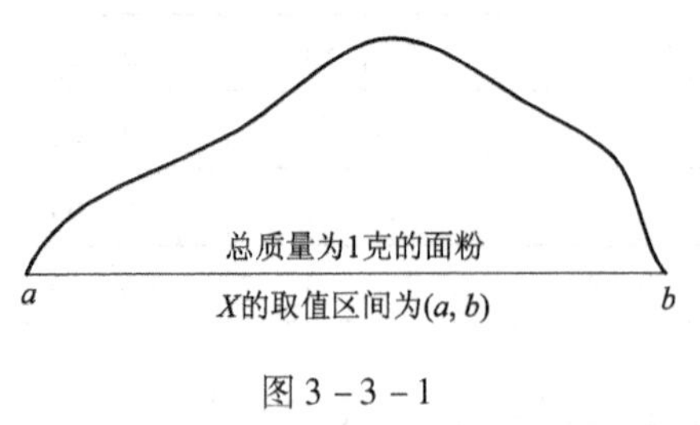

图 3－3－1

总质量为1克的面粉，“分布”描绘了什么地方面粉多，什么地方面粉少等情况，面粉就可以比拟为概率（只不过概率是没有量纲的）.

在第二章讨论事件概率时，我们曾把基本事件空间区分为离散型和连续型分别加以讨论，离散对应着求和运算，连续对应着积分运算．与之类似，讨论随机变量的概率分布也需要区分离散型和连续型两种情况．

一、离散型随机变量的概率分布

离散型随机变量从有限集合或可列集合中取值，所以其概率分布总可以列成两行多列的表格的形式，如表3－3－1所示．更为直观的形式是把这个两行多列的表格描绘成图形，如图3－3－2所示．由于随机变量在取值集合内总的概率为1（概率的规范性），所以对于离散型随机变量的概率分布表3－3－1，应该有下面的等式成立．

规范性：

$$\sum_{i=1}^{n或\infty} p_i = 1 \tag{3-3-1}$$

表3－3－1

X	a_1	a_2	a_3	…	a_n 或 a_∞
$P(X=a_i)$	p_1	p_2	p_3	…	p_n 或 p_∞

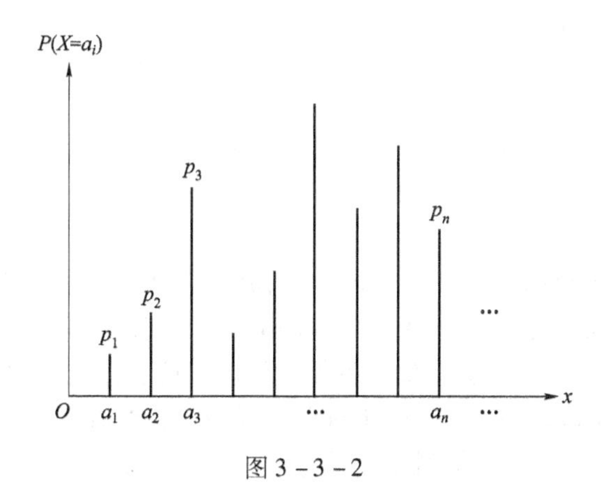

图3－3－2

例3－3－1　掷一颗色子，以随机变量 X 表示点数，则 X 的概率分布如表3－3－2所示.

表3－3－2

X	1	2	3	4	5	6
$P(X)$	1/6	1/6	1/6	1/6	1/6	1/6

例3－3－2　打靶试验，假设单次击中的概率为 p，脱靶的概率为 $q=1-p$，

持续射击，直到射中为止，以随机变量 X 表示射击次数，则 X 的概率分布如表 3－3－3 所示.

表 3－3－3

X	1	2	3	…	n	…
$P(X=i)$	p	qp	q^2p	…	$q^{n-1}p$	…

请读者针对本例自行验证等式（3－3－1）成立与否.

二、连续型随机变量的概率分布

连续型随机变量 X 从不可列集合（连续区间）中取值，所以其概率分布应该是一个连续函数（就像 1 克面粉的散布一样）. 对于这种情况，X 等于某个单值的概率已经没有意义（或者说为0），只能说 X 位于某个区间（c，d）的概率是多少，如图 3－3－3 所示.

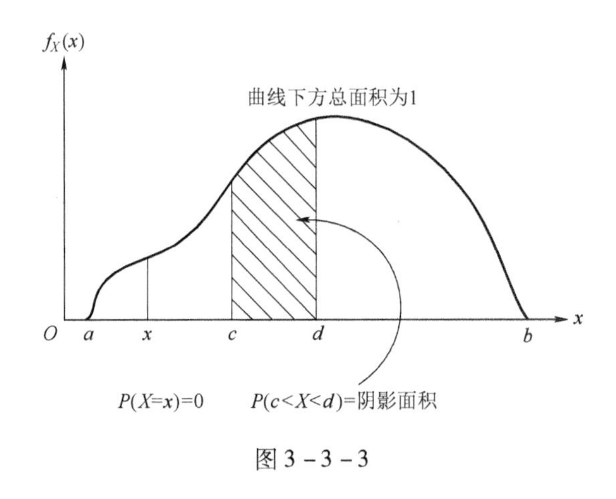

图 3－3－3

图 3－3－3 中连续函数曲线 $f_X(x)$ 的作用类似于图 3－3－2 中离散的概率分布列，它清晰地反映了随机变量位于取值区间内各子区间的概率分布情况，$f_X(x)$扮演的角色就好像面粉散布在各处的密度一样，因此称之为概率密度函数（probability density function），简记作 pdf. 概率密度函数在某个子区间内取积分就是随机变量位于该子区间内的概率. 即：

$$P(c \leqslant X \leqslant d) = \int_c^d f_X(x)\,\mathrm{d}x$$

同样，根据概率的规范性，连续型随机变量位于全部取值区间内的概率应该为 1，所以应该有图 3－3－4 中曲线下方的总面积为 1. 用公式表示为：

$$\int_a^b f_X(x)\,\mathrm{d}x = 1 \quad \text{有限取值区间}$$

$$\int_{-\infty}^{+\infty} f_X(x)\,\mathrm{d}x = 1 \quad \text{无穷取值区间}$$

概率密度函数的定义域为无穷区间的情况如图 3－3－4 所示.

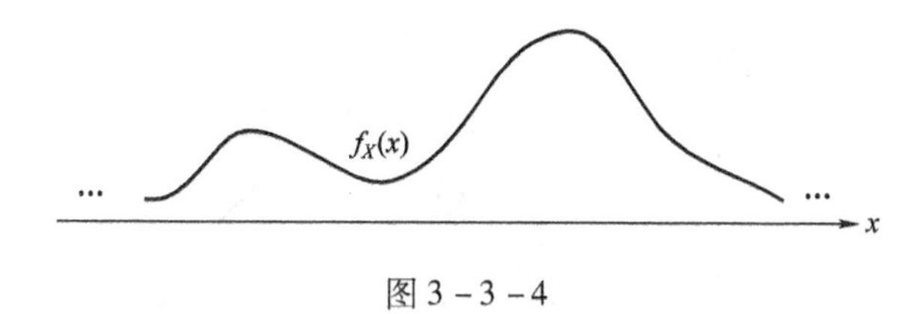

图 3-3-4

因为对于有限取值区间（a, b）的情况，有 $f_X(x)=0$（$x<a$ 或 $x>b$），所以，随机变量分布在有限取值区间和无穷取值区间两种情况可以统一成一个公式.

规范性：
$$\int_{-\infty}^{+\infty} f_X(x)\,\mathrm{d}x = 1 \tag{3-3-2}$$

最后，需要说明的是我们对于连续型随机变量概率密度函数的这段讲述有点本末倒置. 其原因在于，尽管随机变量的概率密度函数清晰、直观、准确地描绘了其概率分布情况，但是对于实际物理的或纯数学意义上的概率问题，我们并不能天然地知道某个随机变量的 pdf. 事实上，在很多情况下，需要通过计算下面要讲到的分布函数来得到概率密度函数，所以，从求解问题的角度来看，应该是先求分布函数，再由分布函数导出概率密度函数. 这种表述次序仅仅是为了行文的流畅和概念的清晰.

3.3.2 分布函数

定义 3-3-1：分布函数.

对于 r. v. X，称函数 $F_X(x)=P(X\leqslant x)=P\{\omega : X(\omega)\leqslant x\}$ 为 X 的分布函数或累积分布函数（Cumulative Distribution Function），简记作 CDF.

根据定义，对于离散型 r. v. 有 $F_X(x) = \sum_{a_i\leqslant x} P(X = a_i)$，如图 3-3-5 所示.

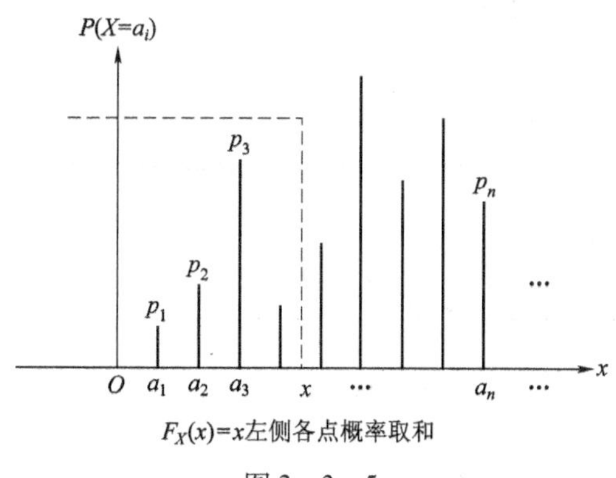

图 3-3-5

对于连续型 r. v. 有 $F_X(x) = \int_{-\infty}^{x} f_X(t)\,\mathrm{d}t$，如图 3-3-6 所示.

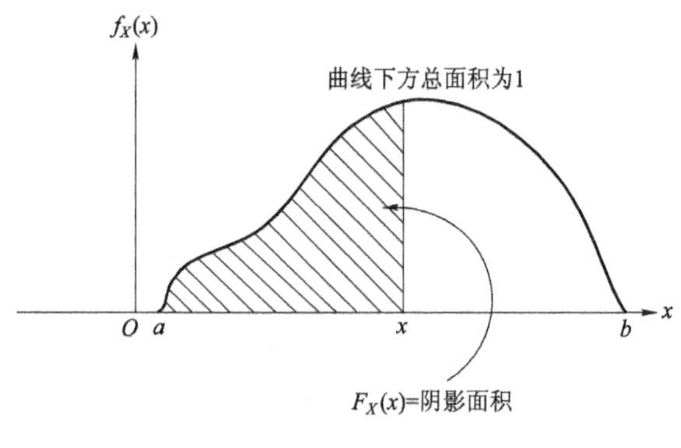

图 3－3－6

对于一维随机变量，无论是离散型还是连续型，其分布函数都是以整个数轴（$-\infty$，$+\infty$）作为定义域的．有了分布函数，就可以很容易地求出随机变量 X 位于取值区间内任何子区间的概率，即：

$$P\{x_1 < X \leqslant x_2\} = F_X(x_2) - F_X(x_1).$$

分布函数具有如下性质：

（1）分布函数是单调不减函数，即对于数轴上任意的 $x_1 \leqslant x_2$，有

$$F_X(x_1) \leqslant F_X(x_2).$$

（2）分布函数的取值介于 0 和 1 之间，这是因为分布函数本身具有概率的含义.

（3）$\lim\limits_{x\to -\infty} F_X(x) = 0$，$\lim\limits_{x\to\infty} F_X(x) = 1$.

这可以由性质（1）、（2）推出．需要说明的是，这只是一种通用的写法，实际上，对于取值区间有限（比如限于（a，b））的 r. v. X，当 x 小于 a 时，$F_X(x)$ 就已经为0；当 x 大于 b 时，$F_X(x)$就已经达到 1. 可见，分布函数是介于 0 和 1 之间，单调不减的函数，形如图 3－3－7.

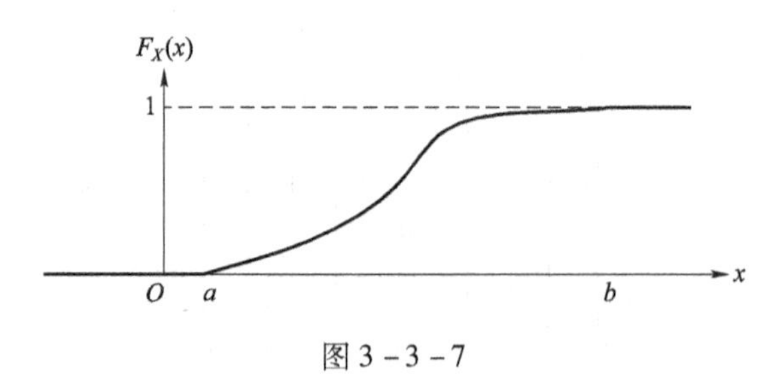

图 3－3－7

（4）分布函数 $F_X(x)$ 是右连续的函数，即对于数轴上任意点 a，一定有

$$\lim_{x\to a^+} F_X(x) = F_X(a).$$

对于 $F_X(x)$的左连续性则要视具体问题而定，对于离散型 r. v. 的分布函数在取

值区间内的各点是不具备左连续性的．连续性 r. v. 的分布函数则有可能具有左连续性．

(5) * 分布函数 $F_X(x)$的不连续点至多是可列的．

假设用 D_k 表示 $F_X(x)$上跃变高度介于 $\left[\frac{1}{k+1}, \frac{1}{k}\right)$之间的那些不连续点构成的点集，则 D_k 内至多有 $k+1$ 个点，否则总跃度将超过 1，而分布函数是介于 0 和 1 之间的．D_1，D_2，D_3，…，D_∞ 共有可列个集合，每个集合内部只有有限个不连续点，所以最多只能有可列个不连续点．

随机变量的分布函数也是对其概率分布的一种精确描述，因此应该与概率分布有着必然的联系．事实上，分布函数和概率分布是等价的，一一对应的．由概率分布可以得到分布函数，反之亦然．下面的讨论又将分为离散型和连续型两种情况．对于离散型随机变量，由概率分布表求解分布函数或反之由分布函数推导概率分布比较容易，仅需做求和或求差的运算．若 X 的概率分布如表 3－3－4 所示：

表 3－3－4

X	a_1	a_2	a_3	…	a_n 或 a_∞
$P(X=a_i)$	p_1	p_2	p_3	…	p_n 或 p_∞

则有：

$$F_X(x) = \sum_{a_i \leqslant x} p_i \tag{3-3-3}$$

反之，若已知 X 的分布函数为 $F_X(x)$，a_i 是 $F_X(x)$的各个跃变点，则 X 的概率分布为：

$$P(X=a_i) = F_X(a_i) - F_X(a_{i-1}) \tag{3-3-4}$$

例 3－3－3　掷两颗色子的试验，以随机变量 S 表示点数之和，则 S 是一个离散型随机变量，其概率分布和分布函数如图 3－3－8、图 3－3－9 所示．

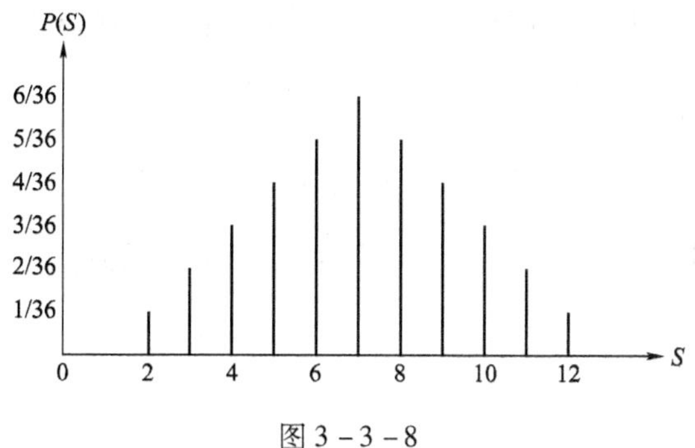

图 3－3－8

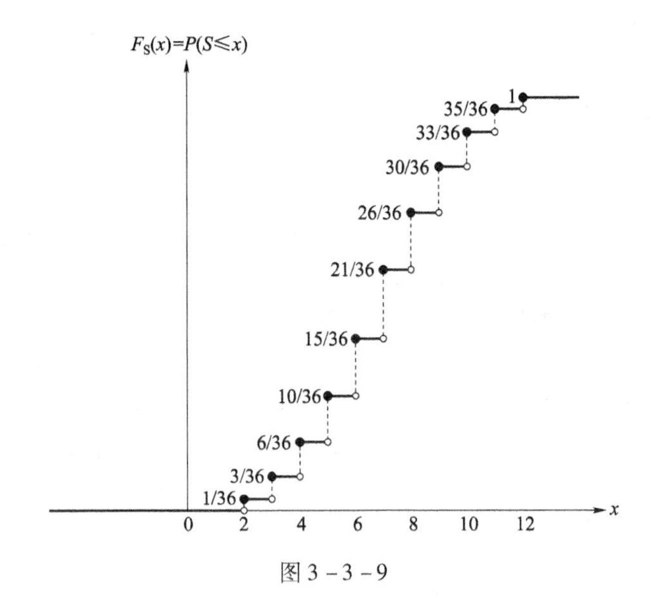

图 3－3－9

****

*　离散型随机变量 X 的分布函数 $F_X(x)$ 是阶梯状的；　*

*　在每个跃变点，跃变的值就是 X 在该点的概率分布值，即 $P(X=a_i)$　*

****

对于连续型随机变量，由概率密度函数求解分布函数或反之由分布函数推导概率密度函数需要用到积分和微分的运算．若记随机变量 X 的分布函数为 $F_X(x)$，概率密度函数为 $f_X(x)$，则有：

$$f_X(x)=F'_X(x) \tag{3-3-5}$$

$$F_X(x)=\int_{-\infty}^{x} f_X(t)\,\mathrm{d}t \tag{3-3-6}$$

上面积分的准确含义应该是 Lebesgue－Stieltjes 积分，但现阶段把它理解成我们在高等数学中所熟悉的黎曼积分也未为不可．

例 3－3－4　一个质点均匀地落在区间 $[a,b]$ 中，以随机变量 X 表示落点的坐标，则 X 是一个连续型随机变量．"均匀"这个词在概率论中的解释就是概率密度函数 $f_X(x)$ 在取值区间内是一个常数，即

$$f_X(x)=\begin{cases} C, & a\leqslant x\leqslant b, \\ 0, & \text{其他}. \end{cases}$$

再结合规范性公式 $\int_{-\infty}^{+\infty} f_X(x)\,\mathrm{d}x=1$，我们就可以得到 $f_X(x)$，如图 3－3－10 所示．

$$f_X(x)=\begin{cases} \dfrac{1}{b-a}, & a\leqslant x\leqslant b, \\ 0, & \text{其他}. \end{cases}$$

进一步，由公式（3－3－6）可得分布函数 $F_X(x)$ 为：

$$F_X(x)=\begin{cases}0, & x<a,\\ \dfrac{x-a}{b-a}, & a\leqslant x\leqslant b,\\ 1, & x>b.\end{cases}$$

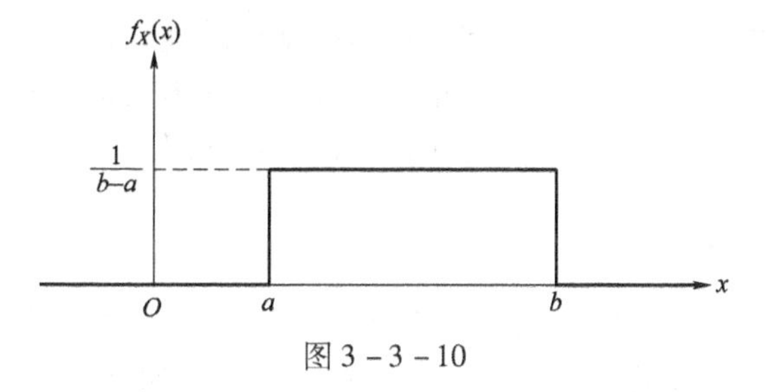

图 3－3－10

分布函数 $F_X(x)$ 如图 3－3－11 所示.

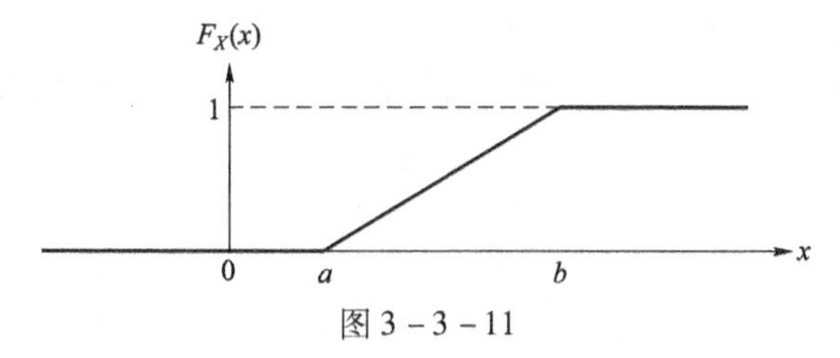

图 3－3－11

3.4　离散型随机变量

随机变量概念的产生在概率论的历史上具有里程碑的意义，在随机变量产生之后，对概率论研究的重点就从对事件概率的研究转移到了对随机变量及其概率分布的研究上．数学、物理或工程问题中涉及多种多样的随机变量及其分布，有些分布还很复杂，已经超出了本书讲述的范围，本书只选择一些经典的、简单的概率分布加以介绍．本节将介绍几种典型的离散型随机变量概率分布的例子，下一节将介绍几种典型的连续型随机变量概率分布的例子．

3.4.1　两点分布

若随机变量 X 的概率分布表形如表 3－4－1 所示.

表 3－4－1

X	0	1
$P(X)$	q	p

其中 $0<p<1$，$q=1-p$，则称 X 的概率分布符合两点分布，又称 0－1 分布．其

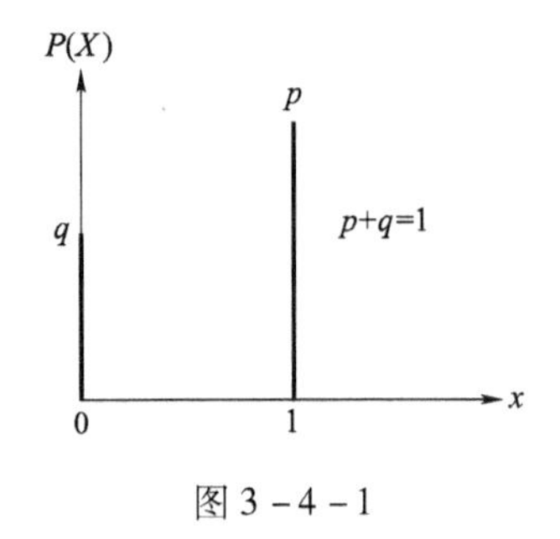

图 3－4－1

物理试验原型就是扔硬币试验，把一面朝上记作 $X=0$，另一面朝上记作 $X=1$. 两点分布的概率分布亦可记作：

$$P(X=x)=p^{x}q^{(1-x)}\quad (x=0,1)\qquad (3-4-1)$$

其中，$0<p<1$，$q=1-p$. 可见，两点分布用于描述只有两种结果的随机试验，这种概率分布虽然简单，却是构成很多其他分布的重要基础. 两点分布用图形表示如图 3－4－1 所示.

3.4.2 二项分布

首先思考这样一个问题，假设在单次随机试验（比如打靶试验）中，成功（击中）的概率为 p，失败（脱靶）的概率为 $q=1-p$. 如果把这个试验独立地进行 n 次，则根据独立性并应用组合分析不难计算，在 n 次试验中成功 k 次的概率为：

$$P(n\text{ 次试验成功 }k\text{ 次})=C_n^k p^k q^{n-k}\qquad (3-4-2)$$

如果以 r. v. X 表示 n 次试验中成功的次数，则 X 的概率分布如表 3－4－2 所示.

表 3－4－2

X	0	1	2	…	k	…	n
$P(X)$	q^n	$C_n^1p^1q^{n-1}$	$C_n^2p^2q^{n-2}$	…	$C_n^kp^kq^{n-k}$	…	p^n

称 r. v. X 的概率分布为二项分布，记作 $X\sim B(n,p)$.
显然，X 的可能取值为 0，1，2，…，n，且 X 的概率分布为：

$$P(X=k)=C_n^k p^k q^{n-k}\qquad (k=0,1,2,\cdots,n).$$

二项分布的随机变量所对应的随机试验相当于把两点分布的试验独立重复地进行 n 次，因此，与二项分布相关联的随机试验正是我们在 2.5.3 节讨论过的独立试验序列概型. 二项分布用图形表示如图 3－4－2 所示.

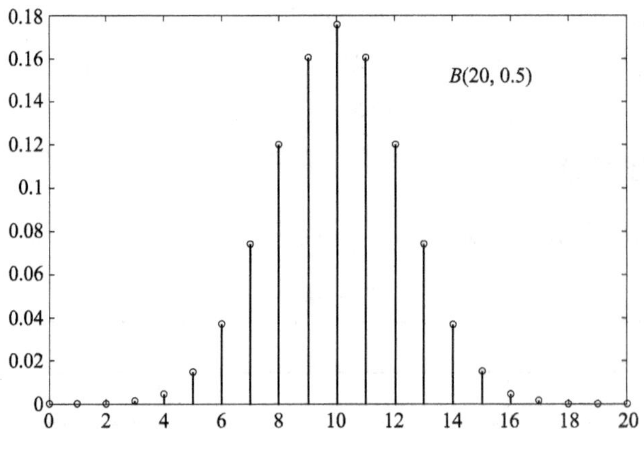

图 3－4－2

3.4.3　几何分布

在打靶试验中，假设单次打靶击中的概率为 p，脱靶的概率为 $q=1-p$，持续射击，直到射中为止，以 r. v. X 表示射击次数，则 X 的概率分布如表 3-4-3 所示.

表 3-4-3

X	1	2	3	…	n	…
$P(X)$	p	pq	q^2p	…	$q^{n-1}p$	…

即：

$$P(X=n)=q^{n-1}p \quad (n=1,2,3,\cdots;0<p<1,q=1-p) \qquad (3-4-3)$$

称 r. v. X 的这种分布为几何分布．取参数 $p=0.4$ 的几何分布如图 3-4-3 所示.

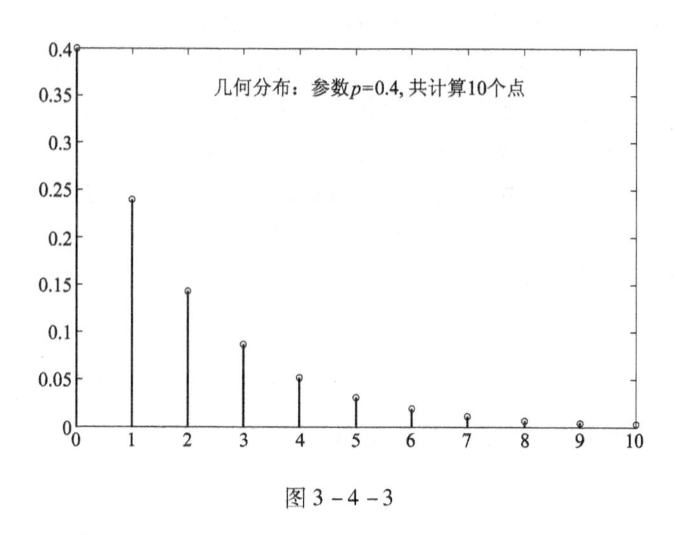

图 3-4-3

3.4.4　超几何分布

假设袋子里有 N 个形状相同的球，其中有 M 个红球，$N-M$ 个黑球，从中任意抽取 n 个球，以 r. v. X 表示抽得的红球的数目，则 X 的概率分布为：

$$P(X=m)=\frac{C_M^m C_{N-M}^{n-m}}{C_N^n} \quad (m=0,1,2,\cdots,\min(M,n)) \qquad (3-4-4)$$

称 r. v. X 的这种分布为超几何分布，记为 $X\sim H(n,\ N,\ M)$. 取参数 $N=100$，$M=10$，$n=20$ 的超几何分布如图 3-4-4 所示．

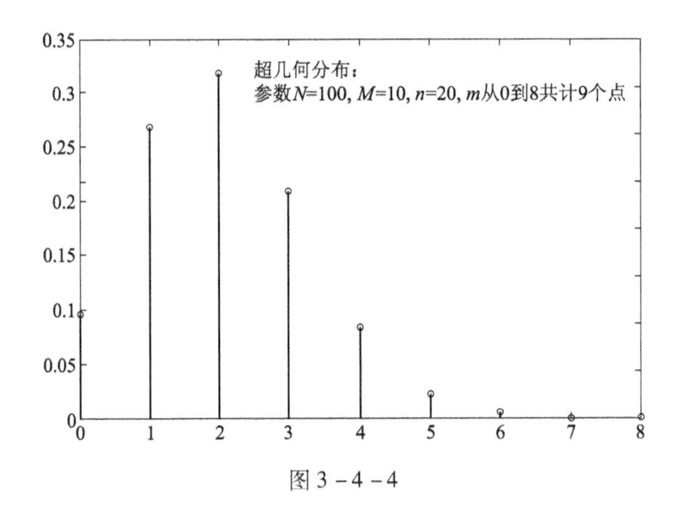

图 3-4-4

3.4.5 泊松分布

泊松分布是一种很重要的离散型概率分布．其重要性体现在一方面它是对物理世界完全随机性的恰当的数学表示，另一方面它与二项分布和后面要讲到的指数分布有着密切的联系．但是与前面几种分布相比，泊松分布所对应的物理试验并不那么直观，颇显深奥和难理解，有著作专门论述这种概率分布，只有在学习了随机过程的理论后才能精确透彻地理解这种分布的本质，这已经超出了本书的范围．作为大学本科阶段的学习，我们只需要知道泊松分布的表达式，并了解这种分布的一些最基本最简单的性质和应用即可．

称概率分布

$$P(X=k)=\frac{\lambda^k e^{-\lambda}}{k!} \quad (k=0,1,2,3,\cdots,\lambda>0) \tag{3-4-5}$$

为泊松分布．取参数 $\lambda=5$ 的泊松分布如图 3-4-5 所示．

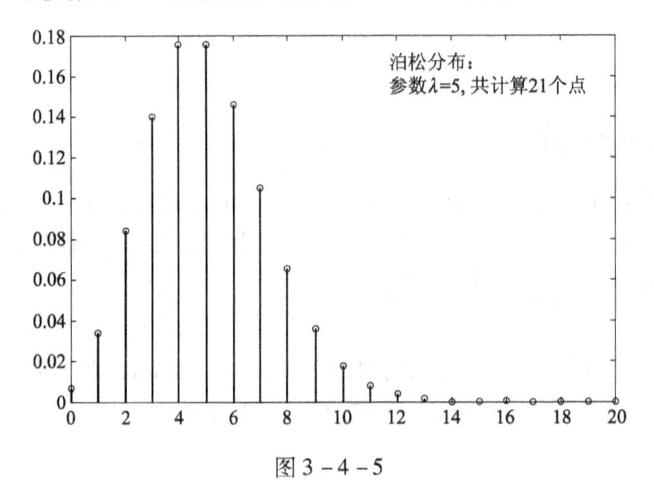

图 3-4-5

对于泊松分布可以从两个角度加以理解．一方面，泊松分布是二项分布列的极限分布，或者说可以用泊松分布来逼近二项分布，这个性质被概括为泊松定理．

泊松定理：设有一系列 n 逐渐增大的二项分布 $B(n, p_n)$，其中参数 n 和 p_n 满足

$$\lim_{n\to\infty} np_n = \lambda > 0,$$

则对于任意的非负整数 k，有：

$$\lim_{n\to\infty} C_n^k p_n^k (1-p_n)^{n-k} = \frac{\lambda^k}{k!}e^{-\lambda} \quad (k=0,1,2,\cdots,n).$$

我们不打算给出这个定理的证明，仅说明如何理解和使用该定理．首先该定理适用于单次试验成功概率 p 很小（称为稀有事件），但试验次数 n 很大的场合．泊松定理告诉我们，对于符合这种条件的概率问题，由二项分布计算的结果和泊松分布计算的结果是大致相等的，即：

$$C_n^k p^k (1-p)^{n-k} \approx \frac{(np)^k}{k!} e^{-np}.$$

由于对 $C_n^k p^k (1-p)^{n-k}$ 的计算是很烦琐的，而约等式右端的泊松分布公式却好计算得多，所以我们可以利用泊松分布公式获得对二项分布概率的近似计算，只需要把泊松分布公式中的 λ 替换为 np 即可．

例 3-4-1 （生日问题）随机抽取 500 人，其中恰好有 k 个人的生日是元旦的概率是多少？

解：因为 500 个人是随机抽取的，所以可以认为每个人的生日在 365 天中的每一天是等概的．如果一个人的生日在元旦，记为成功；不在元旦，记为失败，则成功概率 $p=1/365$. 根据二项分布，500 次试验中恰好成功 k 次的概率为：

$$P(X=k) = C_{500}^k \left(\frac{1}{365}\right)^k \left(1-\frac{1}{365}\right)^{500-k}.$$

如果用泊松分布公式作近似计算，则此概率为

$$P(X=k) = \frac{\lambda^k}{k!}e^{-\lambda} = \frac{\frac{500^k}{365}}{k!} e^{-\frac{500}{365}}.$$

如表 3-4-4 所示，可见泊松分布的结果确实很好地近似了二项分布的结果．泊松分布常被用来研究稀有事件发生的频数，这种事件在单次试验中成功的概率（p）很低，但试验次数（n）很大．

表 3-4-4

k	0	1	2	3	4	5	6
二项分布	0.253 7	0.348 4	0.238 8	0.108 9	0.037 2	0.010 1	0.002 3
泊松分布	0.254 1	0.348 1	0.238 5	0.108 9	0.037 3	0.010 2	0.002 3

对泊松分布理解的另一个角度，或者说泊松分布的另一个重要应用是用来描述物理世界中的随机性问题．夜晚天空中闪烁的星星、荒野中动物的巢穴、排版中的错别字、顾客到达银行柜台的时间等，这些物理现象都具有共同的特征，就是“随机性”．具体地说，如果把星星、巢穴、错别字的位置看作是空间（二维或三维）中的点，把顾客到达时间看作是时间轴（一维）上的点，那么这些点的分布表现出高度的随机性，或者说没有规律性或分布密度之趋向性．泊松分布是对这种高度随机性的恰当的数学描述，因此泊松分布（更广泛意义上应称为泊松过程）又被称为纯随机或完全随机分布（完全随机过程 Completely Random Process）．这种随机分布的本质特征是统计独立性，即各个点在空间中的分布是彼此独立，互不影响的．泊松分布正是这种完全随机性的必然结果，对于这一点，有专著给予了精确的数学推导．在电信领域中，到达电话交换机的电话呼唤常被建模为泊松分布，由于呼唤是沿着一维时间轴分布的，所以又常称为泊松流（图 3－4－6）．排队论是研究排队或拥塞现象的规律性的一门学科，在该理论中，顾客到达也常被建模为泊松分布．

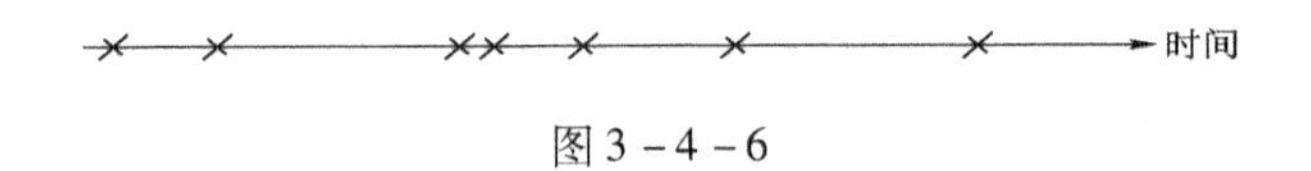

图 3－4－6

需要说明的是，在泊松分布公式中，λ 的作用相当于泊松流中点分布的密度，λ 越大，则点越密集．另外就是在基本的泊松分布公式中，即：

$$P(X=k)=\frac{\lambda^k e^{-\lambda}}{k!}.$$

r. v. X 表示单位时间内到达服务台的客户数．如果想统计 t 时间内到达服务台的客户数，假设也用 X 表示，则公式应修改为：

$$P(X=k)=\frac{(\lambda t)^k e^{-\lambda t}}{k!}.$$

我们再来看一个二维泊松分布的例子．

历史实例：伦敦上空的鹰．

二战时德国空军对英国首都伦敦进行了狂轰滥炸，这一历史事件后来被搬上了银幕，名为《伦敦上空的鹰》．下表是对投在伦敦南部一块地区的炸弹的统计，整个区域被分成 $N=567$ 个小区域，每个小区域面积为 0.25 平方千米，炸弹总数为 537 颗，k 表示落在某个子区域的炸弹数，N_k 表示其中落了 k 枚炸弹的子区域数，所以 N_k/N 应表示落有 k 枚炸弹的子区域出现的频数．r. v. X 表示落有相同数目炸弹的子区域的个数，$P(X=k)$ 是按照泊松计算公式

$$P(X=k)=\frac{\lambda^k}{k!}e^{-\lambda}$$

计算得到的，其中 $\lambda=537/567=0.932\,3$．

由表 3－4－5 可见，计算结果和实测结果有很好的拟合，说明泊松分布的确

可以用于描述这种高度随机的行为.

表 3-4-5

k	0	1	2	3	4	5
N_k	229	211	93	35	7	1
N_k/N	0.403 9	0.372 1	0.164 0	0.061 7	0.012 3	0.001 8
$P(X=k)$	0.393 6	0.367 0	0.171 1	0.053 2	0.012 4	0.002 3

本节的最后让我们总结一下上述五种离散型随机变量的概率分布及其物理原型试验，如表 3-4-6 所示.

表 3-4-6

分布	概率分布	物理试验原型
两点分布	$P(X=0)=q$ $P(X=1)=p$	扔硬币,单次试验成功概率为 p,失败概率为 $q=1-p$
二项分布 $B(n,p)$	$P(X=k)=C_n^k p^k q^{n-k}$ $(k=0,1,2,\cdots,n)$	单次试验成功概率为 p, 失败概率为 $q=1-p$. 重复 n 次试验,成功 k 次的概率
几何分布	$P(X=k)=q^{k-1}p$ $(k=1,2,3,\cdots)$	单次射击击中概率为 p, 脱靶概率为 $q=1-p$. 持续射击直到射中为止,射击次数为 k 的概率
超几何分布	$P(X=m)=\dfrac{C_M^m C_{N-M}^{n-m}}{C_N^n}$ $(m=0,1,2,\cdots,\max(M,n))$	N 个球中，有 M 个红球，$N-M$ 个黑球，从中任意抽取 n 个球，其中有 m 个红球的概率
泊松分布	$P(X=k)=\dfrac{\lambda^k e^{-\lambda}}{k!}$ $(k=0,1,2,3,\cdots)$	单位时间内到达服务台的顾客数

3.5　连续型随机变量

连续型随机变量的分布函数和概率密度函数是连续函数，最常见的连续型随机变量的分布为均匀分布、指数分布和正态分布.

3.5.1 均匀分布

均匀分布在3.3节已经接触过，“均匀”这个词在概率上的解释就是概率密度函数$f_X(x)$在取值区间内是一个常数．对于均匀分布于一维区间［a，b］内的随机变量X，常记作$X \sim \mathrm{U}[a,b]$，其概率密度函数为：

$$f_X(x)=\begin{cases}\dfrac{1}{b-a}, & a<x<b,\\ 0, & 其他.\end{cases} \tag{3-5-1}$$

类似的结论可以推广到高维空间，只不过需要引入随机矢量的概念．均匀分布的概率密度函数和分布函数曲线示于图3－3－10和图3－3－11.

3.5.2 指数分布

如果r. v. X的概率密度函数为：

$$f_X(x)=\begin{cases}\lambda \mathrm{e}^{-\lambda x}, & x>0,\\ 0, & x\leqslant 0.\end{cases} \tag{3-5-2}$$

其中，$\lambda>0$为常数，则称X的概率分布为指数分布．由指数分布的概率密度函数可以得到X的分布函数$F_X(x)$.

$$\begin{aligned}F_X(x)&=\int_{-\infty}^{x} f_X(t)\,\mathrm{d}t\\ &=\begin{cases}0, & x\leqslant 0,\\ \displaystyle\int_0^x \lambda \mathrm{e}^{-\lambda t}\mathrm{d}t, & x>0,\end{cases}\\ &=\begin{cases}0, & x\leqslant 0,\\ 1-\mathrm{e}^{-\lambda x}, & x>0.\end{cases}\end{aligned}$$

参数$\lambda=1$的指数分布的概率密度函数和分布函数如图3－5－1所示．

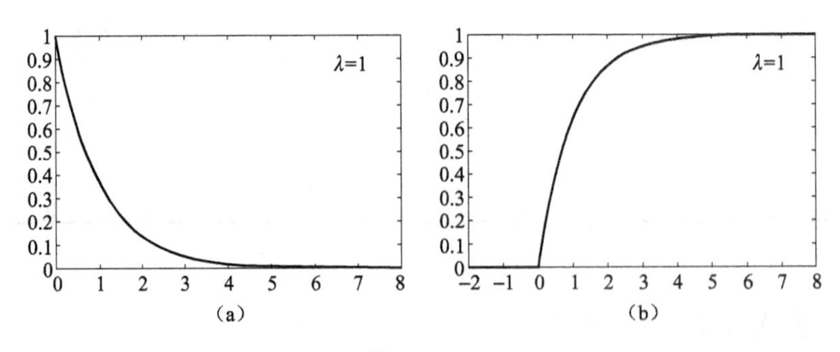

图3－5－1

（a）概率密度函数；（b）分布函数

指数分布与泊松分布有着密切关系，事实上，在泊松流中，事件点之间的间隔，如果看作是r. v.，则是服从指数分布的，如图3－5－2所示．

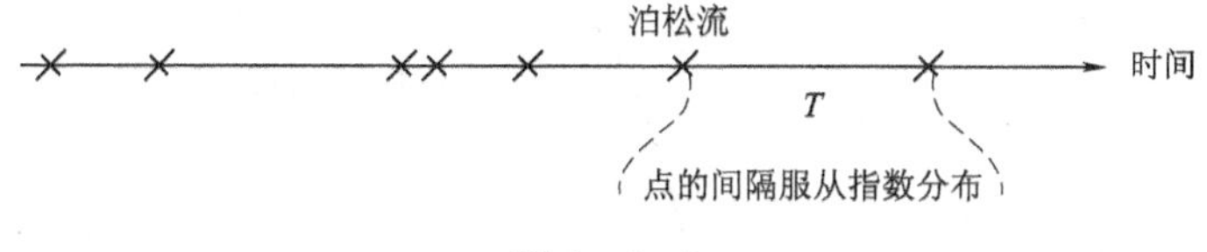

图 3-5-2

证明：以 r. v. T 表示相继两个事件点的间隔，显然 T 是连续型随机变量，其分布函数为 $F_T(t)=P(T\leqslant t)=1-P(T>t)$，其中 $P(T>t)$ 表示在时间段 t 内没有新的事件点到达的概率．根据泊松分布，在时间段 t 内有 k 个点到达的概率为：

$$P(X=k)=\frac{(\lambda t)^k \mathrm{e}^{-\lambda t}}{k!}.$$

所以，在时间段 t 内没有新的事件点到达的概率应为：

$$P(T>t)=P(X=0)=\frac{(\lambda t)^0 \mathrm{e}^{-\lambda t}}{0!}=\mathrm{e}^{-\lambda t}.$$

由此可得，$F_T(t)=1-\mathrm{e}^{-\lambda t}(t>0)$，这正是指数分布的分布函数．

3.5.3　正态分布

在概率论中，有些分布一方面是现实世界中某些随机现象的数学模型，另一方面还是其他一些分布的极限分布，这样的概率分布相对于其他分布显得更为重要．泊松分布是这样一个例子，正态分布也具有这样的特点，事实上，正态分布在概率论中占据着核心的位置．

1. 概率密度函数

如果 r. v. X 的概率密度函数为：

$$\varphi_{\mu,\sigma}(x)=\frac{1}{\sqrt{2\pi}\sigma}\mathrm{e}^{-\frac{(x-\mu)^2}{2\sigma^2}}\quad(-\infty<x<+\infty).\qquad(3-5-3)$$

其中，μ 和 $\sigma>0$ 为常数，则称 X 的概率分布为正态分布，工程应用中也常称为高斯分布，记作 $X\sim N(\mu,\sigma^2)$．特别地，当 $\mu=0$ 且 $\sigma^2=1$ 时，称这种正态分布为标准正态分布，记作 $X\sim N(0,1)$，其概率密度函数为：

$$\varphi(x)=\frac{1}{\sqrt{2\pi}}\mathrm{e}^{-\frac{x^2}{2}}\quad(-\infty<x<+\infty).\qquad(3-5-4)$$

标准正态分布的概率密度函数如图 3-5-3 所示．这里需要说明的是，在正态分布的概率密度函数 $\varphi_{\mu,\sigma}(x)$ 中，下标 μ 和 σ 并不代表随机变量，仅代表两个参数，这与其他分布的概率密度函数 $f_X(x)$ 有所不同．另外，$\varphi(x)$ 专门指代标准正态分布，请不要混淆．

可见，正态分布的概率密度函数是以 $x=\mu$ 为对称轴，呈现钟形曲线的形状，曲线以 x 轴为水平渐近线，σ 表征了曲线的尖锐程度，σ 越小，则曲线越尖．

我们知道，一个函数要想成为概率密度函数，必须满足非负性和规范性条件．对于上面正态分布的概率密度函数，非负性是显然的，我们需要验证规范

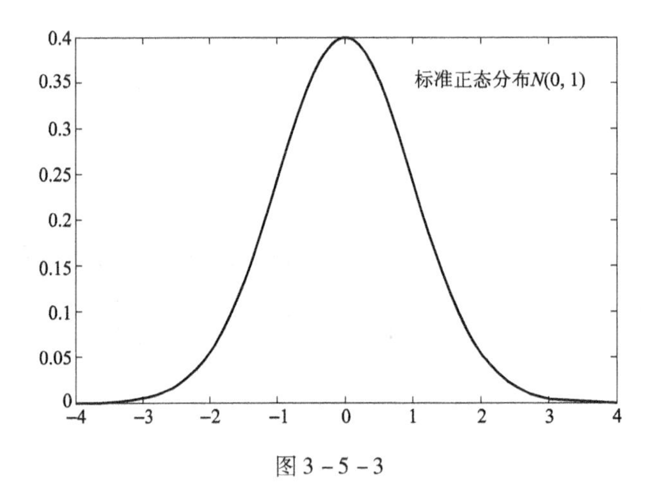

图 3－5－3

性，即验证下式是否成立．

$$\int_{-\infty}^{+\infty} \varphi_X(x)\,dx = 1.$$

证明：首先考虑标准正态分布概率密度函数的规范性，需要验证下式：

$$\int_{-\infty}^{+\infty} \varphi(x)\,dx = 1$$

其中，$\varphi(x)=\frac{1}{\sqrt{2\pi}}e^{-\frac{x^2}{2}} \quad (-\infty<x<+\infty)$.

$$\begin{aligned}\left(\int_{-\infty}^{+\infty} \varphi(x)\,dx\right)^2 &= \int_{-\infty}^{+\infty} \varphi(x)\,dx\int_{-\infty}^{+\infty} \varphi(y)\,dy \\ &= \int_{-\infty}^{+\infty} \frac{1}{\sqrt{2\pi}}e^{-\frac{x^2}{2}}\,dx\int_{-\infty}^{+\infty} \frac{1}{\sqrt{2\pi}}e^{-\frac{y^2}{2}}\,dy \\ &= \frac{1}{2\pi}\int_{-\infty}^{+\infty}\int_{-\infty}^{+\infty} e^{-\frac{x^2+y^2}{2}}\,dx\,dy \\ &= \frac{1}{2\pi}\int_{0}^{2\pi}d\theta\int_{0}^{+\infty} e^{-\frac{r^2}{2}}\,r\,dr = 1.\end{aligned}$$

又由非负性可得：

$$\int_{-\infty}^{+\infty} \varphi(x)\,dx = 1.$$

一般地，若 $X\sim N(\mu,\sigma^2)$，有：

$$\int_{-\infty}^{+\infty} \varphi_{\mu,\sigma}(x)\,dx = \int_{-\infty}^{+\infty} \frac{1}{\sqrt{2\pi}\sigma}e^{-\frac{(x-\mu)^2}{2\sigma^2}}\,dx.$$

令 $y=\frac{x-\mu}{\sigma}$，则：

$$\int_{-\infty}^{+\infty} \frac{1}{\sqrt{2\pi}\sigma}e^{-\frac{(x-\mu)^2}{2\sigma^2}}\,dx = \int_{-\infty}^{+\infty} \frac{1}{\sqrt{2\pi}}e^{-\frac{y^2}{2}}\,dy = 1.$$

可见，对于一般正态分布，概率密度函数也是满足规范性的．

证明过程用到了变量替换 $y=\dfrac{x-\mu}{\sigma}$，该变换把非标准正态分布随机变量 X 变成了标准正态分布随机变量 Y，这是一种非常重要的方法，以后会经常用到.

2. 分布函数

首先考察标准正态分布 $N(0,1)$，其分布函数为：

$$\psi(x)=\int_{-\infty}^{x}\varphi(t)\,\mathrm{d}t=\int_{-\infty}^{x}\frac{1}{\sqrt{2\pi}}\mathrm{e}^{-\frac{t^2}{2}}\,\mathrm{d}t\quad(-\infty<x<+\infty).$$

在工程应用中，把 $\psi(x)$ 列成了表格的形式（附表一）以方便查阅，$\psi(x)$ 的曲线如图 3－5－4 所示.

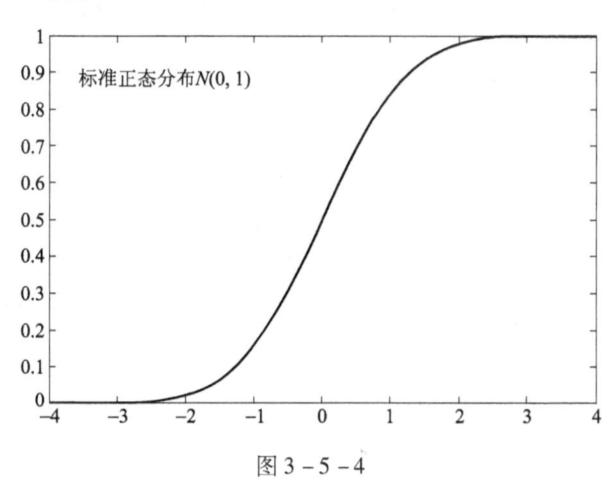

图 3－5－4

$\psi(x)$ 具有如下性质：

（1）$\psi(-\infty)=0$，$\psi(+\infty)=1$；

（2）$\psi(-x)=1-\psi(x)$；

（3）$\psi(0)=0.5$.

其中，性质(1)是所有分布函数都要满足的条件；性质（2）利用了正态分布概率密度函数曲线 $\varphi(x)$ 的对称性．对于标准正态分布，$\varphi(x)$ 关于 y 轴对称，分布函数 $\psi(x)$ 的几何意义表示在区间（$-\infty$，x）内，$\varphi(x)$ 曲线下方的面积，根据对称性，自然有性质(2)成立；性质(3)是性质(2)的直接推论.

对于非标准正态分布，其分布函数 $\psi_{\mu,\sigma}(x)$ 有着类似的性质，只不过因为 $\varphi_{\mu,\sigma}(x)$ 是以 $x=\mu$ 为对称轴，所以上面的性质(2)、(3)需要修改为：

（2′）$\psi_{\mu,\sigma}(\mu-x)=1-\psi_{\mu,\sigma}(\mu+x)$；

（3′）$\psi_{\mu,\sigma}(\mu)=0.5$.

3.6　一维随机变量函数的分布

粗略地讲，随机变量是定义在基本事件空间上的实值函数，即：

$$X=\xi(\omega).$$

那么对于随机变量 X 的某个函数 $Y=f(X)$，有 $Y=f(\xi(\omega))$，可见 Y 也是以基本事件为自变量的函数，所以**随机变量的函数仍然是随机变量**．如何根据原随机变量 X 的分布得到新随机变量 Y 的分布是一个很有意义的问题，我们的讨论将区分为离散型和连续型两种情况．

3.6.1 离散型

一维离散型 r. v. X 的函数 $Y=f(X)$ 仍然是离散型 r. v.，所以 Y 的概率分布可以由 X 的概率分布直接得到，如表 3－6－1、表 3－6－2 所示．

表 3－6－1

X	x_1	x_2	x_3	…
$P(X)$	p_1	p_2	p_3	…

表 3－6－2

Y	$y_1=f(x_1)$	$y_2=f(x_2)$	$y_3=f(x_3)$	…
$P(X)$	p_1	p_2	p_3	…

但对于上表中 Y 的概率分布列，有可能出现 $y_i=f(x_i)=y_j=f(x_j)$ 的情况，此时应该把两者作为一个值，并把各自对应的概率 p_i 和 p_j 取和，作为 Y 取该值的概率．

例 3－6－1 X 的概率分布如表 3－6－3 所示，$Y=X^2$，求 Y 的概率分布．

表 3－6－3

X	－2	－1	0	1	2	3
$P(X)$	0.1	0.2	0.25	0.2	0.15	0.1

根据 Y 和 X 的函数关系，直接得到 $P(X)$，如表 3－6－4 所示．

表 3－6－4

Y	4	1	0	1	4	9
$P(X)$	0.1	0.2	0.25	0.2	0.15	0.1

整理得 Y 的概率分布，如表 3－6－5 所示．

表 3－6－5

Y	0	1	4	9
$P(X)$	0.25	0.4	0.25	0.1

由上例可见，离散型随机变量函数的分布的求解方法可以归纳为三步（即三张表）：

（1）列出自变量 X 的概率分布表；

（2）把 X 的概率分布表中第一行中 X 的各个取值通过函数关系 $Y=f(X)$ 映射为 Y 的值，从而得到第二张表（中间结果）；

（3）整理上一步得到的概率分布表，合并其中 Y 的相同取值项，得到最终的 Y 的概率分布表.

3.6.2　连续型

一维连续型 r.v. 的函数通常仍是连续型 r.v.，对于这种情况下函数的概率分布的求解比离散型要复杂些，需要借助于分布函数. 问题的提法是这样的：已知 r.v. X 的概率密度函数 $f_X(x)$ 或分布函数 $F_X(x)$，$Y=g(X)$ 是 X 的函数，求 Y 的概率密度函数 $f_Y(y)$ 或分布函数 $F_Y(y)$. 其求解方法可以归纳为三步：

（1）列出函数 Y 的分布函数 $F_Y(y)=P(Y\leqslant y)=P(g(X)<y)$；

（2）把 $P(g(X)<y)$ 表示成关于 X 的某种概率形式，并应用 $f_X(x)$ 或 $F_X(x)$ 求出这个概率，结果一定是关于 y 的函数的形式，这就得到了 $F_Y(y)$；

（3）对 $F_Y(y)$ 求导可得 $f_Y(y)$.

例 3-6-2　r.v. X 的概率密度函数为

$$f_X(x)=\begin{cases}2x, & 0\leqslant x\leqslant 1,\\ 0, & \text{其他}.\end{cases}$$

求（1）$Y_1=2X$；（2）$Y_2=X^2$ 的分布函数和概率密度函数.

解：

（1）从分布函数入手，$Y_1=2X$ 的分布函数.

$$\begin{aligned}F_{Y_1}(y) &= P(Y_1\leqslant y)=P(2X\leqslant y)=P\left(X\leqslant \frac{y}{2}\right)\\ &=\int_{-\infty}^{\frac{y}{2}} f_X(x)\,\mathrm{d}x\\ &=\begin{cases}0, & y<0,\\ \int_0^{\frac{y}{2}} 2x\,\mathrm{d}x=\dfrac{y^2}{4}, & 0\leqslant y\leqslant 2,\\ 1, & y>2.\end{cases}\end{aligned}$$

对 Y_1 的分布函数求导可得 Y_1 的概率密度函数为：

$$f_{Y_1}(y)=\begin{cases}\dfrac{y}{2}, & 0\leqslant y\leqslant 2,\\ 0, & \text{其他}.\end{cases}$$

（2）$Y_2=X^2$ 的分布函数为：

$$F_{Y_2}(y) = P(Y_2 \leqslant y) = P(X^2 \leqslant y) = P(X \leqslant \sqrt{y})$$

$$= \int_{-\infty}^{\sqrt{y}} f_X(x)\,\mathrm{d}x$$

$$= \begin{cases} 0, & y < 0, \\ \int_0^{\sqrt{y}} 2x\,\mathrm{d}x = y, & 0 \leqslant y \leqslant 1, \\ 1, & y > 1. \end{cases}$$

上面第一行最后一个等式利用了 X 是非负随机变量的条件．对 Y_2 的分布函数求导可得 Y_2 的概率密度函数为

$$f_{Y_2}(y) = \begin{cases} 1, & 0 \leqslant y \leqslant 1, \\ 0, & \text{其他}. \end{cases}$$

例 3－6－3　r. v. $X \sim N(0, 1)$，求 $Y = X^2$ 的概率密度函数 $f_Y(y)$.

解： $F_Y(y) = P(Y \leqslant y) = P(X^2 \leqslant y)$

$$= \begin{cases} 0, & y < 0, \\ P(-\sqrt{y} \leqslant X \leqslant \sqrt{y}), & y \geqslant 0. \end{cases}$$

$$= \begin{cases} 0, & y < 0, \\ \int_{-\sqrt{y}}^{\sqrt{y}} \frac{1}{\sqrt{2\pi}} \mathrm{e}^{-\frac{x^2}{2}}\,\mathrm{d}x, & y \geqslant 0. \end{cases}$$

$$= \begin{cases} 0, & y < 0. \\ 2\int_0^{\sqrt{y}} \frac{1}{\sqrt{2\pi}} \mathrm{e}^{-\frac{x^2}{2}}\,\mathrm{d}x, & y \geqslant 0. \end{cases}$$

应用积分上限求导法则可得 Y 的概率密度函数为：

$$f_Y(y) = \begin{cases} 0, & y < 0, \\ \frac{1}{\sqrt{2\pi y}} \mathrm{e}^{-\frac{y}{2}}, & y \geqslant 0. \end{cases}$$

本例中 Y 的概率分布又被称为具有一个自由度的 χ^2 分布，在统计学中具有重要的应用．

例 3－6－4　随机变量 X 的分布函数为 $F(x) = A + B\arctan x$，$-\infty < x < \infty$，求常数 A 与 B 及 X 的概率密度函数．

解： 因为 $\lim\limits_{x \to -\infty} F(x) = A + B\left(-\frac{\pi}{2}\right) = 0$；

$$\lim_{x \to +\infty} F(x) = A + B\frac{\pi}{2} = 1.$$

解得：　$A = \frac{1}{2}$，$B = \frac{1}{\pi}$.

所以：　$F(x) = \frac{1}{2} + \frac{1}{\pi}\arctan x \quad (-\infty < x < +\infty)$；

$$f(x)=F'(x)=\frac{1}{\pi(1+x^2)}\quad(-\infty<x<+\infty).$$

定理 3-6-1：若 r. v. $X\sim N(\mu,\sigma^2)$，$Y=a+bX(b\neq 0)$为 X 的线性函数，则 $Y\sim N(a+b\mu,b^2\sigma^2)$.

证明：首先假设 $b>0$，则 Y 的分布函数为：

$$\begin{aligned}F_Y(y)&=P(Y\leqslant y)=P(a+bX\leqslant y)\\&=P\left(X\leqslant\frac{y-a}{b}\right)\\&=\int_{-\infty}^{\frac{y-a}{b}}\frac{1}{\sqrt{2\pi}\sigma}\mathrm{e}^{-\frac{(x-\mu)^2}{2\sigma^2}}\mathrm{d}x.\end{aligned}$$

应用积分上限求导法则有：

$$f_Y(y)=\frac{1}{\sqrt{2\pi}b\sigma}\mathrm{e}^{-\frac{[y-(a+b\mu)]^2}{2b^2\sigma^2}}\quad(-\infty<y<+\infty).$$

所以有 $Y\sim N$（$a+b\mu$，$b^2\sigma^2$）.

其次假设 $b<0$，则 Y 的分布函数为：

$$\begin{aligned}F_Y(y)&=P(Y\leqslant y)=P(a+bX\leqslant y)\\&=P\left(X\geqslant\frac{y-a}{b}\right)\\&=\int_{\frac{y-a}{b}}^{+\infty}\frac{1}{\sqrt{2\pi}\sigma}\mathrm{e}^{-\frac{(x-\mu)^2}{2\sigma^2}}\mathrm{d}x\\&=-\int_{+\infty}^{\frac{y-a}{b}}\frac{1}{\sqrt{2\pi}\sigma}\mathrm{e}^{-\frac{(x-\mu)^2}{2\sigma^2}}\mathrm{d}x\end{aligned}$$

应用积分上限求导法则有：

$$f_Y(y)=\frac{1}{\sqrt{2\pi}(-b\sigma)}\mathrm{e}^{-\frac{[y-(a+b\mu)]^2}{2b^2\sigma^2}}\quad(-\infty<y<+\infty).$$

所以也有 $Y\sim N(a+b\mu,\ b^2\sigma^2)$ 成立.

推论：若 r. v. $X\sim N(\mu,\ \sigma^2)$，则$\dfrac{X-\mu}{\sigma}\sim N(0,\ 1)$.

3.7　二维随机变量

正如在数学中变量向矢量的推广一样，在概率论中，很多实际问题需要用多个随机变量来描述，比如，打靶击中点的坐标（X，Y）、掷两颗色子的结果（X_1，X_2）. 称这种由多个随机变量构成的变量组为随机矢量或随机向量，其中随机变量的个数称为维数. 平面上随机点的坐标（X，Y）是二维随机变量，空间中随机点的坐标（X，Y，Z）是三维随机变量，依此类推. 由于随机矢量是由随机变量构成的，所以也有离散型和连续型之分.

3.7.1 离散型随机变量

二维离散型随机变量的概率分布如表 3－7－1 所示.

表 3－7－1

Y / X	y_1	y_2	y_3	…
x_1	$p(x_1, y_1)$	$p(x_1, y_2)$	$p(x_1, y_3)$	…
x_2	$p(x_2, y_1)$	$p(x_2, y_2)$	$p(x_2, y_3)$	…
x_3	$p(x_3, y_1)$	$p(x_3, y_2)$	$p(x_3, y_3)$	…
…	…	…	…	…

表中概率项可以是有限多个或可列无穷多个．与一维相同，二维离散型随机变量的概率分布也要满足非负性和规范性，即：

非负性：$p(x_i, y_j) \geqslant 0, \forall i, j.$

规范性：$\sum_i \sum_j p(x_i, y_j) = 1.$

上面这个概率分布表描述了随机矢量（X，Y）的概率分布，也称为二维离散型随机变量的联合分布．

二维离散型变量（X，Y）的联合分布函数定义为：

$$F_{X,Y}(x,y) = P(X \leqslant x, Y \leqslant y) = \sum_{x_i \leqslant x} \sum_{y_j \leqslant y} p(x_i, y_j) \qquad (3-7-1)$$

由二维离散型变量（X，Y）的联合分布，可以很容易得到每个分量 X，Y 各自的概率分布，通常称其为二维离散型变量（X，Y）的边缘分布，具体方法如下：把表中 x_i 所对应的行中所有概率项取和为 r. v. $X = x_i$ 的概率；把表中 y_j 所对应的列中所有概率项取和为 r. v. $Y = y_j$ 的概率，即：

$$P(X = x_i) = \sum_j p(x_i, y_j) \qquad (3-7-2a)$$

$$P(Y = y_j) = \sum_i p(x_i, y_j) \qquad (3-7-2b)$$

例 3－7－1 二维离散型变量（X，Y）的联合分布如表 3－7－2 所示，求其边缘分布和联合分布函数.

表 3－7－2

Y / X	3	4	
1	0.4	0.2	$P(X=1)=0.6$
2	0.3	0.1	$P(X=2)=0.4$
	$P(Y=3)=0.7$	$P(Y=4)=0.3$	

解：边缘分布为$P(X=1)=0.6$；　　$P(X=2)=0.4$；

$P(Y=3)=0.7$；　　$P(Y=4)=0.3$.

联合分布函数 $F_{X,Y}(x,y)=P(X\leqslant x,Y\leqslant y)$

$$=\begin{cases}0\ , & x<1 \text{ 或 } y<3,\\ 0.4, & 1\leqslant x<2 \text{ 且 } 3\leqslant y<4,\\ 0.6, & 1\leqslant x<2 \text{ 且 } y\geqslant 4,\\ 0.7, & x\geqslant 2 \text{ 且 } 3\leqslant y<4,\\ 1\ , & x\geqslant 2 \text{ 且 } y\geqslant 4.\end{cases}$$

联合分布函数如图 3－7－1 所示.

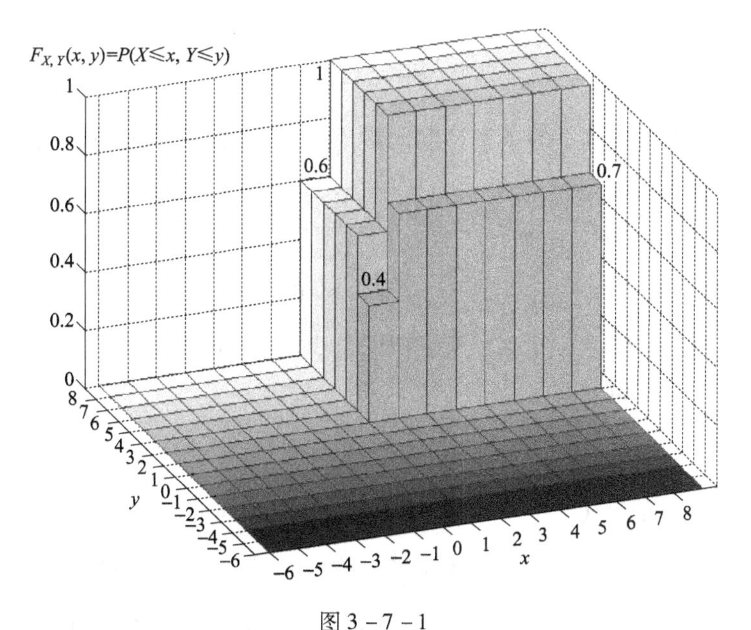

图 3－7－1

3.7.2　连续型随机变量

一、二维连续型随机变量的联合分布

二维连续型随机变量的概率分布是由其联合概率密度函数$f_{X,Y}(x,y)$和联合分布函数 $F_{X,Y}(x,y)$来表征的．一维连续型随机变量的概率密度函数$f_X(x)$是曲线的形式，该曲线与 x 轴之间的总面积为 1，与之类似，二维连续型随机变量的概率密度函数$f_{X,Y}(x,y)$以 xy 平面上方曲面的形式呈现，形如图 3－7－2，其与 xy 平面之间所夹空间的总的体积为 1.

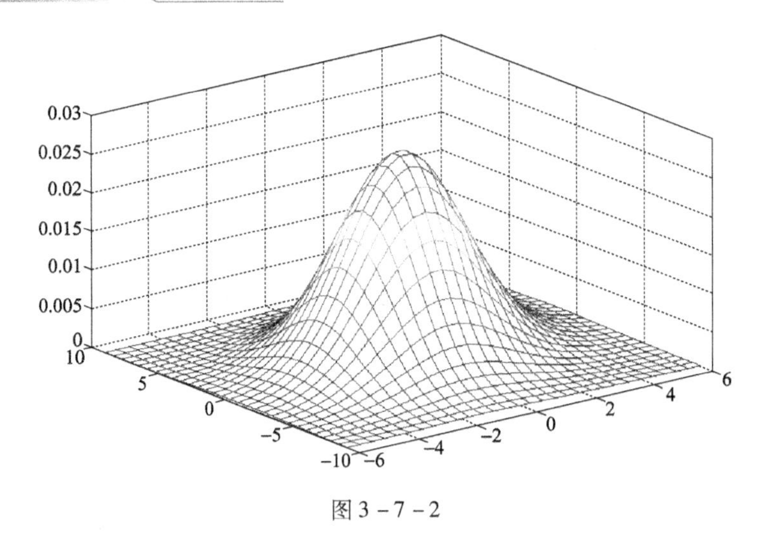

图 3 – 7 – 2

二维连续型随机变量的概率密度函数 $f_{X,Y}(x,y)$ 也要满足非负性和规范性要求，即：

非负性： $$f_{X,Y}(x,y) \geqslant 0,\ \forall x,y \in \mathbf{R}.$$

规范性： $$\int_{-\infty}^{+\infty}\int_{-\infty}^{+\infty} f_{X,Y}(x,y)\,\mathrm{d}x\mathrm{d}y = 1.$$

与一维情况类似，$(X,\ Y)$ 所标识的落点落在 xy 平面上任意子区域 D 内的概率由下面的二重积分给出：

$$P((X,Y) \in D) = \iint_D f_{X,Y}(x,y)\,\mathrm{d}x\mathrm{d}y \tag{3-7-3}$$

二维连续型变量 $(X,\ Y)$ 的联合分布函数定义如下：

$$F_{X,Y}(x,y) = P(X \leqslant x; Y \leqslant y) = \int_{-\infty}^{x}\int_{-\infty}^{y} f_{X,Y}(\xi,\eta)\,\mathrm{d}\xi\mathrm{d}\eta \tag{3-7-4}$$

在公式（3 – 7 – 4）中，$f_{X,Y}$ $(\xi,\ \eta)$ 表示二维连续型变量 $(X,\ Y)$ 的联合概率密度函数，X，Y 表示随机变量，x，y 表示积分上限，ξ，η 表示积分变量，因为积分变量可以任意替换，所以在不至于发生混淆的情况下，公式（3 – 7 – 4）也常常记为：

$$F_{X,Y}(x,y) = P(X \leqslant x; Y \leqslant y) = \int_{-\infty}^{x}\int_{-\infty}^{y} f_{X,Y}(x,y)\,\mathrm{d}x\mathrm{d}y$$

$F_{X,Y}(x,\ y)$ 表示了点 $(X,\ Y)$ 落在以 $(x,\ y)$ 为顶点，位于该点左下方那个半无穷矩形区域内的概率，如图 3 – 7 – 3 所示．

二、二维连续型随机变量的边缘分布

由二维连续型随机变量的联合分布可以求其边缘分布，即分量 X，Y 各自的概率分布．

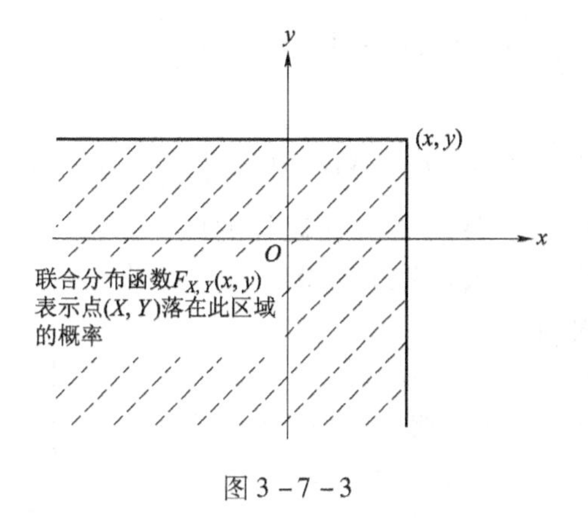

图 3－7－3

1. 边缘分布函数

$$F_X(x) = F_{X,Y}(x, +\infty) = P(X \leqslant x, Y \leqslant +\infty) \\ = \int_{-\infty}^{x}\int_{-\infty}^{+\infty} f_{X,Y}(x,y)\,\mathrm{d}y\mathrm{d}x \tag{3-7-5a}$$

$$F_Y(y) = F_{X,Y}(+\infty, y) = P(X \leqslant +\infty, Y \leqslant y) \\ = \int_{-\infty}^{y}\int_{-\infty}^{+\infty} f_{X,Y}(x,y)\,\mathrm{d}x\mathrm{d}y \tag{3-7-5b}$$

2. 边缘概率密度函数

$$f_X(x) = F'_X(x) \\ = \frac{\mathrm{d}\left(\int_{-\infty}^{x}\int_{-\infty}^{+\infty} f_{X,Y}(x,y)\,\mathrm{d}y\mathrm{d}x\right)}{\mathrm{d}x} \\ = \int_{-\infty}^{+\infty} f_{X,Y}(x,y)\,\mathrm{d}y \tag{3-7-6a}$$

$$f_Y(y) = F'_Y(y) \\ = \frac{\mathrm{d}\left(\int_{-\infty}^{y}\int_{-\infty}^{+\infty} f_{X,Y}(x,y)\,\mathrm{d}x\mathrm{d}y\right)}{\mathrm{d}y} \\ = \int_{-\infty}^{+\infty} f_{X,Y}(x,y)\,\mathrm{d}x \tag{3-7-6b}$$

提示：尽管公式（3－7－5）和式（3－7－6）中经常出现积分限从 $-\infty$ 到 $+\infty$ 的表示，但实际计算时，根据二重积分的求解方法可知，需要先把二重积分转化为二次积分，如果联合概率密度函数的有效区域（即取值不为 0 的区域）为有限区域，则应该把一个变量的积分限表示成另一个变量的函数的形式．具体地说，在式（3－7－5a）和式（3－7－6a）中，应该把 y 的积分限表示成 x 的函数的形式，即：

$$F_X(x) = \int_{-\infty}^{x}\int_{-\infty}^{+\infty} f_{X,Y}(x,y)\,\mathrm{d}y\mathrm{d}x = \int_{-\infty}^{x}\mathrm{d}x\int_{g_1(x)}^{g_2(x)} f_{X,Y}(x,y)\,\mathrm{d}y \qquad (3-7-5\mathrm{a}')$$

$$f_X(x) = \int_{-\infty}^{+\infty} f_{X,Y}(x,y)\,\mathrm{d}y = \int_{g_1(x)}^{g_2(x)} f_{X,Y}(x,y)\,\mathrm{d}y \qquad (3-7-6\mathrm{a}')$$

如图 3－7－4 所示（假设图中 D 以外的区域联合概率密度函数$f_{X,Y}(x,y)$取值为 0），这是初学者很容易犯错误的地方．

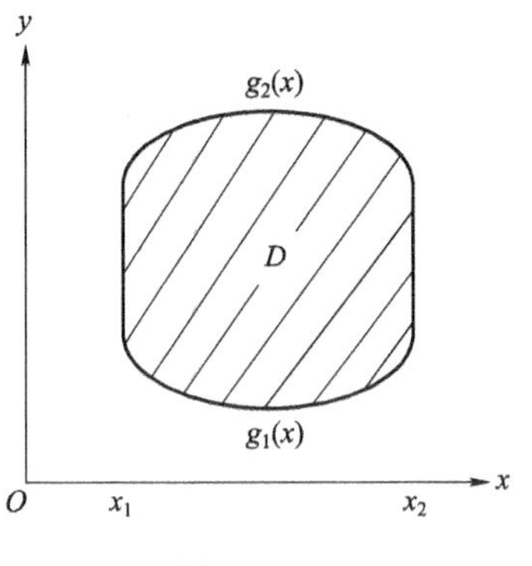

图 3－7－4

例 3－7－2 设二维随机变量（X，Y）在区域 D：$a \leqslant x \leqslant b$，$c \leqslant y \leqslant d$ 上服从均匀分布，求（X，Y）的联合概率密度函数、边缘概率密度函数、联合分布函数和边缘分布函数．

解：由均匀分布的条件可知（X，Y）的联合概率密度函数在区域 D 内为常数，在其他区域为 0，又根据概率密度函数的规范性可得：

$$f_{X,Y}(x,y) = \begin{cases} \dfrac{1}{S_D} = \dfrac{1}{(b-a)(d-c)}, & (X,Y) \in D, \\ 0, & \text{其他}. \end{cases}$$

其中，S_D 表示区域 D 的面积．进一步，由公式（3－7－6）可得边缘概率密度函数为：

$$f_X(x) = \int_{-\infty}^{+\infty} f_{X,Y}(x,y)\,\mathrm{d}y$$

$$= \begin{cases} \displaystyle\int_c^d \frac{1}{(b-a)(d-c)}\mathrm{d}y = \frac{1}{(b-a)}, & a \leqslant x \leqslant b, \\ 0, & \text{其他}. \end{cases}$$

同理可得：

$$f_Y(y) = \begin{cases} \dfrac{1}{(d-c)}, & c \leqslant y \leqslant d, \\ 0, & \text{其他}. \end{cases}$$

可见，X，Y 各自的边缘分布也是均匀分布．

为了求解分布函数，把平面分成五个区域，如图 3－7－5 所示．

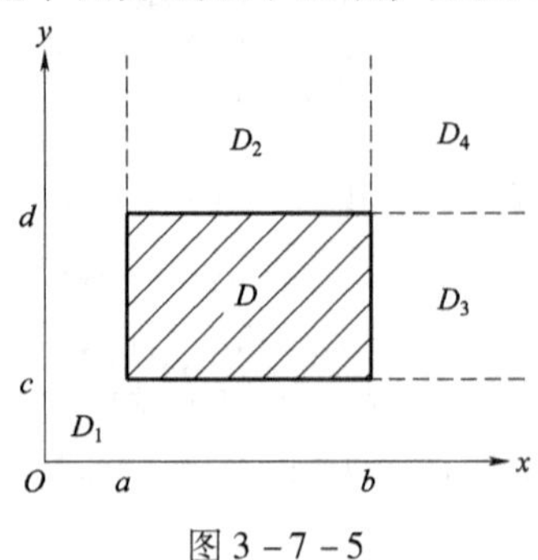

图 3－7－5

根据联合分布函数的定义［公式（3－7－4）］，分别针对（x，y）落在这五个区域时进行计算，可得：

$$F_{X,Y}(x,y)=\begin{cases}0,\ D_1: x<a \text{ 或 } y<c,\\ \dfrac{(x-a)(y-c)}{(b-a)(d-c)},\ D: a\leqslant x\leqslant b \text{ 且 } c\leqslant y\leqslant d,\\ \dfrac{(x-a)}{(b-a)},\ D_2: a\leqslant x\leqslant b \text{ 且 } y>d,\\ \dfrac{(y-c)}{(d-c)},\ D_3: x>b \text{ 且 } c\leqslant y\leqslant d,\\ 1,\ D_4: x>b \text{ 且 } y>d.\end{cases}$$

取 $a=c=0$，$b=d=2$，计算 $F_{X,Y}$（x，y）并作图如图 3－7－6 所示.

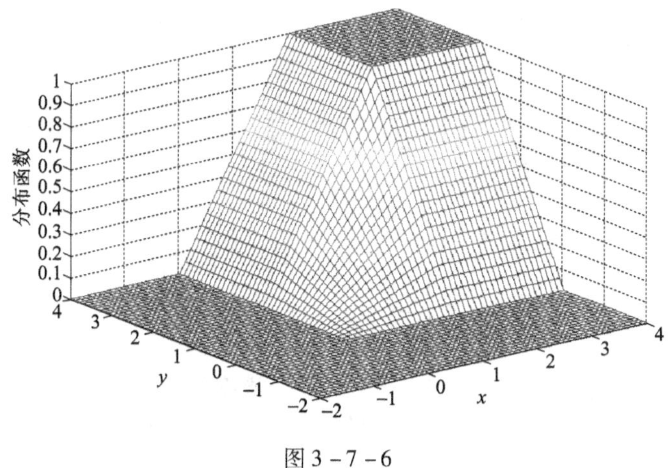

图 3－7－6

最后，边缘分布函数为：

$$F_X(x)=F_{X,Y}(x,+\infty)=\int_{-\infty}^{x}\int_{-\infty}^{+\infty}f_{X,Y}(x,y)\,\mathrm{d}y\mathrm{d}x$$

$$=\begin{cases}0,\ x<a,\\ \displaystyle\int_a^x\int_c^d\frac{1}{(b-a)(d-c)}\mathrm{d}y\mathrm{d}x,\quad a\leqslant x\leqslant b,\\ 1,\ x>b.\end{cases}$$

$$=\begin{cases}0,\ x<a,\\ \displaystyle\int_{-\infty}^{x}\frac{1}{(b-a)}\mathrm{d}x=\frac{x-a}{b-a},\ a\leqslant x\leqslant b,\\ 1,\ x>b.\end{cases}$$

同理，$F_Y(y)=\begin{cases}0,\ y<c,\\ \dfrac{y-c}{d-c},\ c\leqslant y\leqslant d,\\ 1,\ y>d.\end{cases}$

例 3-7-3 设二维随机变量（X，Y）在以原点为圆心，半径为 R 的圆形区域 D 上服从均匀分布，如图 3-7-7 所示，求（X，Y）的联合概率密度函数和边缘概率密度函数.

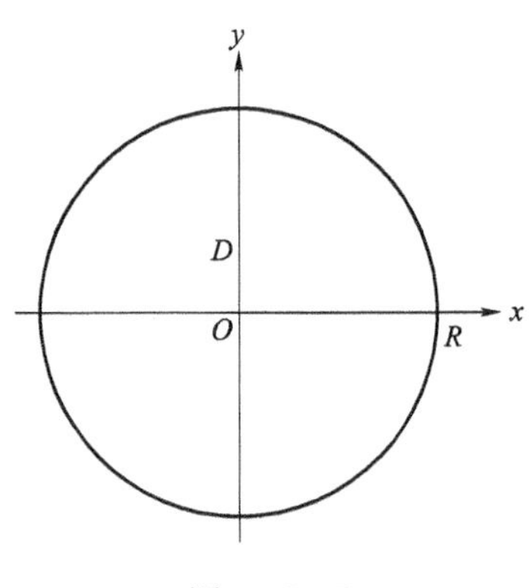

图 3-7-7

解：由均匀分布的条件易得：

$$f_{X,Y}(x,y)=\begin{cases}\dfrac{1}{S_D}=\dfrac{1}{\pi R^2},&(X,Y)\in D,\\0,&\text{其他}.\end{cases}$$

再应用公式（3-7-6）可得边缘概率密度函数为：

$$\begin{aligned}f_X(x)&=\int_{-\infty}^{+\infty}f_{X,Y}(x,y)\,\mathrm{d}y\\&=\begin{cases}\displaystyle\int_{-\sqrt{R^2-x^2}}^{\sqrt{R^2-x^2}}\frac{1}{\pi R^2}\,\mathrm{d}y=\frac{2}{\pi R^2}\sqrt{R^2-x^2},&|x|\leqslant R,\\0,&\text{其他}.\end{cases}\end{aligned}$$

同理可得：

$$f_Y(y)=\begin{cases}\dfrac{2}{\pi R^2}\sqrt{R^2-y^2},&|y|\leqslant R,\\0,&\text{其他}.\end{cases}$$

例 3-7-4 设随机变量（X，Y）的联合概率密度为

$$f(x,y)=\begin{cases}A\mathrm{e}^{-(3x+4y)},&x>0,y>0,\\0,&\text{其他}.\end{cases}$$

求（1）常数 A；（2）X，Y 的边缘概率密度；（3）$P\{0<X\leqslant1,0<Y\leqslant2\}$.

解：（1）由联合概率密度函数的规范性可得：

$1=\int_0^{+\infty}\int_0^{+\infty}A\mathrm{e}^{-(3x+4y)}\,\mathrm{d}x\mathrm{d}y=\dfrac{A}{12}$，所以 $A=12$，

因此，$f(x,y)=\begin{cases}12\mathrm{e}^{-(3x+4y)},&x>0,\ y>0,\\0,&\text{其他}.\end{cases}$

（2）X 的边缘概率密度为：

$$\begin{aligned}f_X(x)&=\int_{-\infty}^{+\infty}f(x,y)\,\mathrm{d}y\\&=\begin{cases}\displaystyle\int_0^{+\infty}12\mathrm{e}^{-(3x+4y)}\,\mathrm{d}y,&x>0,\\0,&\text{其他}.\end{cases}\\&=\begin{cases}3\mathrm{e}^{-3x},&x>0,\\0,&\text{其他}.\end{cases}\end{aligned}$$

同理，Y 的边缘密度为：

$$f_Y(y)=\begin{cases}4e^{-4y}, & y>0,\\ 0, & \text{其他}.\end{cases}$$

(3) $P\{0<X\leqslant 1,0<Y\leqslant 2\}=\int_0^1\int_0^2 12e^{-(3x+4y)}\mathrm{d}x\mathrm{d}y=(1-e^{-3})(1-e^{-8})$.

3.7.3　条件分布

从事件的条件概率出发可以得到随机变量条件分布的概念．我们的讨论又将区分为离散和连续两种类型．

一、离散型随机变量的条件分布

在事件（$Y=y_j$）已经发生的条件下，事件（$X=x_i$）发生的概率可以应用条件概率计算公式（定理2-5-1）得到，由此可得随机变量的条件分布．

定义3-7-1：设（X，Y）是二维离散型随机变量，若$P(Y=y_j)>0$，则称

$$P(X=x_i\mid Y=y_j)=\frac{P(X=x_i,Y=y_j)}{P(Y=y_j)}$$

为在$Y=y_j$的条件下，随机变量X的条件分布．离散型随机变量的条件分布也应该满足非负性和规范性的要求．

例3-7-6　在例3-7-1中，在$X=1$的条件下，Y的条件分布如表3-7-3所示．

表3-7-3

Y	3	4
$P(Y=y_j\mid X=1)$	2/3	1/3

在$X=2$的条件下，Y的条件分布如表3-7-4所示．

表3-7-4

Y	3	4
$P(Y=y_j\mid X=2)$	3/4	1/4

在$Y=3$的条件下，X的条件分布如表3-7-5所示．

表3-7-5

X	1	2
$P(Y=y_j\mid Y=3)$	4/7	3/7

在$Y=4$的条件下，X的条件分布如表3-7-6所示．

表 3-7-6

X	1	2
$P(X=x_i\mid Y=4)$	2/3	1/3

二、连续型随机变量的条件概率密度函数

对于连续型的场合，由于 $P(Y=y_j)=0$，$P(X=x_i)=0$，所以不能直接应用离散型随机变量条件分布的计算公式，对此可以应用求极限的方法加以解决.

定义 3-7-2：设（X，Y）是二维连续型随机变量，对于任意的 Δy 和给定的 y，假设

$$P(y\leqslant Y<y+\Delta y)>0$$

成立. 若对于任意的实数 x，极限

$$\lim_{\Delta y\to 0}P(X\leqslant x\mid y\leqslant Y<y+\Delta y)=\lim_{\Delta y\to 0}\frac{P(X\leqslant x,y\leqslant Y<y+\Delta y)}{P(y\leqslant Y<y+\Delta y)}$$

总存在，则称此极限为在条件（$Y=y$）下随机变量 X 的条件分布函数，记为 $F_{X\mid Y}(x\mid y)$.

进一步，由于：

$$\frac{P(X\leqslant x,y\leqslant Y<y+\Delta y)}{P(y\leqslant Y<y+\Delta y)}=\frac{\int_{-\infty}^{x}\left(\int_{y}^{y+\Delta y}f_{X,Y}(u,v)\,\mathrm{d}v\right)\mathrm{d}u}{\int_{y}^{y+\Delta y}f_{Y}(v)\,\mathrm{d}v}$$

$$=\frac{\int_{-\infty}^{x}\left(\frac{1}{\Delta y}\int_{y}^{y+\Delta y}f_{X,Y}(u,v)\,\mathrm{d}v\right)\mathrm{d}u}{\frac{1}{\Delta y}\int_{y}^{y+\Delta y}f_{Y}(v)\,\mathrm{d}v}$$

且有：

$$\lim_{\Delta y\to 0}\frac{1}{\Delta y}\int_{y}^{y+\Delta y}f_{Y}(v)\,\mathrm{d}v=f_{Y}(y)$$

$$\lim_{\Delta y\to 0}\frac{1}{\Delta y}\int_{y}^{y+\Delta y}f_{X,Y}(u,v)\,\mathrm{d}v=f_{X,Y}(u,y)$$

所以：

$$F_{X\mid Y}(x\mid y)=\lim_{\Delta y\to 0}\frac{P(X\leqslant x,y\leqslant Y<y+\Delta y)}{P(y\leqslant Y<y+\Delta y)}$$

$$=\frac{\int_{-\infty}^{x}f_{X,Y}(u,y)\,\mathrm{d}u}{f_{Y}(y)}$$

$$=\int_{-\infty}^{x}\frac{f_{X,Y}(u,y)}{f_{Y}(y)}\,\mathrm{d}u.$$

进一步，对条件分布函数求导可得条件概率密度函数.

定义 3-7-3：设（X，Y）是二维连续型随机变量，其联合概率密度函数为

$f_{X,Y}(x,y)$，边缘概率密度函数为 $f_X(x)$ 和 $f_Y(y)$，则当 $f_Y(y)>0$ 时，称函数

$$f_{X|Y}(x|y)=\frac{f_{X,Y}(x,y)}{f_Y(y)}$$

为在条件（$Y=y$）下随机变量 X 的条件概率密度函数．

例 3-7-7　在例 3-7-4 中，

随机变量 X 的条件概率密度函数为：

$$f_{X|Y}(x|y)=\frac{f_{X,Y}(x,y)}{f_Y(y)}=\begin{cases}3e^{-3x}, & x>0,\\ 0, & \text{其他}.\end{cases}$$

随机变量 Y 的条件概率密度函数为：

$$f_{Y|X}(y|x)=\frac{f_{X,Y}(x,y)}{f_X(x)}=\begin{cases}4e^{-4y}, & y>0,\\ 0, & \text{其他}.\end{cases}$$

本例中随机变量 X，Y 的条件分布等于各自的边缘分布，这是这两个随机变量具有独立性的结果．

3.8　随机变量的独立性

独立性是概率论中很重要的概念，随机事件具有独立性，称两个事件 A，B 是独立的，当且仅当 $P(AB)=P(A)P(B)$ 成立．两个事件 A，B 独立意味着它们的发生对彼此没有影响．随机变量也有独立性的概念，两个 r. v. X，Y 独立意味着它们的取值对彼此没有影响，其数学表现形式是（X，Y）的联合分布等于 X，Y 各自边缘分布的乘积．

1. 从分布函数看

联合分布函数等于边缘分布函数的乘积，即：

$$F_{X,Y}(x,y)=F_X(x)F_Y(y) \tag{3-8-1}$$

2. 从概率分布看

离散型：联合分布等于边缘分布的乘积．

$$\forall i,j \quad P(x_i,y_j)=P(x_i)P(y_j) \tag{3-8-2a}$$

连续型：联合概率密度函数等于边缘概率密度函数的乘积．

$$f_{X,Y}(x,y)=f_X(x)f_Y(y) \tag{3-8-2b}$$

例 3-8-1　袋中有 a 个红球和 b 个黑球，每次任取一个，共取两次，抽样方式是（1）放回抽样，（2）不放回抽样．以 r. v. X，Y 分别表示第一次和第二次抽取的黑球数，求（X，Y）的联合分布和边缘分布，并判断两者是否独立．

（1）根据放回抽样（相当于独立试验序列）的条件可得（X，Y）的联合分布和边缘分布如表 3-8-1 所示．

表 3-8-1

X \ Y	0	1	
0	$\dfrac{a^2}{(a+b)^2}$	$\dfrac{ab}{(a+b)^2}$	$P(X=0)=\dfrac{a}{a+b}$
1	$\dfrac{ab}{(a+b)^2}$	$\dfrac{b^2}{(a+b)^2}$	$P(X=1)=\dfrac{b}{a+b}$
	$P(Y=0)=\dfrac{a}{a+b}$	$P(Y=1)=\dfrac{b}{a+b}$	

可见，对于有放回抽样试验，X，Y 是独立的.

(2) 不放回抽样的联合分布和边缘分布如表 3-8-2 所示.

表 3-8-2

X \ Y	0	1	
0	$\dfrac{a}{(a+b)}\times\dfrac{a-1}{(a+b-1)}$	$\dfrac{a}{(a+b)}\times\dfrac{b}{(a+b-1)}$	$\dfrac{a^2-a+ab}{(a+b)\ (a+b-1)}$
1	$\dfrac{b}{(a+b)}\times\dfrac{a}{(a+b-1)}$	$\dfrac{b}{(a+b)}\times\dfrac{b-1}{(a+b-1)}$	$\dfrac{b^2-b+ab}{(a+b)\ (a+b-1)}$
	$\dfrac{a^2-a+ab}{(a+b)\ (a+b-1)}$	$\dfrac{b^2-b+ab}{(a+b)\ (a+b-1)}$	

可见，对于不放回抽样试验，X，Y 不是独立的，其根本原因在于两次抽样的样本空间不同，第一次抽样结果对第二次抽样产生了影响.

作为独立的连续型随机变量的例子，请参考例 3-7-4，在该例中任何一个区域，随机变量 X，Y 都满足：

$$F_{X,Y}(x,y) = F_X(x)\ F_Y(y)$$

$$f_{X,Y}(x,y) = f_X(x)\ f_Y(y)$$

所以 X，Y 是独立的.

3.9 二维随机变量函数的分布

二维随机变量的函数仍然是（一维或二维）随机变量，比如（X，Y）表示打靶击中点坐标，则 $R=\sqrt{X^2+Y^2}$ 表示击中点与靶心的距离，是一个一维随机变量. 与一维情况类似，二维随机变量函数的分布也是很有意义的问题，虽然二维随机变量可能存在的函数多种多样，但其概率分布的求解方法是类似的，下面仅以常用的和、差、商、平方和以及最大最小值等对二维随机变量函数的概率分布的求解加以说明.

一、离散型

二维离散型随机变量函数的分布可以完全参照一维的情况进行计算，不再赘述.

例 3-9-1　r. v. X，Y 相互独立，且都服从泊松分布：

$$P(X=i)=\frac{\lambda_x^i}{i!}e^{-\lambda_x}\quad(i=0,1,2,3,\cdots)$$

$$P(Y=j)=\frac{\lambda_y^j}{j!}e^{-\lambda_y}\quad(j=0,1,2,3,\cdots)$$

求 r. v. $Z=X+Y$ 的概率分布.

解：$P(Z=k)=P(X+Y=k)$

$$=\sum_{i=0}^{k}P(X=i,Y=k-i)\text{，利用 }X,Y\text{ 的独立性}$$

$$=\sum_{i=0}^{k}P(X=i)P(Y=k-i)$$

$$=\sum_{i=0}^{k}\frac{\lambda_x^i}{i!}e^{-\lambda_x}\frac{\lambda_y^{k-i}}{(k-i)!}e^{-\lambda_y}$$

$$=e^{-(\lambda_x+\lambda_y)}\sum_{i=0}^{k}\frac{\lambda_x^i\lambda_y^{k-i}}{i!(k-i)!}$$

考虑到

$$(\lambda_x+\lambda_y)^k=\sum_{i=0}^{k}C_k^i\lambda_x^i\lambda_y^{k-i}=\sum_{i=0}^{k}\frac{k!}{i!(k-i)!}\lambda_x^i\lambda_y^{k-i},$$

所以：

$$P(Z=k)=e^{-(\lambda_x+\lambda_y)}\frac{(\lambda_x+\lambda_y)^k}{k!}.$$

可见独立的服从泊松分布的随机变量 X，Y 之和服从参数为 $\lambda_x+\lambda_y$ 的泊松分布.

二、连续型

二维连续型随机变量函数的分布的计算方法与一维的情况是类似的，也需要从分布函数入手，其基本步骤为先用二重积分的方法求分布函数，再由分布函数求概率密度函数.

例 3-9-2（和的分布）：随机变量 X，Y 相互独立，并且都在区间 $[-a,a]$ 上服从均匀分布，求 $Z=X+Y$ 的分布.

解：根据已知条件可得：

$$f_X(x)=\begin{cases}\dfrac{1}{2a}, & -a\leqslant x\leqslant a,\\ 0, & \text{其他.}\end{cases}$$

$$f_Y(y)=\begin{cases}\dfrac{1}{2a}, & -a\leqslant y\leqslant a,\\ 0, & \text{其他}.\end{cases}$$

$$f_{X,Y}(x,y)=\begin{cases}\dfrac{1}{4a^2}, & -a\leqslant x\leqslant a,\ -a\leqslant y\leqslant a,\\ 0, & \text{其他}.\end{cases}$$

可见，X，Y 的联合分布是在 $-a\leqslant x\leqslant a$，$-a\leqslant y\leqslant a$ 区域上的均匀分布，所以，$Z=X+Y$ 的分布函数为：

$$\begin{aligned}F_Z(z)&=P(Z\leqslant z)=P(X+Y\leqslant z)\\&=\iint\limits_{X+Y\leqslant z}f_{X,Y}(x,y)\,\mathrm{d}x\mathrm{d}y\\&=\begin{cases}0, & z<-2a,\\ \displaystyle\int_{-a}^{z+a}\mathrm{d}x\int_{-a}^{z-x}\frac{1}{4a^2}\mathrm{d}y, & -2a\leqslant z<0,\\ 1-\displaystyle\int_{z-a}^{a}\mathrm{d}x\int_{z-x}^{a}\frac{1}{4a^2}\mathrm{d}y, & 0\leqslant z<2a,\\ 1, & z\geqslant 2a.\end{cases}\\&=\begin{cases}0, & z<-2a,\\ \dfrac{(z+2a)^2}{8a^2}, & -2a\leqslant z<0,\\ 1-\dfrac{(z-2a)^2}{8a^2}, & 0\leqslant z<2a,\\ 1, & z\geqslant 2a.\end{cases}\end{aligned}$$

$-2a\leqslant z<0$ 和 $0\leqslant z<2a$ 两种情况下的积分区域分别示于图 3－9－1（a）、（b）.

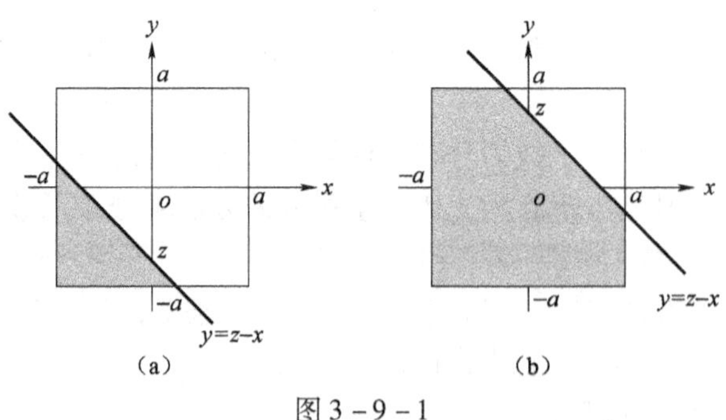

图 3－9－1

（a） $-2a<z<0$ 时二重积分区域；（b） $0<z<2a$ 时二重积分区域

由此可得 $Z=X+Y$ 的概率密度函数为：

$$f_Z(z)=\begin{cases}0,\ z<-2a\text{ 或 }z\geqslant 2a,\\ \dfrac{z+2a}{4a^2},\ -2a\leqslant z<0,\\ \dfrac{2a-z}{4a^2},\ 0\leqslant z<2a.\end{cases}$$

初学者在学习这部分时，容易对 X，Y，Z 和 x，y，z 的使用产生迷惑，不知道什么时候用 X，Y，Z，什么时候用 x，y，z，此处加以说明. X，Y，Z 是随机变量，x，y，z 是 X，Y，Z 的取值 . X，Y，Z 只在列写概率表达式的时候使用，如 $P(X\leqslant a)$，$P(X\leqslant x)$，$P(X\leqslant a,\ Y\leqslant b)$，$P(Z\leqslant z)=P(X+Y\leqslant z)$ 等，或者在概率密度函数或分布函数的下角标处使用，表示这是哪个随机变量的 pdf 或 CDF，如 $F_X(x)$，$f_X(x)$，$f_{X,Y}(x,y)$ 等. 具体计算概率的时候要使用 x，y，z，包括确定积分上下限、计算积分等. 另外在列写分段的概率密度函数或分布函数时，表示各个区间段要使用 x，y，z，如本例的各个概率密度函数和分布函数 .

例 3－9－3（平方和的分布）：r. v. $X\sim N(0,\ 1)$，$Y\sim N(0,\ 1)$，且 X，Y 彼此独立，求 $Z=X^2+Y^2$ 的分布.

解：因为 X，Y 彼此独立，所以：

$$f_{X,Y}(x,\ y)=\frac{1}{2\pi}\mathrm{e}^{-\frac{x^2+y^2}{2}},\ -\infty<x<+\infty,\ -\infty<y<+\infty.$$

$$\begin{aligned}F_Z(z)&=P(Z\leqslant z)=P(X^2+Y^2\leqslant z)\\&=\begin{cases}0,\ z<0,\\ \displaystyle\iint\limits_{x^2+y^2\leqslant z}\frac{1}{2\pi}\mathrm{e}^{-\frac{x^2+y^2}{2}}\mathrm{d}x\mathrm{d}y,\ z\geqslant 0.\end{cases}\\&=\begin{cases}0,\ z<0,\\ \displaystyle\int_0^{2\pi}\mathrm{d}\theta\int_0^{\sqrt{z}}\frac{r}{2\pi}\mathrm{e}^{-\frac{r^2}{2}}\mathrm{d}r,\ z\geqslant 0.\end{cases}\\&=\begin{cases}0,\ z<0,\\ \displaystyle\int_0^{\sqrt{z}}r\mathrm{e}^{-\frac{r^2}{2}}\mathrm{d}r,\ z\geqslant 0.\end{cases}\end{aligned}$$

第二个等式应用了极坐标变换，应用积分上限求导法则可得 Z 的概率密度函数为：

$$f_Z(z)=\begin{cases}0,\ z<0\\ \dfrac{1}{2}\mathrm{e}^{-\frac{z}{2}},\ z\geqslant 0.\end{cases}$$

本例中 Z 的概率分布又被称为具有两个自由度的 χ^2 分布.

例 3－9－4（差的分布）：X，Y 的联合概率密度函数为

$$f_{X,Y}(x,y)=\begin{cases}3x\ ,\ 0<x<1,\ 0<y<x,\\ 0\ \ ,\ \text{其他}.\end{cases}$$

求 $Z=X-Y$ 的概率密度函数.

解：Z 的分布函数为（二重积分区域如图 3－9－2所示）：

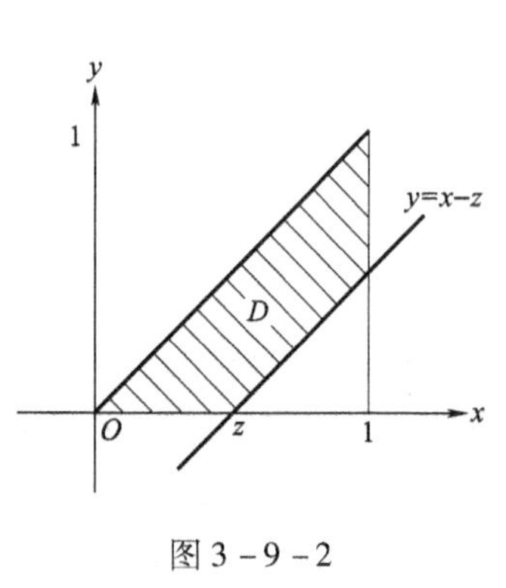

图 3－9－2

$$F_Z(z)=P(X-Y\leqslant z)=\iint\limits_D f_{X,Y}(x,y)\mathrm{d}x\mathrm{d}y$$

$$=\begin{cases}0,\ z<0,\\ 1-\int_z^1\mathrm{d}x\int_0^{x-z}3x\mathrm{d}y,\ 0\leqslant z\leqslant 1,\\ 1,\ z>1.\end{cases}$$

$$=\begin{cases}0,\ z<0,\\ \frac{3z}{2}-\frac{z^3}{2},\ 0\leqslant z\leqslant 1,\\ 1,\ z>1.\end{cases}$$

所以 Z 的概率密度函数为：

$$f_Z(z)=\begin{cases}0,\ z<0 \text{ 或 } z>1,\\ \frac{3}{2}-\frac{3}{2}z^2,\ 0\leqslant z\leqslant 1.\end{cases}$$

例 3－9－5（商的分布）：设随机变量 X，Y 独立，分别服从参数为 λ 和 μ 的指数分布，即

$$f_X(x)=\begin{cases}\lambda\mathrm{e}^{-\lambda x},\ x>0\\ 0,\ \text{其他}.\end{cases},\qquad f_Y(y)=\begin{cases}\mu\mathrm{e}^{-\mu y},\ y>0,\\ 0,\ \text{其他}.\end{cases}$$

求 $Z=X/Y$ 的概率密度函数.

解：由独立性条件，可得 X，Y 的联合概率密度函数为：

$$f_{X,Y}(x,y)=\begin{cases}\lambda\mathrm{e}^{-\lambda x}\mu\mathrm{e}^{-\mu y},\ x>0,y>0,\\ 0,\ \text{其他}.\end{cases}$$

所以 Z 的分布函数为：

$$F_Z(z)=P(Z\leqslant z)=P\left(\frac{X}{Y}\leqslant z\right)$$

$$=\begin{cases}0,\ z<0,\\ \iint\limits_{y\geqslant x/z} f_{X,Y}(x,y)\mathrm{d}x\mathrm{d}y,\ z>0.\end{cases}$$

$$=\begin{cases}0,\ z<0,\\ \int_0^{+\infty}\mathrm{d}x\int_{x/z}^{+\infty}\lambda\mathrm{e}^{-\lambda x}\mu\mathrm{e}^{-\mu x}\mathrm{d}y,\ z>0.\end{cases}$$

$$=\begin{cases}0,\ z<0,\\ \dfrac{\lambda}{\lambda+\dfrac{\mu}{z}},\ z>0.\end{cases}$$

积分区域如图 3－9－3 所示，所以 Z 的概率密度函数为：

$$f_Z(z)=\begin{cases}0,\ z<0,\\ \dfrac{\lambda\mu}{(\lambda z+\mu)^2},\ z>0.\end{cases}$$

例 3－9－6（平方和的分布）：二维随机变量 X，Y 的联合概率密度函数为

$$f_{X,Y}(x,y)=\begin{cases}\dfrac{8}{\pi(x^2+y^2+1)^3},\ x\geqslant 0,y\geqslant 0,\\ 0,\ 其他.\end{cases}$$

求 $Z=X^2+Y^2$ 的概率密度函数.

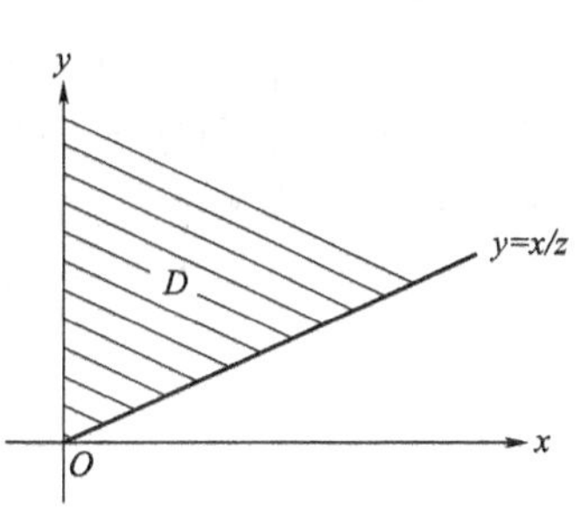

图 3－9－3

解：Z 的分布函数为：

$$F_Z(z)=P(Z\leqslant z)=P(X^2+Y^2\leqslant z)$$
$$=\iint\limits_D f(x,y)\,\mathrm{d}x\mathrm{d}y.$$

转换成极坐标，有：

$$F_Z(z)=\int_0^{\frac{\pi}{2}}\mathrm{d}\theta\int_0^{\sqrt{z}}\frac{8}{\pi(r^2+1)^3}r\cdot\mathrm{d}r$$
$$=\begin{cases}1-\dfrac{1}{(z+1)^2},\ z\geqslant 0,\\ 0,\ z<0.\end{cases}$$

所以，$Z=X^2+Y^2$ 的概率密度函数为：

$$f_Z(z)=\begin{cases}\dfrac{2}{(z+1)^3},\ z\geqslant 0,\\ 0,\ z<0.\end{cases}$$

例 3－9－7（最大最小值的分布）：灯泡 $L_1\sim L_6$ 构成的串并联电路如图 3－9－4 所示，各个灯泡的寿命 X_i 都服从独立且参数为 λ 的指数分布，以随机变量 Z 表示 AB 两点保持通路的时间，求 Z 的概率密度函数.

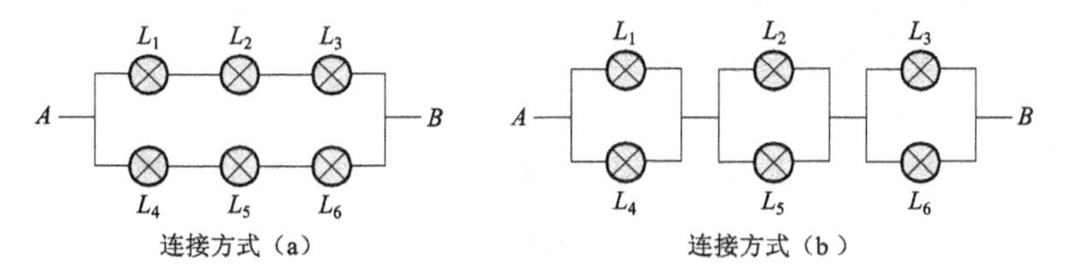

图 3－9－4

解：由题意知，每个灯泡寿命 X_i 的概率密度函数和分布函数分别为：

$$f_X(x)=\begin{cases}\lambda\mathrm{e}^{-\lambda x},\ x>0,\\ 0,\ x\leqslant 0.\end{cases}$$

$$F_X(x)=\begin{cases}1-e^{-\lambda x}, & x>0,\\ 0, & x\leqslant 0.\end{cases}$$

（一）连接方式（a）

分别以随机变量 Y_1，Y_2 表示上下两条支路的寿命，则显然

$$Y_1=\min(X_1, X_2, X_3),\quad Y_2=\min(X_4, X_5, X_6).$$

且 Y_1，Y_2 独立同分布，进一步有 $Z=\max(Y_1, Y_2)$.

Y_1，Y_2 的分布函数为：

$$\begin{aligned}F_Y(y)&=P(Y\leqslant y)=1-P(Y>y)\\&=1-P(\min(X_1,X_2,X_3)>y)\\&=1-P(X_1>y,X_2>y,X_3>y)\\&=1-P(X_1>y)P(X_2>y)P(X_3>y)\\&=1-(1-F_X(y))^3\\&=\begin{cases}1-e^{-3\lambda y}, & y>0,\\ 0, & y\leqslant 0.\end{cases}\end{aligned}$$

因为 $Z=\max(Y_1,Y_2)$，所以 Z 的分布函数为：

$$\begin{aligned}F_Z(z)&=P(Z\leqslant z)=P(\max(Y_1,Y_2)\leqslant z)\\&=P(Y_1\leqslant z,Y_2\leqslant z)=P(Y_1\leqslant z)P(Y_2\leqslant z)=[F_Y(z)]^2\\&=\begin{cases}(1-e^{-3\lambda z})^2, & z>0\\ 0, & z\leqslant 0.\end{cases}\end{aligned}$$

由此可得 Z 的概率密度函数为：

$$f_Z(z)=\begin{cases}6\lambda e^{-3\lambda z}(1-e^{-3\lambda z}), & z>0,\\ 0, & z\leqslant 0.\end{cases}$$

（二）连接方式（b）

定义随机变量 Y_1，Y_2，Y_3 为

$$Y_1=\max(X_1, X_4), Y_2=\max(X_2, X_5), Y_3=\max(X_3, X_6),$$

则 Y_1，Y_2，Y_3 独立同分布，且有 $Z=\min(Y_1, Y_2, Y_3)$.

Y_1，Y_2，Y_3 共同的分布函数为：

$$\begin{aligned}F_Y(y)&=P(Y\leqslant y)=P(\max(X_1,X_4)\leqslant y)\\&=P(X_1\leqslant y,X_4\leqslant y)=P(X_1\leqslant y)P(X_4\leqslant y)=[F_X(y)]^2\\&=\begin{cases}(1-e^{-\lambda y})^2, & y>0,\\ 0, & y\leqslant 0.\end{cases}\end{aligned}$$

由 $Z=\min(Y_1, Y_2, Y_3)$ 可得 Z 的分布函数和概率密度函数为：

$$\begin{aligned}F_Z(z)&=P(Z\leqslant z)=1-P(Z>z)=1-P(\min(Y_1,Y_2,Y_3)>z)\\&=1-P(Y_1>z,Y_2>z,Y_3>z)=1-P(Y_1>z)P(Y_2>z)P(Y_3>z)\\&=1-[1-F_Y(z)]^3\end{aligned}$$

$$=\begin{cases}1-(2e^{-\lambda z}-e^{-2\lambda z})^3, & z>0,\\ 0, & z\leqslant 0.\end{cases}$$

$$f_Z(z)=\begin{cases}6\lambda e^{-3\lambda z}(1-e^{-\lambda z})(2-e^{-\lambda z})^2, & z>0,\\ 0, & z\leqslant 0.\end{cases}$$

本章小结

称定义在基本事件空间 Ω 上的实值函数 $X(\omega)$ 为随机变量．根据值域的不同，随机变量可以分为离散型和连续型两种类型，离散型随机变量是指随机变量的取值为有限个或可列无穷多个，连续型随机变量是指随机变量的取值区间为不可列连续区间．本质上，随机变量的取值位于某个区间的概率由其映射的事件概率所决定，但实际上随机变量本身的意义往往更明显，可以直接用于概率计算．离散型随机变量的概率分布可以列成概率分布表，连续型随机变量的概率分布用概率密度函数表示，概率分布表和概率密度函数都要满足非负性和规范性的要求．随机变量的分布函数定义为 $F_X(x)=P(X\leqslant x)$，因此分布函数具有概率的含义，随机变量的分布函数和概率分布是一一对应的，两者可以互相计算得到．常用的离散型随机变量包括两点分布、二项分布、几何分布、超几何分布、泊松分布；常用的连续型随机变量包括均匀分布、指数分布、正态分布．随机变量的函数是一个新的随机变量，新随机变量的概率分布可以由原随机变量的概率分布得到．离散型随机变量的函数的概率分布可以通过三张表得到，连续型随机变量的函数的概率分布则要借助分布函数，通过一些微积分运算得到．把一维随机变量的概念推广到多维，就得到了多维随机变量（随机矢量）的概念，随机变量也区分为离散型和连续型，随机变量的概率分布用联合分布函数和联合概率分布表（离散型）、联合概率密度函数（连续型）表征．由随机变量的联合分布可以得到各个随机变量的边缘分布，反之亦然．如果两个随机变量 X，Y 彼此没有影响，或者说它们的联合分布等于各自边缘分布的乘积，则称这两个随机变量是独立的．二维随机变量也可以构造出函数，该函数是一个新的随机变量或随机矢量，二维随机变量函数的分布可以由这个二维随机变量的联合概率分布计算得到．

习 题 三

1. 下列给出的是不是某个离散型随机变量的概率分布？

（1）$\begin{pmatrix}1 & 3 & 5\\ 0.5 & 0.3 & 0.2\end{pmatrix}$；

（2）$\begin{pmatrix}1 & 2 & 3\\ 0.7 & 0.1 & 0.1\end{pmatrix}$；

(3) $\begin{pmatrix} 0 & 1 & 2 & \cdots & n & \cdots \\ \frac{1}{2} & \frac{1}{2}\left(\frac{1}{3}\right) & \frac{1}{2}\left(\frac{1}{3}\right)^2 & \cdots & \frac{1}{2}\left(\frac{1}{3}\right)^n & \cdots \end{pmatrix}$;

(4) $\begin{pmatrix} 1 & 2 & \cdots & n & \cdots \\ \frac{1}{2} & \left(\frac{1}{2}\right)^2 & \cdots & \left(\frac{1}{2}\right)^n & \cdots \end{pmatrix}$.

2. 设离散型随机变量 X 的分布列为

X	-1	1	2
P	0.2	0.5	0.3

求：(1) X 的分布函数；(2) $P\{X>0.5\}$；(3) $P\{-1\leqslant X\leqslant 3\}$.

3. 将一颗色子抛掷两次，以 ξ 表示两次所得点数之和，以 η 表示两次中得到的小的点数，试分别求 ξ 与 η 的分布列.

4. 一射手进行射击，击中目标的概率为 $p(0<p<1)$，射击进行到击中目标两次为止，设 X 表示第一次击中目标所进行的射击次数，以 Y 表示一共进行的射击次数，求 (X, Y) 的联合分布律及条件分布律.

5. 设在 6 只零件中有 4 只是正品，从中抽取 4 次，每次任取 1 只，以 ξ 表示取出正品的只数，分别在有放回、不放回抽样条件下：

(1) 求 ξ 的概率分布列；

(2) 求 ξ 的分布函数.

6. 设随机变量 X 的概率密度为

$$f(x)=\begin{cases} C\sin x,\ 0<x<\pi, \\ 0,\ 其他. \end{cases}$$

求：(1) 常数 C. (2) 使 $P(X>a)=P(X<a)$ 成立的 a.

7. 设电子管寿命 X 的概率密度为 $f(x)=\begin{cases} \frac{100}{x^2},\ x>100, \\ 0,\ x\leqslant 100. \end{cases}$

若一架收音机上装有三个这种管子，求：(1) 使用的最初 150 小时内，至少有两个电子管被烧坏的概率；(2) 在使用的最初 150 小时内烧坏的电子管数 Y 的分布列.

8. 一大型设备在任何长为 t 的时间内发生故障的次数 $N(t)$ 服从参数为 λt 的泊松分布. (1) 求相继两次故障之间时间间隔 T 的概率分布；(2) 求在设备已经无故障工作了 8 小时的情况下，再无故障运行 8 小时的概率.

9. 设随机变量 $X\sim N(108,3^2)$. 求：

(1) $P\ (101.1<X<117.6)$；

(2) 常数 a，使 $P(X<a)=0.90$；

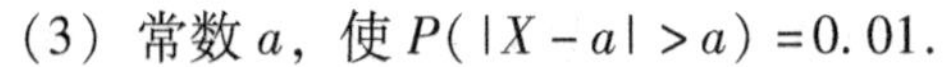

（3）常数 a，使 $P(|X-a|>a)=0.01$.

10. 设随机变量 $X \sim N(2,\sigma^2)$，且 $P(2<X<4)=0.3$，求 $P(X<0)$.

11. 设随机变量 X 的概率密度函数为 $f_X(x)=\begin{cases}2x^3 e^{-x^2}, & x \geqslant 0,\\ 0, & x<0.\end{cases}$

求：（1）$Y=2X+3$；（2）$Y=X^2$；（3）$Y=\ln X$ 的概率密度函数.

12. 设随机变量 X 的概率密度函数为 $f_X(x)=\begin{cases}\dfrac{A}{\sqrt{1-x^2}}, & |x|<1,\\ 0, & |x| \geqslant 1.\end{cases}$

求：（1）A；（2）X 落在（$-1/2$，$1/2$）的概率；（3）X 的分布函数.

13. 设随机变量 X 的分布函数为

$$F(x)=\begin{cases}0, & x<0,\\ A\sin x, & 0 \leqslant x \leqslant \dfrac{\pi}{2},\\ 1, & x>\dfrac{\pi}{2}.\end{cases}$$

求 A，$P\left\{|X|<\dfrac{\pi}{6}\right\}$.

14. 设 $X \sim U(0,1)$，求：（1）$Y=e^X$ 的概率密度；（2）$Y=-2\ln X$ 的概率密度.

15. 设连续性随机变量 X 的分布函数为

$$F(x)=\begin{cases}0, & x \leqslant -a,\\ A+B\arcsin\dfrac{x}{a}, & -a<x<a \quad (a>0),\\ 1, & x \geqslant a.\end{cases}$$

求：（1）A，B；（2）X 落在$\left(-\dfrac{a}{2}, \dfrac{a}{2}\right)$的概率；（3）$X$ 的概率密度函数.

16. 设随机变量 X 的概率密度为

$$f(x)=\begin{cases}\dfrac{2x}{\pi^2}, & 0<x<\pi,\\ 0, & \text{其他}.\end{cases}$$

求 $Y=\sin X$ 的概率密度.

17. 已知随机变量 X 和 Y 的联合概率密度为

$$f(x,y)=\begin{cases}4xy, & 0 \leqslant x \leqslant 1, 0 \leqslant y \leqslant 1,\\ 0, & \text{其他}.\end{cases}$$

求 X 和 Y 的联合分布函数.

18. 设（X，Y）的联合概率密度函数为

$$f(x,y)=\begin{cases}e^{-y}, & 0<x<y,\\ 0, & \text{其他}.\end{cases}$$

求（X，Y）的边缘概率密度函数和概率 $P(X+Y \leqslant 1)$.

19. 一电子仪器由两个部件组成，以 X 和 Y 分别表示两个部件的寿命（单位：千小时）已知 X，Y 的联合分布函数为：

$$F(x,y)=\begin{cases}1-e^{-0.5x}-e^{-0.5y}+e^{-0.5(x+y)}, & x\geqslant 0,\ y\geqslant 0,\\ 0, & \text{其他}.\end{cases}$$

（1）讨论 X，Y 的独立性.

（2）求两个部件的寿命都超过 100 小时的概率.

20. 设 X，Y 相互独立，其概率密度分别为

$$f_X(x)=\begin{cases}1, & 0\leqslant x\leqslant 1,\\ 0, & \text{其他};\end{cases}\qquad f_Y(y)=\begin{cases}e^{-y}, & y>0,\\ 0, & y\leqslant 0.\end{cases}$$

求 $Z=X+Y$ 的概率密度.

21. 设 X 关于 Y 的条件概率密度为 $f_{X|Y}(x|y)=\begin{cases}3x^2/y^3, & 0<x<y,\\ 0, & \text{其他}.\end{cases}$

而 Y 的密度为 $f_Y(y)=\begin{cases}5y^4, & 0<y<1,\\ 0, & \text{其他}.\end{cases}$ 求 $P\left(X>\dfrac{1}{2}\right)$.

22. 设随机变量 ξ 的分布密度为 $f(x)$，且 $f(-x)=f(x)$，$F(x)$ 是随机变量 ξ 的分布函数，则对任意实数 a 有 $F(-a)=\dfrac{1}{2}-\int_0^a f(x)\,dx$，试证之.

23. 设随机变量 $\xi\sim N(0,1)$.（1）求 $\eta=e^{\xi}$ 的分布密度；（2）求 $\eta=2\xi^2+1$ 的分布密度；（3）求 $\eta=|\xi|$ 的分布密度.

24. 两名篮球队员轮流投篮，直到某人投中时为止，如果第一名队员投中的概率为 0.4，第二名队员投中的概率为 0.6，求这两名队员投篮次数的概率分布列.

25. 一本 500 页的书共有 500 个错误，每个错误等可能地出现在每一页上（每一页的印刷符号超过 500 个）. 试求指定的一页上至少有三个错误的概率.

26. 设随机变量 ξ 与 η 独立，且 $P(\xi=1)=P(\eta=1)=p>0$，$P(\xi=0)=P(\eta=0)=1-p>0$，定义 $\zeta=\begin{cases}1, & \text{若 } \xi+\eta=\text{偶},\\ 0, & \text{若 } \xi+\eta=\text{奇}.\end{cases}$

问 p 取什么值时 ξ 与 ζ 独立?

27. 设随机变量 X 的分布函数为 $F_X(x)=1-(1+x)e^{-x}$，$x\geqslant 0$.

求：（1）X 的概率密度；（2）$P\{X\leqslant 2\}$.

28. 设随机变量 X 的概率密度为 $f_X(x)=\dfrac{A}{e^{-x}+e^{x}}$，$(-\infty<x<+\infty)$.

求：（1）常数 A；（2）$P\left\{0<X<\dfrac{1}{2}\ln 3\right\}$；（3）$X$ 的分布函数.

29. 设连续型随机变量 X 的概率密度函数为

$$f(x)=\begin{cases}Ax, & 0\leqslant x\leqslant 1,\\ 2-x, & 1<x\leqslant 2,\\ 0, & \text{其他}.\end{cases}$$

求：（1）常数 A；

（2）X 的分布函数；

（3）$P\{0.5\leqslant X\leqslant 1.5\}$.

30. 设随机变量（X，Y）的联合概率密度函数为

$$f(x,y)=\begin{cases}1, & 0<x<1, 0<y<2x,\\ 0, & \text{其他}.\end{cases}$$

求：（1）X 与 Y 的边缘概率密度函数 $f_X(x)$，$f_Y(y)$；

（2）计算 $P\{Y\leqslant 0.5 \mid X\leqslant 0.5\}$.

31. 设 $X\sim U(4,10)$，求关于 t 的方程 $t^2-Xt+16=0$ 有解的概率.

第四章

随机变量的数字特征

离散型随机变量的分布函数和概率分布表与连续型随机变量的分布函数和概率密度函数是对这些随机变量概率分布的精确完备的描述，然而很多实际问题并不需要知道（有些时候也无法知道）随机变量概率分布的如此细致的刻画，只需要知道一些基本特征即可，比如，某班级同学的平均成绩以及同学成绩在这个平均值附近的波动程度等，这就需要引入随机变量数字特征的概念.

4.1 数学期望及其性质

4.1.1 随机变量的期望

一、离散型随机变量的数学期望

设一维离散型随机变量 X 的概率分布如表 4-1-1 所示.

表 4-1-1

X	x_1	x_2	x_3	$\cdots$	x_n或x_∞
$P(X=x_i)$	p_1	p_2	p_3	$\cdots$	p_n或p_∞

定义一维离散型随机变量 X 的数学期望为:

$$E(X) = \sum_{i=1}^{n\text{或}\infty} x_i p_i \tag{4-1-1}$$

式（4-1-1）中可能是有限项取和，也可能是可列无穷多项构成的级数，根据 X 的取值情况决定. 需要注意的是，当上式为无穷级数时，级数必须是收敛的，否则期望是不存在的. $E(X)$，亦可简记作 EX，相当于是 X 的各个取值 x_i 以其概率 p_i 为权重的加权平均值，又叫统计平均值，简称均值. 它描述了 X 取值的中心位置. 可见，统计平均值与我们所熟悉的算术平均值$\frac{(x_1+x_2+\cdots+x_n)}{n}$或几何平均值 $\sqrt[n]{x_1x_2\cdots x_n}$ 是有很大区别的.

例 4-1-1 袋中有 2 白 3 黑共 5 个球，有放回地一次取一个，直到取到白球为止，以 r. v. X 表示取球的次数，求 X 的期望.

解：不难发现，X 服从几何分布，概率分布见表 4－1－2.

表 4－1－2

X	1	2	3	4	…
$P(X=x_i)$	0.4	0.6×0.4	$0.6^2\times0.4$	$0.6^3\times0.4$	…

$$E(X)=\sum_{k=1}^{\infty}k\cdot0.4\cdot0.6^{k-1}=0.4\sum_{k=1}^{\infty}k\cdot0.6^{k-1}$$

因为：

$$\sum_{k=1}^{\infty}x^k=x+x^2+x^3+\cdots=\frac{x}{1-x},$$

两边分别求导可得：

$$\sum_{k=1}^{\infty}kx^{k-1}=\frac{1}{(1-x)^2},$$

代入 $x=0.6$ 得 $E(X)=2.5$.

例 4－1－2　赛马比赛中，有 8 匹马参加比赛，假设各自夺得冠军的概率如表 4－1－3 所示.

表 4－1－3

X	1	2	3	4	5	6	7	8
$P(X)$	1/2	1/4	1/8	1/16	1/64	1/64	1/64	1/64

现场的工作人员需要把哪匹马获胜的消息传送给远处的新闻中心，假设由于通信方式的限制，只能采用数字二元编码的方式（即只能用 0 和 1 进行编码）为 8 匹马编号，则存在多种编码方法，所对应的平均码长是不同的.

编码 1 如表 4－1－4 所示.

表 4－1－4

1	000	5	100
2	001	6	101
3	010	7	110
4	011	8	111

所对应的平均码长为：

$$\bar{L}_1 = 3\left(\frac{1}{2}+\frac{1}{4}+\frac{1}{8}+\frac{1}{16}+\frac{1}{64}+\frac{1}{64}+\frac{1}{64}+\frac{1}{64}\right) = 3(\text{bit/符号})$$

编码 2 如表 4－1－5 所示.

表 4－1－5

1	0	5	111100
2	10	6	111101
3	110	7	111110
4	1110	8	111111

所对应的平均码长为：

$$\bar{L}_2 = 1\cdot\frac{1}{2}+2\cdot\frac{1}{4}+3\cdot\frac{1}{8}+4\cdot\frac{1}{16}+6\cdot\frac{1}{64}+6\cdot\frac{1}{64}+6\cdot\frac{1}{64}+6\cdot\frac{1}{64}=2\ (\text{bit/符号})$$

可见，从统计平均意义上看，编码方式 2 用较短的码长把相同的信息传送出去，因为较短的码长意味着较短的传送时间，所以提高了通信的有效性，本例是信息理论中典型的数据压缩（或信源编码）问题，对于数字通信的有效性具有重要的意义.

二、连续型随机变量的数学期望

设一维连续型随机变量 X 的概率密度函数为 $f_X(x)$，定义其数学期望为：

$$E(X) = \int_{-\infty}^{+\infty} x f_X(x)\,\mathrm{d}x \tag{4-1-2}$$

应用这个定义时需要注意的是：如果概率密度函数 $f_X(x)$ 在 $(-\infty,+\infty)$ 都能取非零值，则此公式成为反常积分，此时，只有当这个反常积分绝对收敛（即 $\int_{-\infty}^{+\infty}|x|f_X(x)\,\mathrm{d}x$ 存在），X 的数学期望才存在，否则，X 的数学期望不存在.

例 4－1－3 r. v. X 在 $[a,b]$ 上均匀分布，求 $E(X)$.

解： X 的概率密度函数为

$$f_X(x) = \begin{cases} \dfrac{1}{b-a}, & a\leqslant x\leqslant b, \\ 0, & \text{其他}. \end{cases}$$

应用公式（4－1－2），可得 X 的数学期望为：

$$\begin{aligned} E(X) &= \int_{-\infty}^{a} 0\,\mathrm{d}x + \int_a^b \frac{x}{b-a}\mathrm{d}x + \int_b^{+\infty} 0\,\mathrm{d}x \\ &= \frac{1}{b-a}\frac{x^2}{2}\bigg|_a^b = \frac{a+b}{2}. \end{aligned}$$

4.1.2 随机变量函数的期望

随机变量 X 的函数 $Y=g(X)$ 是一个新的随机变量，从概念上讲，为了应用公式（4-1-1）或式（4-1-2）求得 Y 的期望，首先应该知道 Y 的分布．在第三章中讨论了随机变量函数的分布的求解方法，以一维为例，对于离散型随机变量，我们通过函数关系 $Y=g(X)$ 改写自变量 X 的概率分布表为 Y 的概率分布表（中间表），并合并其中 Y 的相同取值项，从而得到最终的 Y 的概率分布表（最终表）；对于连续型随机变量，我们需要转化 Y 的分布函数 $F_Y(y)=P(Y<y)=P(g(X)<y)$ 为 X 的某种概率，并利用 $f_X(x)$ 或 $F_X(x)$ 求出这个概率，结果一定是关于 y 的函数的形式，这就得到了 $F_Y(y)$，再对 $F_Y(y)$ 求导可得 $f_Y(y)$．

求出了 Y 的概率分布，我们就可以应用上一节介绍的方法求得 Y 的期望．这种方法虽然可行，但是步骤太过烦琐，对于二维随机变量的情况将更为复杂．那么有没有计算随机变量函数的期望的简便方法呢？答案是肯定的．让我们以离散型为例加以说明．

假设离散型随机变量 X 的概率分布如表 4-1-6 所示．

表 4-1-6

X	x_1	x_2	x_3	$\cdots$	x_n 或 x_∞
$P(X=x_i)$	p_1	p_2	p_3	$\cdots$	p_n 或 p_∞

$Y=g(X)$ 为 X 的函数，则 Y 的概率分布表（中间表）如表 4-1-7 所示．

表 4-1-7

Y	$g(x_1)$	$g(x_2)$	$g(x_3)$	$\cdots$	$g(x_n)$ 或 $g(x_\infty)$
$P(Y=g(x_i))$	p_1	p_2	p_3	$\cdots$	p_n 或 p_∞

不失一般性，假设其中 Y 的相同取值项为 $g(x_1)=g(x_2)$，则 Y 的最终分布如表 4-1-8 所示．

表 4-1-8

Y	$g(x_1)$	$g(x_3)$	$\cdots$	$g(x_n)$ 或 $g(x_\infty)$
$P(Y=g(x_i))$	p_1+p_2	p_3	$\cdots$	p_n 或 p_∞

那么利用公式（4-1-1）计算 Y 的期望为：

$$\begin{aligned}E(Y)&=g(x_1)(p_1+p_2)+g(x_3)p_3+\cdots+g(x_n)p_n+\cdots\\&=g(x_1)p_1+g(x_1)p_2+g(x_3)p_3+\cdots+g(x_n)p_n+\cdots\\&=g(x_1)p_1+g(x_2)p_2+g(x_3)p_3+\cdots+g(x_n)p_n+\cdots\\&=\sum_{i=1}^{\infty}g(x_i)p_i.\end{aligned}$$

可见，为了求得 $Y=g(X)$ 的数学期望，并不需要知道 Y 最终的概率分布表（表4-1-8），只利用中间表（表4-1-7）就可以．所以，对于离散型随机变量 $Y=g(X)$ 的数学期望，有公式

$$E(Y)=\sum_{i=1}^{\infty}g(x_i)p_i \tag{4-1-3}$$

同样的结论对于求解连续型随机变量 X 的函数 $Y=g(X)$ 的数学期望也成立，我们并不需要知道 Y 的概率分布 $F_Y(y)$ 或 $f_Y(y)$，而是可以直接利用公式

$$E(Y)=\int_{-\infty}^{+\infty}g(x)f_X(x)\,\mathrm{d}x \tag{4-1-4}$$

求解 $Y=g(X)$ 的数学期望，其中 $f_X(x)$ 表示 X 的概率密度函数，因为略去了对 Y 的概率分布的分析计算，所以公式（4-1-3）和式（4-1-4）极大地简化了我们对于随机变量函数期望的计算，下面以一例示之．

例 4-1-4 X 在 $[0, \pi]$ 上服从均匀分布，如图 4-1-1 所示，求 $Y=\sin(X)$ 的数学期望．

解：

方法 1：先求 Y 的概率分布，再计算 Y 的期望．

X 的概率密度函数为：

$$f_X(x)=\begin{cases}\dfrac{1}{\pi}, & 0\leqslant x\leqslant\pi,\\ 0, & 其他.\end{cases}$$

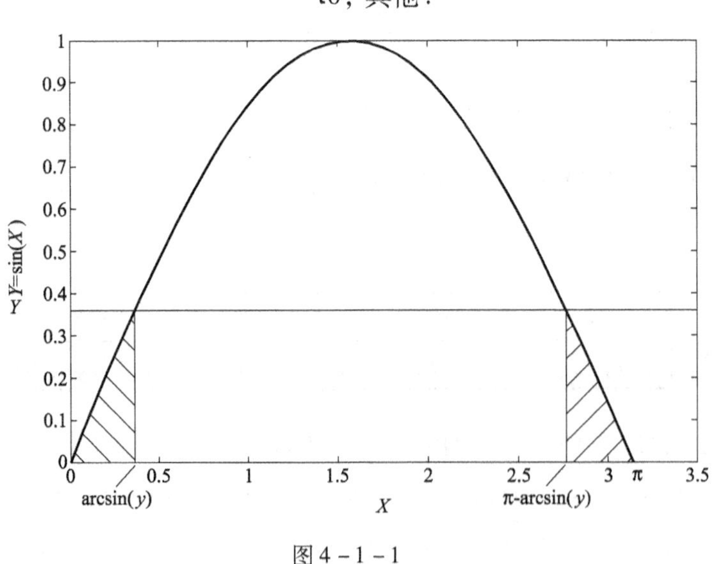

图 4-1-1

Y 的分布函数为：

$$F_Y(y) = P(Y \leqslant y) = P(\sin X \leqslant y)$$

$$= \begin{cases} 0, y < 0, \\ P(0 \leqslant X \leqslant \arcsin y) + P(\pi - \arcsin y \leqslant X \leqslant \pi), 0 \leqslant y \leqslant 1, \\ 1, y > 1. \end{cases}$$

$$= \begin{cases} 0, y < 0, \\ \dfrac{2\arcsin y}{\pi}, 0 \leqslant y \leqslant 1, \\ 1, y > 1. \end{cases}$$

所以，Y 的概率密度函数为

$$f_Y(y) = \begin{cases} \dfrac{2}{\pi\sqrt{1-y^2}}, 0 \leqslant y \leqslant 1, \\ 0, \text{其他}. \end{cases}$$

进一步求得 Y 的期望为：

$$E(Y) = \int_{-\infty}^{+\infty} y f_Y(y)\mathrm{d}y = \int_0^1 \frac{2y}{\pi\sqrt{1-y^2}}\mathrm{d}y = \frac{2}{\pi}.$$

方法 2：直接利用 X 的概率密度函数和公式（4-1-4）计算 Y 的期望．

$$E(Y) = \int_{-\infty}^{+\infty} f_X(x)\sin x\mathrm{d}x = \int_0^{\pi} \frac{1}{\pi}\sin x\mathrm{d}x = \frac{2}{\pi}.$$

本例一方面验证了公式（4-1-3）的正确性；另一方面也说明，方法二由于略去了对 Y 的概率分布的计算，其计算复杂度远远低于方法一．

类似于公式（4-1-3）和式（4-1-4）计算随机变量函数的期望的方法也可以推广到对二维随机变量（X，Y）的函数 $Z=g(X,Y)$ 的期望的计算．

（1）离散型．

假设二维离散型随机变量（X，Y）的联合概率分布如表 4-1-9 所示．则 $Z=g(X,Y)$ 的期望的计算公式为：

$$E(Z) = E(g(X,Y)) = \sum_{i,j} g(x_i, y_j)p(x_i, y_j) \qquad (4-1-5)$$

表 4-1-9

X \ Y	y_1	y_2	y_3	…
x_1	$p(x_1, y_1)$	$p(x_1, y_2)$	$p(x_1, y_3)$	…
x_2	$p(x_2, y_1)$	$p(x_2, y_2)$	$p(x_2, y_3)$	…
x_3	$p(x_3, y_1)$	$p(x_3, y_2)$	$p(x_3, y_3)$	…
…	…	…	…	…

（2）连续型.

假设二维连续型随机变量（X，Y）的联合概率密度函数为$f_{X,Y}(x,y)$，则$Z=g(X,Y)$的期望的计算公式为：

$$E(Z)=E(g(X,Y))=\int_{-\infty}^{+\infty}\int_{-\infty}^{+\infty}g(x,y)f_{X,Y}(x,y)\mathrm{d}x\mathrm{d}y \quad (4-1-6)$$

4.1.3 矩

对于随机变量X，有一些特殊函数$Y=g(X)$的数学期望，对应着X的各种数字特征，称为矩（moment）.

（1）令$g(X)=X^k$，$k\geqslant 0$，则

$$E(X^k)=\int_{-\infty}^{+\infty}x^k f_X(x)\mathrm{d}x$$

称为X的k阶原点矩.

（2）令$g(X)=|X|^k$，$k\geqslant 0$，则

$$E(|X|^k)=\int_{-\infty}^{+\infty}|x|^k f_X(x)\mathrm{d}x$$

称为X的k阶绝对原点矩.

（3）令$g(X)=[X-E(X)]^k$，$k\geqslant 0$，则

$$E[X-E(X)]^k=\int_{-\infty}^{+\infty}[x-E(X)]^k f_X(x)\mathrm{d}x$$

称为X的k阶中心矩.

（4）令$g(X)=|X-E(X)|^k$，$k\geqslant 0$，则

$$E(|X-E(X)|^k)=\int_{-\infty}^{+\infty}|x-E(X)|^k f_X(x)\mathrm{d}x$$

称为X的k阶绝对中心矩.

其中，1 阶原点矩就是期望，2 阶中心矩也是一个很重要的数字特征，称为方差.

4.1.4 数学期望的性质

（1）常量的期望等于该常量，即：

$$E(C)=C.$$

常量是一种特殊的随机变量，相当于$P(X=C)=1$，则由公式（4-1-1）可证.

（2）常量因子可以提到期望算符的外边，即：

$$E(CX)=CE(X).$$

证明：

离散型：$E(CX)=\sum\limits_{i=1}^{n\text{或}\infty}Cx_ip_i=C\sum\limits_{i=1}^{n\text{或}\infty}x_ip_i=C\cdot E(X).$

连续型：$E(CX) = \int_{-\infty}^{+\infty} Cxf_X(x)\mathrm{d}x = C\int_{-\infty}^{+\infty} xf_X(x)\mathrm{d}x = C \cdot E(X)$.

（3）随机变量和的期望等于各自期望的和，即：

$$E(X+Y)=E(X)+E(Y).$$

证明：

离散型：
$$\begin{aligned} E(X+Y) &= \sum_i \sum_j (x_i + y_j)p(x_i,y_j) \\ &= \sum_i \sum_j x_i p(x_i,y_j) + \sum_i \sum_j y_j p(x_i,y_j) \\ &= \sum_i x_i[\sum_j p(x_i,y_j)] + \sum_j y_j[\sum_i p(x_i,y_j)] \\ &= \sum_i x_i p(x_i) + \sum_j y_j p(y_j) \\ &= E(X) + E(Y) \end{aligned}$$

连续型：
$$\begin{aligned} E(X+Y) &= \int_{-\infty}^{+\infty}\int_{-\infty}^{+\infty} (x+y)f_{X,Y}(x,y)\mathrm{d}x\mathrm{d}y \\ &= \int_{-\infty}^{+\infty}\int_{-\infty}^{+\infty} xf_{X,Y}(x,y)\mathrm{d}x\mathrm{d}y + \int_{-\infty}^{+\infty}\int_{-\infty}^{+\infty} yf_{X,Y}(x,y)\mathrm{d}x\mathrm{d}y \\ &= \int_{-\infty}^{+\infty} x\mathrm{d}x\int_{-\infty}^{+\infty} f_{X,Y}(x,y)\mathrm{d}y + \int_{-\infty}^{+\infty} y\mathrm{d}y\int_{-\infty}^{+\infty} f_{X,Y}(x,y)\mathrm{d}x \\ &= \int_{-\infty}^{+\infty} xf_X(x)\mathrm{d}x + \int_{-\infty}^{+\infty} yf_Y(y)\mathrm{d}y \\ &= E(X) + E(Y). \end{aligned}$$

（4）独立随机变量乘积的期望等于各自期望的乘积，即假设 X，Y 独立，则：

$$E(XY)=E(X)\cdot E(Y).\ (X,Y\text{是独立的})$$

此结论可以推广至有限个独立随机变量的情形.

证明：考虑到两个独立随机变量的联合分布等于边缘分布的乘积，可知：

离散型：因为 $\forall i,j \quad P(x_i,y_j)=P(x_i)P(y_j)$

$$\begin{aligned} \text{所以 } E(XY) &= \sum_i \sum_j x_i y_j p(x_i,y_j) = \sum_i \sum_j x_i y_j p(x_i)p(y_j) \\ &= \sum_i [x_i p(x_i)] \sum_j [y_j p(y_j)] \\ &= E(X)E(Y) \end{aligned}$$

连续型：因为 $f_{X,Y}(x,y)=f_X(x)f_Y(y)$

$$\begin{aligned} \text{所以 } E(XY) &= \int_{-\infty}^{+\infty}\int_{-\infty}^{+\infty} xyf_{X,Y}(x,y)\mathrm{d}x\mathrm{d}y = \int_{-\infty}^{+\infty}\int_{-\infty}^{+\infty} xyf_X(x)f_Y(y)\mathrm{d}x\mathrm{d}y \\ &= \int_{-\infty}^{+\infty} xf_X(x)\mathrm{d}x\int_{-\infty}^{+\infty} yf_Y(y)\mathrm{d}y \\ &= E(X)E(Y) \end{aligned}$$

4.2 方差及其性质

4.2.1 随机变量的方差

假设随机变量 X 在区间 $(-1,1)$ 内均匀分布，随机变量 Y 在区间 $(-100,100)$ 内均匀分布，则 $E(X)=E(Y)=0$，即 X 和 Y 的均值相同，但显然 X 和 Y 的分布有着很大差异，可见，单纯用数学期望描述随机变量的概率分布是不够的，需要引入更多的数字特征．就本例而言，X 和 Y 概率分布的差异主要体现在它们在各自均值附近的分散程度上，X 均匀分布在以 0 为中心，长度为 2 的区间上，而 Y 均匀分布在以 0 为中心，长度为 200 的区间上，也就是说 X 更集中，Y 更分散．在概率中，用以描述随机变量 X 在其均值附近散布程度的数字特征是方差，记作 $D(X)$ 或简写作 DX，定义如下：

$$D(X)=E[(X-EX)^2]$$

其中，EX 表示 X 的期望．具体地，对于离散型随机变量 X，有：

$$D(X)=\sum_i (x_i-EX)^2 p(x_i) \tag{4-2-1}$$

对于连续型随机变量 X，有：

$$D(X)=\int_{-\infty}^{+\infty}(x-EX)^2 f_X(x)\,\mathrm{d}x \tag{4-2-2}$$

可见，方差就是二阶中心矩，另外定义方差 $D(X)$ 的平方根 $\sqrt{D(X)}$ 为标准差，记作 $\sigma(X)$，即 $\sigma(X)=\sqrt{D(X)}$. 由方差的定义可以导出计算方差的更为常用的公式，即：

$$\begin{aligned} D(X) &= E[(X-EX)^2] \\ &= E[X^2-2EX\cdot X+(EX)^2] \\ &= E(X^2)-E(2EX\cdot X)+E((EX)^2) \\ &= E(X^2)-2(EX)^2+(EX)^2 \\ &= E(X^2)-(EX)^2 \end{aligned} \tag{4-2-3}$$

即随机变量的方差等于其平方的期望减去期望的平方．

例 4-2-1 随机变量 $X\sim U(-1,1)$，$Y\sim U(-100,100)$，求 $E(X)$，$E(Y)$，$D(X)$，$D(Y)$.

解： 由已知条件得：

$$f_X(x)=\begin{cases}1/2, & -1<x<1,\\ 0, & 其他.\end{cases}$$

$$f_Y(y)=\begin{cases}1/200, & -100<x<100,\\ 0, & 其他.\end{cases}$$

所以：

$$E(X)=\int_{-1}^{1}\frac{x}{2}\mathrm{d}x=0;$$

$$E(Y)=\int_{-100}^{100}\frac{y}{200}\mathrm{d}y=0.$$

所以：

$$D(X)=\int_{-1}^{1}(x-EX)^2\frac{1}{2}\mathrm{d}x=1/3;$$

$$D(Y)=\int_{-100}^{100}(y-EY)^2\frac{1}{200}\mathrm{d}y=\frac{10^4}{3}.$$

例 4-2-2　袋中有 2 白 3 黑共 5 个球，有放回地一次取一个，直到取到白球为止，以 r. v. X 表示取球的次数，求 X 的方差.

解：在例 4-1-1 中已经求得 $E(X)=2.5$.

$$E(X^2)=\sum_{k=1}^{\infty}k^2 0.4\cdot 0.6^{k-1}=0.4(1+2^2\times 0.6+3^2\times 0.6^2+4^2\times 0.6^3+\cdots)$$

取函数 $f(x)=\sum_{k=1}^{\infty}k^2x^{k-1}=1+2^2x+3^2x^2+4^2x^3+\cdots$.

因为：

$$\int f(x)\mathrm{d}x=x+2x^2+3x^3+\cdots=\frac{x}{(1-x)^2}.$$

所以：

$$f(x)=\frac{1+x}{(1-x)^3}.$$

所以：

$$EX^2=0.4\times\frac{1+0.6}{0.4^3}=10.$$

所以：

$$DX=EX^2-(EX)^2=10-2.5^2.$$

4.2.2　方差的性质

（1）非负性.

因为方差 $D(X)$ 定义为随机变量 X 和自己期望 $E(X)$ 的差的平方的期望，所以任何随机变量的方差都是非负的，即 $D(X)\geqslant 0$.

（2）常量的方差为 0，即 $D(C)=0$.

这一点可以从两个角度理解．一方面，方差是用以描述随机变量在自己期望附近分散程度的量，当随机变量为常量时，$X=E(X)=C$，其散布程度为0，所以方差为0；另一方面，由方差计算公式得 $D(C)=E(C^2)-(E(C))^2=C^2-C^2=0$.

(3) 设 C 为常量，则有 $D(CX)=C^2D(X)$，即方差算符内的常量因子提到算符外边的时候要取平方.

证明： 由方差计算公式(4-2-3)，即 $D(X)=E(X^2)-(EX)^2$ 有：

$$
\begin{aligned}
D(CX)&=E[(CX)^2)-(E(CX)]^2\\
&=E(C^2X^2)-[CE(X)]^2\\
&=C^2E(X^2)-C^2[E(X)]^2\\
&=C^2[E(X^2)-(EX)^2]\\
&=C^2D(X)
\end{aligned}
$$

(4) 设随机变量 X，Y 独立，则有：

$$
\left.\begin{aligned}
D(X+Y)=D(X)+D(Y)\\
D(X-Y)=D(X)+D(Y)
\end{aligned}\right.\quad (X,Y\text{独立})
$$

证明：

$$
\begin{aligned}
D(X+Y)&=E(X+Y)^2-[E(X+Y)]^2\\
&=E(X^2+2XY+Y^2)-(EX+EY)^2\\
&=E(X^2)+2E(XY)+E(Y^2)-(EX)^2-2EX\cdot EY-(EY)^2
\end{aligned}
$$

因为 X，Y 是彼此独立的随机变量，所以 $E(XY)=EX\cdot EY$.

由此可得：

$$D(X+Y)=E(X^2)-(EX)^2+E(Y^2)-(EY)^2=D(X)+D(Y)$$

同理可证：

$$D(X-Y)=D(X)+D(Y).$$

(5) 方差的量纲是随机变量量纲的平方.

4.3 常用分布的期望和方差

4.3.1 离散型

一、两点分布

两点分布的随机变量 X 的概率分布如表 4-3-1 所示.

表 4-3-1

X	0	1
$P(X)$	q	p

其中$0<p<1$，$q=1-p$，应用公式（4－1－1）可得X的期望为：

$$E(X)=0\cdot q+1\cdot p=p.$$

此外，$E(X^2)=0\cdot q+1\cdot p=p$，所以方差$D(X)$为：

$$D(X)=E(X^2)-(EX)^2=p-p^2=pq.$$

二、二项分布

服从二项分布的随机变量X的概率分布如表4－3－2所示.

表4－3－2

X	0	1	2	…	m	…	n
$P(X)$	q^n	$C_n^1p^1q^{n-1}$	$C_n^2p^2q^{n-2}$	…	$C_n^mp^mq^{n-m}$	…	p^n

因为二项分布所对应的随机试验又被称作独立试验序列，相当于把一个两点分布对应的随机试验独立重复地进行n次，所以二项分布的随机变量X可看作是n个独立地服从相同两点分布的随机变量之和，即满足下式：

$$X=X_1+X_2+\cdots+X_n,$$

X_i（$i=1$，…，n）均服从参数为p的两点分布且彼此独立，根据期望和方差的性质，可以直接得到：

$$E(X)=nE(X_i)=np$$
$$D(X)=nD(X_i)=npq.$$

三、几何分布

服从几何分布的随机变量X的概率分布如表4－3－3所示.

表4－3－3

X	1	2	3	…	n	…
$P(X)$	p	pq	q^2p	…	$q^{n-1}p$	…

其中，$0<p<1$，$q=1-p$，计算期望为：

$$E(X)=\sum_{k=1}^{\infty}kpq^{k-1}=p\sum_{k=1}^{\infty}kq^{k-1}=p(1+2q+3q^2+\cdots).$$

因为：

$$\sum_{k=1}^{\infty}q^k=q+q^2+q^3+\cdots=\frac{q}{1-q},$$

两边分别求导可得：

$$\sum_{k=1}^{\infty}kq^{k-1}=(1+2q+3q^2+\cdots)=\frac{1}{(1-q)^2},$$

所以有：

$$E(X)=\frac{1}{p}.$$

进一步有：

$$E(X^2)=\sum_{k=1}^{\infty}k^2pq^{k-1}=p\sum_{k=1}^{\infty}k^2q^{k-1}=p(1+2^2q+3^2q^2+\cdots),$$

为了求解该等式，令 $f(q)=(1+2^2q+3^2q^2+\cdots)$，则：

$$\int f(q)\mathrm{d}q=q+2q^2+3q^3+\cdots=q(1+2q+3q^2+\cdots)=\frac{q}{(1-q)^2}.$$

对上式两边求导可得：

$$f(q)=(1+2^2q+3^2q^2+\cdots)=\frac{1+q}{(1-q)^3},$$

所以：

$$E(X^2)=\frac{p(1+q)}{(1-q)^3}.$$

由此可得 X 的方差为：

$$D(X)=E(X^2)-(EX)^2=\frac{p(1+q)}{(1-q)^3}-\frac{1}{p^2}=\frac{q}{p^2}.$$

四、超几何分布

参数为（n，N，M）超几何分布的概率分布为：

$$P(X=m)=\frac{C_M^mC_{N-M}^{n-m}}{C_N^n},\quad m=0,1,2,3,\cdots,n,\ (n\leqslant M)$$

X 的 k 阶原点矩为：

$$E(X^k)=\sum_{m=0}^{n}m^k\frac{C_M^mC_{N-M}^{n-m}}{C_N^n}=\sum_{m=1}^{n}m^k\frac{C_M^mC_{N-M}^{n-m}}{C_N^n}=n\sum_{m=1}^{n}m^{k-1}\frac{mC_M^mC_{N-M}^{n-m}}{nC_N^n}.$$

利用关系式

$$mC_M^m=MC_{M-1}^{m-1},\quad nC_N^n=NC_{N-1}^{n-1}$$

可得：

$$E(X^k)=n\sum_{m=1}^{n}m^{k-1}\frac{MC_{M-1}^{m-1}C_{N-M}^{n-m}}{NC_{N-1}^{n-1}}=\frac{nM}{N}\sum_{m=1}^{n}m^{k-1}\frac{C_{M-1}^{m-1}C_{N-M}^{n-m}}{C_{N-1}^{n-1}},$$

令 $m=j+1$，则：

$$E(X^k)=\frac{nM}{N}\sum_{j=0}^{n-1}(j+1)^{k-1}\frac{C_{M-1}^{j}C_{N-M}^{n-j-1}}{C_{N-1}^{n-1}}.$$

设 Y 是服从参数为（$n-1$，$N-1$，$M-1$）的超几何分布的随机变量，则有：

$$\sum_{j=0}^{n-1}(j+1)^{k-1}\frac{C_{M-1}^{j}C_{N-M}^{n-j-1}}{C_{N-1}^{n-1}}=E[(Y+1)^{k-1}]$$

所以：

$$E(X^k)=\frac{nM}{N}E[(Y+1)^{k-1}]$$

由此可得当 $k=1$ 时：

$$E(X)=\frac{nM}{N}.$$

且有：

$$E(X^2)=\frac{nM}{N}E(Y+1)=\frac{nM}{N}[E(Y)+1]$$
$$=\frac{nM}{N}\left[\frac{(n-1)(M-1)}{N-1}+1\right].$$

所以，X 的方差为：

$$DX=EX^2-(EX)^2=\frac{nM}{N}\left[\frac{(n-1)(M-1)}{N-1}+1\right]-\left(\frac{nM}{N}\right)^2$$

五、泊松分布

泊松分布的概率分布为：

$$P(X=k)=\frac{\lambda^k}{k!}\mathrm{e}^{-\lambda}(k=0,1,2,\cdots)$$

所以泊松随机变量的期望为：

$$E(X)=\sum_{k=0}^{\infty}k\frac{\lambda^k}{k!}\mathrm{e}^{-\lambda}=\sum_{k=1}^{\infty}\frac{\lambda^k}{(k-1)!}\mathrm{e}^{-\lambda}=\lambda\sum_{k=1}^{\infty}\frac{\lambda^{k-1}}{(k-1)!}\mathrm{e}^{-\lambda}.$$

令 $k-1=m$，则：

$$EX=\lambda\sum_{m=0}^{\infty}\frac{\lambda^m}{m!}\mathrm{e}^{-\lambda}=\lambda.$$

进一步有：

$$EX^2=\sum_{k=0}^{\infty}k^2\frac{\lambda^k}{k!}\mathrm{e}^{-\lambda}=\sum_{k=1}^{\infty}k^2\frac{\lambda^k}{k!}\mathrm{e}^{-\lambda}$$
$$=\sum_{k=1}^{\infty}k\frac{\lambda^k}{(k-1)!}\mathrm{e}^{-\lambda}$$
$$=\sum_{k=1}^{\infty}(k-1)\frac{\lambda^k}{(k-1)!}\mathrm{e}^{-\lambda}+\sum_{k=1}^{\infty}\frac{\lambda^k}{(k-1)!}\mathrm{e}^{-\lambda}$$
$$=\sum_{k=2}^{\infty}(k-1)\frac{\lambda^k}{(k-1)!}\mathrm{e}^{-\lambda}+\lambda$$

$$= \sum_{k=2}^{\infty} \frac{\lambda^k}{(k-2)!} e^{-\lambda} + \lambda$$

$$= \lambda^2 \sum_{k=2}^{\infty} \frac{\lambda^{k-2}}{(k-2)!} e^{-\lambda} + \lambda \text{，令 } k-2=m$$

$$= \lambda^2 \sum_{m=0}^{\infty} \frac{\lambda^m}{m!} e^{-\lambda} + \lambda$$

$$= \lambda^2 + \lambda.$$

所以得到泊松分布随机变量的方差为：

$$DX = EX^2 - (EX)^2 = \lambda.$$

4.3.2 连续型

一、均匀分布

设随机变量 X 在区间 $[a, b]$ 内服从均匀分布，则 X 的概率密度函数为：

$$f_X(x) = \begin{cases} \dfrac{1}{b-a}, & a < x < b, \\ 0, & \text{其他}. \end{cases}$$

由此可得 X 的期望和方差分别为：

$$\begin{aligned} EX &= \int_{-\infty}^{+\infty} x f_X(x)\,dx \\ &= \int_{-\infty}^{a} 0\,dx + \int_a^b \frac{x}{b-a}\,dx + \int_b^{+\infty} 0\,dx \\ &= \frac{1}{2(b-a)} x^2 \Big|_a^b \\ &= \frac{b+a}{2}. \end{aligned}$$

$$\begin{aligned} DX &= \int_{-\infty}^{+\infty} (x - EX)^2 f_X(x)\,dx \\ &= \int_{-\infty}^{a} 0\,dx + \int_a^b \frac{\left(x - \dfrac{b+a}{2}\right)^2}{b-a}\,dx + \int_b^{+\infty} 0\,dx \\ &= \frac{(b-a)^2}{12}. \end{aligned}$$

二、指数分布

服从指数分布的 r. v. X 的概率密度函数为：

$$f_X(x) = \begin{cases} \lambda e^{-\lambda x}, & x > 0, \\ 0, & x \leqslant 0, \end{cases} \qquad \lambda > 0.$$

计算 X 的期望和方差如下：

$$
\begin{aligned}
EX &= \int_{-\infty}^{+\infty} x f_X(x)\,\mathrm{d}x \\
&= \int_{-\infty}^{0} 0\,\mathrm{d}x + \int_{0}^{+\infty} x\lambda \mathrm{e}^{-\lambda x}\,\mathrm{d}x \\
&= -\int_{0}^{+\infty} x\,\mathrm{d}\mathrm{e}^{-\lambda x} \\
&= -x\mathrm{e}^{-\lambda x}\Big|_{0}^{+\infty} + \int_{0}^{+\infty} \mathrm{e}^{-\lambda x}\,\mathrm{d}x \\
&= -\lim_{x\to+\infty}(x\mathrm{e}^{-\lambda x}) - \frac{1}{\lambda}\int_{0}^{+\infty} \mathrm{d}\mathrm{e}^{-\lambda x} \\
&= \frac{1}{\lambda}
\end{aligned}
$$

$$
\begin{aligned}
E(X^2) &= \int_{-\infty}^{+\infty} x^2 f_X(x)\,\mathrm{d}x \\
&= \int_{-\infty}^{0} 0\,\mathrm{d}x + \int_{0}^{+\infty} x^2\lambda \mathrm{e}^{-\lambda x}\,\mathrm{d}x \\
&= -\int_{0}^{+\infty} x^2\,\mathrm{d}\mathrm{e}^{-\lambda x} \\
&= \frac{2}{\lambda^2}.
\end{aligned}
$$

所以：

$$DX = E(X^2) - (EX)^2 = \frac{1}{\lambda^2}.$$

三、正态分布

服从正态分布的 r. v. X 的概率密度函数为：

$$\varphi_{\mu,\sigma}(x) = \frac{1}{\sqrt{2\pi}\sigma}\mathrm{e}^{-\frac{(x-\mu)^2}{2\sigma^2}}\ (-\infty < x < +\infty).$$

其中 μ 和 $\sigma^2 > 0$ 为常数，计算 X 的期望和方差如下：

(1) $E(X) = \int_{-\infty}^{+\infty} \frac{x}{\sqrt{2\pi}\sigma}\mathrm{e}^{-\frac{(x-\mu)^2}{2\sigma^2}}\mathrm{d}x$　，令 $\frac{x-\mu}{\sigma} = t$，则有：

$$
\begin{aligned}
E(X) &= \int_{-\infty}^{+\infty} \frac{\mu + t\sigma}{\sqrt{2\pi}}\mathrm{e}^{-\frac{t^2}{2}}\mathrm{d}t \\
&= \mu\int_{-\infty}^{+\infty} \frac{1}{\sqrt{2\pi}}\mathrm{e}^{-\frac{t^2}{2}}\mathrm{d}t + \int_{-\infty}^{+\infty} \frac{\sigma t}{\sqrt{2\pi}}\mathrm{e}^{-\frac{t^2}{2}}\mathrm{d}t \\
&= \mu - \frac{\sigma}{\sqrt{2\pi}}\mathrm{e}^{-\frac{t^2}{2}}\Big|_{-\infty}^{+\infty} \\
&= \mu.
\end{aligned}
$$

(2) $E(X^2)=\int_{-\infty}^{+\infty}\frac{x^2}{\sqrt{2\pi}\sigma}e^{-\frac{(x-\mu)^2}{2\sigma^2}}dx$ ，令$\frac{x-\mu}{\sigma}=t$，则有：

$$
\begin{aligned}
E(X^2) &= \int_{-\infty}^{+\infty}\frac{\mu^2+2\mu\sigma t+\sigma^2t^2}{\sqrt{2\pi}}e^{-\frac{t^2}{2}}dt \\
&= \mu^2+\sigma^2\int_{-\infty}^{+\infty}\frac{t^2}{\sqrt{2\pi}}e^{-\frac{t^2}{2}}dt \\
&= \mu^2+\sigma^2\left[-\int_{-\infty}^{+\infty}\frac{t}{\sqrt{2\pi}}d(e^{-\frac{t^2}{2}})\right] \\
&= \mu^2+\sigma^2\left[-te^{-\frac{t^2}{2}}\Big|_{-\infty}^{+\infty}+\int_{-\infty}^{+\infty}\frac{1}{\sqrt{2\pi}}e^{-\frac{t^2}{2}}dt\right] \\
&= \mu^2+\sigma^2.
\end{aligned}
$$

所以：

$$DX=E(X^2)-(EX)^2=\sigma^2.$$

计算随机变量的期望和方差是概率论学习中需要经常做的工作，虽然我们只给出了常见的5种离散型分布和3种连续型分布的期望和方差的推导过程，但对于其他分布的计算也是类似的，都是应用期望和方差的基本公式，再辅助以一些数学上的处理即可．表4－3－4总结了常用分布的期望和方差．

表4－3－4

分布名称	概率分布	期望	方差
两点分布	$P(X=0)=q$ $P(X=1)=p$	p	pq
二项分布	$P(X=k)=C_n^kp^kq^{n-k}$ $(k=0,1,2,\cdots,n)$	np	npq
几何分布	$P(X=k)=q^{k-1}p$ $(k=1,2,3,\cdots)$	$\frac{1}{p}$	$\frac{q}{p^2}$
超几何分布	$P(X=k)=\frac{C_M^kC_{N-M}^{n-k}}{C_N^n}$ $(k=0,1,2,\cdots,\max(M,n))$	$\frac{nM}{N}$	$\frac{nM(N-M)(N-n)}{N^2(N-1)}$
泊松分布	$P(X=k)=\frac{\lambda^ke^{-\lambda}}{k!}$ $(k=0,1,2,3,\cdots;\lambda>0)$	λ	λ
均匀分布	$f_X(x)=\begin{cases}\frac{1}{b-a}, & a<x<b,\\ 0, & 其他.\end{cases}$	$\frac{b+a}{2}$	$\frac{(b-a)^2}{12}$

续表

分布名称	概率分布	期望	方差
指数分布	$f_X(x)=\begin{cases}\lambda e^{-\lambda x}, & x>0,\\ 0, & x\leqslant 0.\end{cases}\quad \lambda>0$	$\frac{1}{\lambda}$	$\frac{1}{\lambda^2}$
正态分布	$\varphi_{\mu,\sigma}(x)=\frac{1}{\sqrt{2\pi}\sigma}e^{-\frac{(x-\mu)^2}{2\sigma^2}}$, $(-\infty<x<\infty)$	μ	σ^2

4.4　协方差和相关系数

一、协方差

定义二维随机变量 (X, Y) 的协方差为：

$$\mathrm{COV}(X, Y)=E[(X-EX)(Y-EY)]$$

协方差也称作二阶混合中心矩．与方差类似，协方差也有一个更为常用的计算公式

$$\mathrm{COV}(X, Y)=E(XY)-EX\cdot EY.$$

证明：

$$\begin{aligned}\mathrm{COV}(X, Y)&=E[(X-EX)(Y-EY)]\\&=E[XY-X\cdot EY-Y\cdot EX+EX\cdot EY]\\&=E(XY)-2EX\cdot EY+EX\cdot EY\\&=E(XY)-EX\cdot EY\end{aligned}$$

定理 4-4-1： 若 r. v. X，Y 独立，则 $\mathrm{COV}(X, Y)=0$，但反之不成立．

r. v. X，Y 的协方差为 0 也被称作 X，Y 不相关，此定理说明独立是不相关的充分条件而非必要条件．对于两个独立的随机变量 X 和 Y，因为有 $E(XY)=EX\cdot EY$ 成立，所以必然有 $\mathrm{COV}(X, Y)=0$；但反之，若 $\mathrm{COV}(X, Y)=0$，并不一定要求 X，Y 独立，下面以一例演示之．

例 4-4-1　以 r. v. U，V 分别表示掷两颗色子的点数，则该试验的基本事件空间如表 4-4-1 所示．

表 4-4-1

U \ V	1	2	3	4	5	6
1	(1, 1)	(1, 2)	(1, 3)	(1, 4)	(1, 5)	(1, 6)
2	(2, 1)	(2, 2)	(2, 3)	(2, 4)	(2, 5)	(2, 6)
3	(3, 1)	(3, 2)	(3, 3)	(3, 4)	(3, 5)	(3, 6)

续表

U \ V	1	2	3	4	5	6
4	(4, 1)	(4, 2)	(4, 3)	(4, 4)	(4, 5)	(4, 6)
5	(5, 1)	(5, 2)	(5, 3)	(5, 4)	(5, 5)	(5, 6)
6	(6, 1)	(6, 2)	(6, 3)	(6, 4)	(6, 5)	(6, 6)

构造随机变量 $X=U+V$，$Y=U-V$，由于 U，V 独立同分布，所以

$$E(XY)=E(U^2)-E(V^2)=0,$$

且

$$E(Y)=E(U)-E(V)=0,$$

由此可得：

$$\mathrm{COV}(X, Y)=E(XY)-EX\cdot EY=0$$

另外，根据试验的基本事件空间列表，不难计算

$P(X=2)=1/36$，对应于基本事件（1，1）；

$P(Y=0)=6/36$，对应于基本事件（1，1），(2，2)，(3，3)，(4，4)，(5，5)，(6，6)；

$P(X=2, Y=0)=1/36$，对应于基本事件（1，1）.

可见，尽管随机变量 X 和 Y 的协方差为 0，但二者并不独立.

二、协方差的性质

(1) $\mathrm{COV}(X,X)=D(X)$；

(2) $\mathrm{COV}(X,Y)=\mathrm{COV}(Y,X)$；

(3) $\mathrm{COV}(aX,bY)=ab\,\mathrm{COV}(X,Y)$；

(4) $\mathrm{COV}(X_1+X_2,Y)=\mathrm{COV}(X_1,Y)+\mathrm{COV}(X_2,Y)$；

(5) $D(X+Y)=DX+DY+2\mathrm{COV}(X,Y)$；

$D(X-Y)=DX+DY-2\mathrm{COV}(X,Y)$.

这些性质均可以通过协方差计算公式 $\mathrm{COV}(X, Y)=E(XY)-EX\cdot EY$ 证明，此处仅以第 5 条性质为例加以说明.

证明：

$$\begin{aligned}D(X+Y)&=E[(X+Y)^2]-[E(X+Y)]^2\\&=E[X^2+2XY+Y^2]-[EX+EY]^2\\&=E(X^2)+2E(XY)+E(Y^2)-(EX)^2-2EX\cdot EY-(EY)^2\\&=DX+DY+2\mathrm{COV}(X,Y)\end{aligned}$$

同理可证：

$$D(X-Y)=DX+DY-2\mathrm{COV}(X,Y).$$

三、相关系数

协方差并不是很适用于描述随机变量 X 和 Y 的相关性，其原因在于：

(1) X，Y 中任意一个，比如 X 的方差很小时，也就是 X 的取值集中在 EX 附近时，即使 Y 是 X 的线性函数，$\mathrm{COV}(X,Y)$ 也会接近于 0.

(2) $\mathrm{COV}(X,Y)$ 是一个有量纲的量.

基于上述原因，定义随机变量的相关系数为

$$\rho(X,Y)=\frac{\mathrm{COV}(X,Y)}{\sqrt{DX}\sqrt{DY}}$$

可见相关系数对协方差做了归一化处理，使之不依赖于原点和测量单位的选择. 相关系数亦可记为 ρ_{XY}.

四、相关系数的性质

(1) X，Y 独立$\to\rho(X,Y)=0$，即 X，Y 独立是相关系数为 0 的充分条件；

(2) $-1\leqslant\rho(X,Y)\leqslant 1$；

(3) $|\rho|=1$ 当且仅当 X，Y 是线性相关的，即存在常数 $a,b(a\neq 0)$，使得 $Y=aX+b$.

因为两个随机变量 X，Y 独立能推出协方差为 0，所以自然能得到第 1 条性质。下面给出对性质 (2)、(3) 的证明.

对于 $\forall\lambda\in R$，有：

$$\begin{aligned}D(Y-\lambda X)&=E\{[Y-\lambda X-E(Y-\lambda X)]^2\}\\&=E\{[Y-EY-\lambda(X-EX)]^2\}\\&=E\{[Y-EY]^2\}-2\lambda E[(Y-EY)(X-EX)]+\lambda^2E(X-EX)^2\\&=DY-2\lambda\mathrm{COV}(X,Y)+\lambda^2DX.\end{aligned}$$

取 $\lambda=\dfrac{\mathrm{COV}(X,Y)}{DX}$，则：

$$\begin{aligned}D(Y-\lambda X)&=DY-2\lambda\mathrm{COV}(X,Y)+\lambda^2DX\\&=DY-2\frac{\mathrm{COV}^2(X,Y)}{DX}+\frac{\mathrm{COV}^2(X,Y)}{DX}\\&=DY-\frac{\mathrm{COV}^2(X,Y)}{DX}\\&=DY[1-\frac{\mathrm{COV}^2(X,Y)}{DXDY}]\\&=DY[1-\rho^2].\end{aligned}$$

因为 $D(Y-\lambda X)\geqslant 0$，所以必然有 $\rho^2\leqslant 1$. 进一步，由 $|\rho|=1$ 能得到 $D(Y-\lambda X)=0$，即 $Y-\lambda X$ 等于常数，所以 X，Y 满足线性关系.

4.5* 熵

在信息理论中，信源的数学模型是随机变量（或随机过程），信息论正是构建在概率论基础之上的．设离散型随机变量 X 的概率分布如表 4-5-1 所示．

表 4-5-1

X	a_1	a_2	a_3	…	a_n或 a_∞
$P(X=a_i)$	p_1	p_2	p_3	…	p_n或 p_∞

定义 X 的熵为：

$$H(X) = \sum_i -p_i \log p_i = E(-\log p_i) \quad (\text{bit/符号})$$

其中，对数运算 log 以 2 为底．$-\log p_i$ 称作符号 a_i 的自信息量，所以熵描述了随机变量 X（即信源）蕴含的平均自信息量，或者说是 X 的不确定性．熵仅仅是 X 概率分布的函数，与 X 的取值无关．

例 4-5-1 随机变量 X，Y，Z，W 的概率分布如表 4-5-2 ~ 表 4-5-5 所示．

表 4-5-2

X	a_1	a_2
$P(X=a_i)$	0.01	0.99

$H(X)=0.08$.

表 4-5-3

Y	b_1	b_2
$P(Y)$	0.4	0.6

$H(Y)=0.971$.

表 4-5-4

Z	c_1	c_2
$P(Z)$	0.5	0.5

$H(Z)=1$.

表 4-5-5

W	d_1	d_2	d_3	d_4	d_5
$P(W)$	0.2	0.2	0.2	0.2	0.2

$H(W)=2.32$.

本例说明，等概分布比不等概分布的不确定性大，在等概的前提下，可能的取值越多，不确定性越大，这都是与直觉相一致的.

类比于离散型随机变量的情况，定义连续型随机变量 X 的熵为：

$$h(X) = -\int_{-\infty}^{+\infty} f_X(x)\log f_X(x)\,\mathrm{d}x = E[-\log f_X(x)].$$

其中，$f_X(x)$ 是 X 的概率密度函数，称 $h(X)$ 为连续型随机变量的微分熵. 需要说明的是，离散型随机变量的熵是对其不确定性的绝对度量，但连续型随机变量的微分熵则是对其不确定性的相对度量，这是因为连续型随机变量是在连续不可列区间内取值，其绝对不确定性为无穷大.

例 4-5-2　连续型随机变量 X 服从区间 $[a, b]$ 上的均匀分布，求 X 的微分熵 $h(X)$.

解：X 的概率密度函数为：

$$f_X(x) = \begin{cases} \dfrac{1}{b-a}, & a < x < b, \\ 0, & 其他. \end{cases}$$

所以，X 的微分熵为：

$$h(X) = -\int_a^b \frac{1}{b-a}\log\frac{1}{b-a}\mathrm{d}x = \log(b-a).$$

例 4-5-3　$X \sim N(\mu, \sigma^2)$，求 X 的微分熵 $h(X)$.

解：X 的概率密度函数为：

$$\varphi_{\mu,\sigma}(x) = \frac{1}{\sqrt{2\pi}\sigma}\mathrm{e}^{-\frac{(x-\mu)^2}{2\sigma^2}},\quad -\infty < x < +\infty.$$

所以，X 的微分熵为：

$$\begin{aligned}
h(X) &= -\int_{-\infty}^{+\infty} \varphi_{\mu,\sigma}(x)\log\varphi_{\mu,\sigma}(x)\,\mathrm{d}x \\
&= -\int_{-\infty}^{+\infty} \frac{1}{\sqrt{2\pi}\sigma}\mathrm{e}^{-\frac{(x-\mu)^2}{2\sigma^2}}\log\left[\frac{1}{\sqrt{2\pi}\sigma}\mathrm{e}^{-\frac{(x-\mu)^2}{2\sigma^2}}\right]\mathrm{d}x \\
&= -\int_{-\infty}^{+\infty} \frac{1}{\sqrt{2\pi}\sigma}\mathrm{e}^{-\frac{(x-\mu)^2}{2\sigma^2}}\left[\log\left(\frac{1}{\sqrt{2\pi}\sigma}\right) - \frac{(x-\mu)^2}{2\sigma^2}\log\mathrm{e}\right]\mathrm{d}x \\
&= \log(\sqrt{2\pi}\sigma)\int_{-\infty}^{+\infty} \frac{1}{\sqrt{2\pi}\sigma}\mathrm{e}^{-\frac{(x-\mu)^2}{2\sigma^2}}\mathrm{d}x + \frac{\log\mathrm{e}}{2}\int_{-\infty}^{+\infty} \frac{1}{\sqrt{2\pi}\sigma}\mathrm{e}^{-\frac{(x-\mu)^2}{2\sigma^2}}\frac{(x-\mu)^2}{\sigma^2}\mathrm{d}x \\
&= \log(\sqrt{2\pi}\sigma) + \frac{\log\mathrm{e}}{2} \\
&= \frac{1}{2}\log(2\pi\mathrm{e}\sigma^2).
\end{aligned}$$

4.6* 特征函数

设 r. v. X 的概率密度函数为 $f_X(x)$，定义 X 的特征函数为：

$$\varphi_X(t)=\int_{-\infty}^{+\infty}f_X(x)\mathrm{e}^{itx}\mathrm{d}x$$

从特征函数的定义可以看出它所具有两种含义：

(1) 特征函数 $\varphi_X(t)$ 是概率密度函数 $f_X(x)$ 的傅里叶变换；

(2) 特征函数 $\varphi_X(t)$ 是函数 $Y=\mathrm{e}^{itX}$ 的数学期望.

特征函数具有如下一些性质：

(1) 若 $Y=aX+b$，则 $\varphi_Y(t)=\mathrm{e}^{ibt}\varphi_X(at)$.

证明：

$$\begin{aligned}\varphi_Y(t)&=E(\mathrm{e}^{itY})\\&=E[\mathrm{e}^{it(aX+b)}]\\&=\mathrm{e}^{ibt}E(\mathrm{e}^{itaX})\\&=\mathrm{e}^{ibt}\varphi_X(at)\end{aligned}$$

(2) 设 r. v. Y 是 n 个独立的 r. v. X_1，X_2，X_3，…，X_n 之和，即 $Y=\sum\limits_{i=1}^{n}X_i$，则有：

$$f_Y(x)=f_{X_1}(x)\otimes f_{X_2}(x)\otimes f_{X_3}(x)\otimes\cdots\otimes f_{X_n}(x)$$

$$\varphi_Y(t)=\prod_{i=1}^{n}\varphi_{X_i}(t).$$

式中⊗表示“卷积”运算，由此可见，对于独立随机变量的和，概率密度函数对应卷积，而特征函数则对应乘积.

(3) 特征函数与分布函数一一对应.

定理 4-6-1： 若 r. v. $X_1\sim N(\mu_1,\sigma_1^2)$，$X_2\sim N(\mu_2,\sigma_2^2)$，且 X_1 和 X_2 独立，$Y=X_1+X_2$，则

$$Y\sim N(\mu_1+\mu_2,\sigma_1^2+\sigma_2^2).$$

证明： 首先服从标准正态分布 $N(0,1)$ 的 r. v. X 的特征函数为：

$$\begin{aligned}\varphi_X(t)&=\int_{-\infty}^{+\infty}\frac{1}{\sqrt{2\pi}}\mathrm{e}^{-\frac{x^2}{2}}\mathrm{e}^{itx}\mathrm{d}x\\&=\int_{-\infty}^{+\infty}\frac{1}{\sqrt{2\pi}}\mathrm{e}^{-\frac{(x-it)^2+t^2}{2}}\mathrm{d}x\\&=\mathrm{e}^{-\frac{t^2}{2}}\int_{-\infty}^{+\infty}\frac{1}{\sqrt{2\pi}}\mathrm{e}^{-\frac{(x-it)^2}{2}}\mathrm{d}x\\&=\mathrm{e}^{-\frac{t^2}{2}}.\end{aligned}$$

其次，考察 X_1 和 X_2 的特征函数．

因为 $\frac{X_1-\mu_1}{\sigma_1}\sim N(0,1)$．由特征函数的性质（1）可得：

$$\varphi_{X_1}(t)=\mathrm{e}^{i\mu_1 t}\mathrm{e}^{-\frac{(\sigma_1 t)^2}{2}},$$

同理：

$$\varphi_{X_2}(t)=\mathrm{e}^{i\mu_2 t}\mathrm{e}^{-\frac{(\sigma_2 t)^2}{2}},$$

再根据性质（2）可得：

$$\varphi_Y(t)=\varphi_{X_1}(t)\varphi_{X_2}(t)=\mathrm{e}^{i(\mu_1+\mu_2)t}\mathrm{e}^{-\frac{\sigma_1^2+\sigma_2^2}{2}t^2}.$$

由此可见，$Y\sim N(\mu_1+\mu_2,\sigma_1^2+\sigma_2^2)$．

本章小结

数字特征是对随机变量概率分布的粗略的刻画，最常用的数字特征包括期望和方差．期望，又称均值，描述了随机变量取值的平均位置．随机变量的计算公式为：

离散型：$E(X)=\sum_{i=1}^{n或\infty}x_i p_i$；

连续型：$E(X)=\int_{-\infty}^{+\infty}xf_X(x)\mathrm{d}x$．

随机变量函数 $Y=g(X)$ 的期望的计算公式为：

离散型：$E(Y)=\sum_{i=1}^{\infty}g(x_i)p_i$；

连续型：$E(Y)=\int_{-\infty}^{+\infty}g(x)f_X(x)\mathrm{d}x$．

应用随机变量函数的期望的计算公式，并把函数加以特殊化就可以得到随机变量的各种矩．常量的数学期望就是该常量，随机变量和的期望就是它们期望的和，独立随机变量乘积的期望就是它们期望的乘积．

方差描述了随机变量在其均值附近分散的程度，方差定义为：

$$D(X)=E[(X-EX)^2]$$

即方差就是二阶中心矩．具体如下：

离散型：$D(X)=\sum_i(x_i-EX)^2p(x_i)$

连续型：$D(X)=\int_{-\infty}^{+\infty}(x-EX)^2f_X(x)\mathrm{d}x$．

另外方差有个更为常用的计算公式：

$$D(X)=E(X^2)-(EX)^2.$$

所以，方差就是随机变量平方的期望减去期望的平方．方差具有非负性，独立随机变量的和（或差）的方差就是它们各自方差的和．

二维随机变量的协方差定义为：

$$\mathrm{COV}(X,Y)=E[(X-EX)(Y-EY)]=E(XY)-EX\cdot EY$$

协方差描述了两个随机变量的相关性，协方差等于0称作不相关．相关系数是协方差的归一化形式，定义为：

$$\rho(X,Y)=\frac{\mathrm{COV}(X,Y)}{\sqrt{DX}\sqrt{DY}}$$

习　题　四

1. 某银行开展定期定额有奖储蓄，定期一年，定额60元，按规定10 000个户头中，头奖一个，奖金500元；二等奖10个，各奖100元；三等奖100个，各奖10元；四等奖1 000个，各奖2元，某人买了五个户头，他期望得奖多少元?

2. 设离散型随机变量 X 的分布律如下表所示：

X	-2	0	2
P	0.4	0.3	0.3

求 $E(X)$，$E(X^2)$，$E(3X^2+5)$.

3. 设随机变量概率分布如下表所示：

X	-1	0	1	2
P	1/6	1/6	1/6	1/2

求（1）$E(X)$；（2）$E(-2X+1)$；（3）$E(X^2)$.

4. 设随机变量 X 在 $[0, 0.5]$ 上服从均匀分布，$Y=2X^2$，求 $E(Y)$ 与 $D(Y)$.

5. 设二维随机变量（X，Y）服从区域 D 上的均匀分布，区域 D 为直线 $x+\frac{y}{2}=1$ 及坐标轴所围成的三角形，求 $E(XY)$，$E(-3X^2+4\sqrt{Y})$.

6. 设随机变量 X，Y 相互独立，并服从参数相同的正态分布 $N(a,\sigma^2)$，令 $\xi=\alpha X+\beta Y$，$\eta=\alpha X-\beta Y$，求 ξ 与 η 的相关系数.

7. 设二维随机变量（X，Y）的联合概率密度为

$$f(x,y)=\begin{cases}2-x-y, 0<x<1, 0<y<1\\0, 其他.\end{cases}$$

求：(1) X 与 Y 的协方差与相关系数；(2) $D(2X-Y+1)$.

8. 假设一部机器在一天内发生故障的概率为0.2，且一旦发生故障就全天停止工作．按一周5个工作日计算，如果不发生故障可获利10万元，如果只发生一次故障仍可获利5万元，如果发生2次故障不获利也不亏损，如果发生3次或3次以上故障就亏损2万元，求一周内利润的期望值．

9. 设随机变量 $X\sim U(0,1)$，$Y\sim U(1,3)$，且 X，Y 相互独立，求 $E(XY)$ 和 $D(XY)$.

10. 设随机向量 (X, Y) 的联合概率密度函数为：

$$f(x,y)=\begin{cases}C(x^2+y), 0<x<1, -1<y<1,\\0, 其他.\end{cases}$$

求：(1) 常数 C；(2) $D(2X-3Y+5)$；(3) 相关系数 ρ_{XY}；(4) X，Y 是否独立．

11. 已知三个随机变量 X，Y，Z，$E(X)=E(Y)=1$，$E(Z)=-1$，$D(X)=D(Y)=D(Z)=1$，$\rho_{XY}=0$，$\rho_{XZ}=\frac{1}{2}$，$\rho_{YZ}=-\frac{1}{2}$. 试求：(1) $E(X+Y+Z)$；(2) $D(X+Y+Z)$.

12. 设二维随机变量 (X, Y) 的概率密度为：

$$f(x,y)=\begin{cases}A\sin(x+y), 0\leqslant x\leqslant\frac{\pi}{2}, 0\leqslant y\leqslant\frac{\pi}{2},\\0, 其他.\end{cases}$$

求：(1) 常数 A；(2) $E(X)$，$E(Y)$，$D(X)$，$D(Y)$；(3) 相关系数 ρ_{XY}.

13. 设一维随机变量 X 的概率密度为 $f(x)=\begin{cases}e^{-x}, x>0\\0, x\leqslant 0\end{cases}$，求：(1) $Y=2X$；(2) $Y=e^{-2X}$ 的数学期望．

14. 某车间生产的圆盘其直径在区间 (a, b) 服从均匀分布，试求圆盘面积的数学期望．

15. 设 X 是一个随机变量，其概率密度函数为：

$$f(x)=\begin{cases}1+x, -1\leqslant x\leqslant 0,\\1-x, 0<x\leqslant 1,\\0, 其他.\end{cases}$$

求 X 的期望和方差．

16. 设 X 服从泊松分布，已知 $E[(X-1)(X-2)]=1$，求 $E(X)$，$D(X)$.

17. 设随机变量 X 具有概率密度函数：

$$f(x)=\begin{cases}x,\ 0<x\leqslant 1,\\ 2-x,\ 1<x<2,\\ 0,\ 其他.\end{cases}$$

求 X 的期望和方差.

18. 连续型随机变量 X 的概率密度为：

$$f(x)=\begin{cases}kx^{a},\ 0<x<1,\ (k,a>0),\\ 0,\ 其他.\end{cases}$$

又知 $EX=0.75$，求 k，a 的值.

19. 若连续型随机变量 X 的概率密度是：

$$f(x)=\begin{cases}ax^{2}+bx+c\ ,\ 0<x<1,\\ 0,\ 其他.\end{cases}$$

且已知 $EX=0.5$，$DX=0.15$，求系数 a，b，c.

20. 若 ξ_1，ξ_2，ξ_3 为相互独立的随机变量，且 $E\xi_1=9, E\xi_2=12, E\xi_3=20$，$E\xi_1^2=83, E\xi_2^2=401, E\xi_3^2=148$. 求：$\eta=\xi_1-2\xi_2+5\xi_3$ 的数学期望和方差.

21. 设二维随机变量（X，Y）的联合分布律如下表所示：

X \ Y	-1	0	1
-1	1/8	1/8	1/8
0	1/8	0	1/8
1	1/8	1/8	1/8

判断 X 与 Y 是否独立，并计算 ρ_{XY}.

22. 设二维随机变量（ξ，η）的联合概率密度为：

$$f(x,y)=\begin{cases}\dfrac{1}{\pi}\ ,\ x^{2}+y^{2}\leqslant 1,\\ 0,\ 其他.\end{cases}$$

试验证 ξ 和 η 是不相关的，但 ξ 和 η 并不相互独立.

23. 设随机变量 X 服从参数为 λ（>0）的指数分布，求 X 的 k 阶原点矩 $E(X^k)$.

24. 已知 $X\sim N(1,2)$，$Y\sim N(1,2)$，$Z\sim N(-1,2)$，且 $\rho_{XY}=0$，$\rho_{XZ}=0.5$，$\rho_{YZ}=0.5$，取 $W=X-Y+Z$. 求：(1) $E(W)$；(2) $D(W)$；(3) $E(W^2)$.

25. 设二维随机变量（X，Y）的联合概率密度函数为：

$$f(x,y)=\begin{cases}x+y\ ,\ 0\leqslant x\leqslant 1, 0\leqslant y\leqslant 1,\\ 0,\ 其他.\end{cases}$$

求：（1）$E(X)$，$E(Y)$；（2）$D(X)$，$D(Y)$；（3）$\mathrm{COV}(X,Y)$；（4）ρ_{XY}；（5）X，Y是否独立.

26. 设二维随机变量（X，Y）的概率密度为

$$f(x,y)=\begin{cases}\dfrac{3}{16}xy, & 0\leqslant x\leqslant 2, 0\leqslant y\leqslant x^2,\\ 0, & \text{其他}.\end{cases}$$

求：（1）$E(X)$，$E(Y)$；（2）$D(X)$，$D(Y)$；（3）$\mathrm{COV}(X,Y)$；（4）ρ_{XY}.

27. 设区域G由直线$y=x$、$x=1$和$y=0$围成，二维随机变量（X，Y）的联合概率密度函数为

$$f(x,y)=\begin{cases}3x, & (x,y)\in G,\\ 0, & \text{其他}.\end{cases}$$

求：（1）$E(X)$，$E(Y)$；（2）$D(X)$，$D(Y)$；（3）$\mathrm{COV}(X,Y)$；（4）ρ_{XY}；（5）X，Y是否独立.

28. 设随机变量X_1与X_2相互独立，且$X_1\sim N(\mu,\sigma^2)$，$X_2\sim N(\mu,\sigma^2)$，令$X=X_1+X_2$，$Y=X_1-X_2$. 求：（1）$D(X)$，$D(Y)$；（2）X与Y的相关系数ρ_{XY}.

29. 已知随机变量X，Y相互独立，$E(X)=5$，$D(X)=1$，$E(Y)=2$，$D(Y)=1$，设$U=X-2Y$，$V=2X-Y$. 求：（1）$E(U)$，$E(V)$；（2）$D(U)$，$D(V)$；（3）$\mathrm{COV}(U,V)$，ρ_{UV}.

30. 向一目标射击，目标中心为坐标原点，已知击中点的横坐标X和纵坐标Y相互独立，且均服从$N(0,2^2)$分布. 求：（1）击中环形区域$D=\{(x,y)\mid 1\leqslant x^2+y^2\leqslant 2\}$的概率；（2）击中点到目标中心距离$Z=\sqrt{X^2+Y^2}$的数学期望.

31. （1）设$X\sim \mathrm{U}(0,1)$，$Y\sim \mathrm{U}(0,1)$，且X与Y独立，求$E|X-Y|$.

（2）设$X\sim N(0,1)$，$Y\sim N(0,1)$，且X与Y独立，求$E|X-Y|$.

32. 设随机变量X的概率密度$f(x)=\begin{cases}\mathrm{e}^{-x}, & x>0\\ 0, & x\leqslant 0\end{cases}$，求$Y=2X$和$Y=\mathrm{e}^{-2X}$的数学期望.

33. 设（X，Y）的概率密度为$f(x,y)=\begin{cases}12y^2, & 0\leqslant y\leqslant x\leqslant 1\\ 0, & \text{其他}\end{cases}$，求$E(X)$，$E(Y)$，$E(XY)$，$E(X^2+Y^2)$.

34. 设随机变量（X，Y）有概率密度$f(x,y)=\begin{cases}1, & |y|<x, 0<x<1,\\ 0, & \text{其他}.\end{cases}$

求$E(X)$，$E(Y)$，$\mathrm{COV}(X,Y)$.

35. 设随机变量（X，Y）具有概率密度$f(x,y)=\begin{cases}\dfrac{1}{8}(x+y), & 0\leqslant x\leqslant 2, 0\leqslant y\leqslant 2,\\ 0, & \text{其他}.\end{cases}$

求：（1）$E(X)$；（2）$E(Y)$；（3）$\mathrm{COV}(X,Y)$；（4）ρ_{XY}；（5）$D(X+Y)$.

第五章

概率极限理论

5.1* 随机变量的收敛性

我们在高等数学中曾接触过数列的极限，其定义是：设 a_1，a_2，…是一个实数数列，a 是一个实数，如果对于 $\forall \varepsilon > 0$，存在正整数 n_0，使得对于所有的 $n \geqslant n_0$，都有 $|a_n - a| \leqslant \varepsilon$，则称数列 a_n 收敛于 a，记作 $\lim\limits_{n\to\infty} a_n = a$.

把实数数列的概念加以推广，我们就可以得到随机变量构成的序列，而且也可以定义随机变量列的极限和收敛，在概率论中，常见的随机变量列的收敛性有四种.

一、几乎处处收敛

定义 5-1-1：设 $\xi_n(\omega)$（$n=1, 2, \cdots$）与 $\xi(\omega)$ 都是定义在概率空间（Ω, $\mathcal{F}$, P）上的随机变量，若满足

$$P(\omega: \lim_{n\to\infty} \xi_n(\omega) = \xi(\omega)) = 1,$$

则称随机变量列 $\xi_n(\omega)$ 几乎处处收敛于随机变量 $\xi(\omega)$，记作 $\lim\limits_{n\to\infty} \xi_n = \xi$（a. s. ）. 几乎处处收敛也被称作是以概率为 1 收敛.

二、依概率收敛

定义 5-1-2：设 $\xi_n(\omega)$（$n=1,2,\cdots$）与 $\xi(\omega)$ 都是定义在概率空间（Ω, $\mathcal{F}$, P）上的随机变量，对于 $\forall \varepsilon > 0$，若满足

$$\lim_{n\to\infty} P(\omega: |\xi_n(\omega) - \xi(\omega)| \geqslant \varepsilon) = 0$$

或等价地：

$$\lim_{n\to\infty} P(\omega: |\xi_n(\omega) - \xi(\omega)| < \varepsilon) = 1,$$

则称随机变量列 $\xi_n(\omega)$ 依概率收敛于随机变量 $\xi(\omega)$，记作 $\xi_n \to \xi, (P)$

三、依分布收敛

定义 5-1-3：设 $\xi_n(\omega)$（$n=1,2,\cdots$）是定义在概率空间（Ω, $\mathcal{F}$, P）上的随机变量列，各自对应的分布函数记为 $F_n(x)$，$F(x)$ 是一个单调不减函数，若对于 $F(x)$ 的任一连续点 x，都有

$$\lim_{n\to\infty} F_n(x) = F(x),$$

则称分布函数列 $F_n(x)$ 依分布收敛于函数 $F(x)$，记作 $F_n(x)\to F(x),(W)$. 依分布收敛也称作弱收敛．若 $F(x)$ 是某个随机变量 $\xi(\omega)$ 的分布函数，则也可以称为随机变量列 $\xi_n(\omega)$ 依分布收敛于随机变量 $\xi(\omega)$.

四、r 阶收敛

定义 5-1-4： 设 $\xi_n(\omega)$（$n=1, 2, \cdots$）和 $\xi(\omega)$ 是定义在概率空间（Ω, $\mathcal{F}$, P）上的随机变量列，且有 $E(|\xi_n|^r)<\infty$ 和 $E(|\xi|^r)<\infty$ 成立，其中 $r>0$ 为常数，若

$$\lim_{n\to\infty} E(|\xi_n-\xi|^r)=0,$$

则称随机变量列 $\xi_n(\omega)$ r 阶收敛于随机变量 $\xi(\omega)$，记作 $\xi_n\to\xi,(r)$.

5.2　切比雪夫不等式

一、指示子函数（Indicator）

定义随机变量

$$I_A(\omega)=\begin{cases}1, & \omega\in A,\\ 0, & \omega\in A^c.\end{cases} \tag{5-2-1}$$

为集合 A 的指示子函数，亦可简记作 $I(A)$，如图 5-2-1 所示.

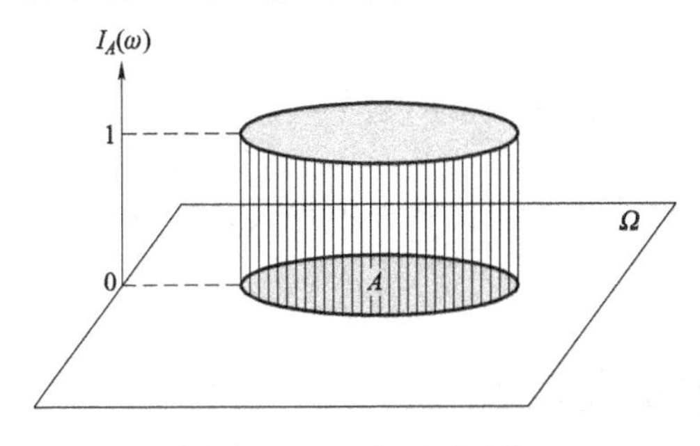

图 5-2-1　指示子函数

当且仅当集合 $A=B$ 时，$I_A(\omega)=I_B(\omega)$. 由指示子函数的定义可得：

$$\begin{aligned}E[I_A(\omega)] &= 1\cdot P[I_A(\omega)=1]+0\cdot P[I_A(\omega)=0]\\ &= P[I_A(\omega)=1]\\ &= P(A).\end{aligned}$$

可见，求事件 A 的概率等价于求 A 所对应的指示子函数的数学期望，我们将应用这个结论证明下面的切比雪夫不等式.

二、切比雪夫不等式

设（Ω, $\mathcal{F}$, P）是某一概率空间，$X=X(\omega)$ 是一个非负随机变量，则对于

$\forall \varepsilon > 0$，有

$$P(X \geqslant \varepsilon) \leqslant \frac{EX}{\varepsilon}. \tag{5-2-2}$$

称不等式（5－2－2）为切比雪夫不等式．

证明：

因为：
$$\begin{aligned} X &= X \cdot I(X \geqslant \varepsilon) + X \cdot I(X < \varepsilon) \\ &\geqslant X \cdot I(X \geqslant \varepsilon) \\ &\geqslant \varepsilon \cdot I(X \geqslant \varepsilon), \end{aligned}$$

所以：
$$E(X) \geqslant \varepsilon \cdot E[I(X \geqslant \varepsilon)].$$

因为：
$$E[I(X \geqslant \varepsilon)] = P(X \geqslant \varepsilon),$$

所以：
$$E(X) \geqslant \varepsilon \cdot P(X \geqslant \varepsilon).$$

所以：
$$P(X \geqslant \varepsilon) \leqslant \frac{EX}{\varepsilon}.$$

基本的切比雪夫不等式只是针对非负随机变量的，对其稍加修改，即可得到应用更为广泛的切比雪夫不等式的变型．设 X 是任意的随机变量，则对于 $\forall \varepsilon > 0$，有：

(1)
$$P(|X| \geqslant \varepsilon) \leqslant \frac{E|X|}{\varepsilon} \tag{5-2-3}$$

(2)
$$P(|X| \geqslant \varepsilon) = P(X^2 \geqslant \varepsilon^2) \leqslant \frac{E(X^2)}{\varepsilon^2} \tag{5-2-4}$$

(3)
$$P(|X - EX| \geqslant \varepsilon) \leqslant \frac{E[(X - EX)^2]}{\varepsilon^2} = \frac{DX}{\varepsilon^2} \tag{5-2-5}$$

这 3 个公式都是应用基本切比雪夫不等式并加以简单计算的结果，证明从略．

5.3 大数定律及其应用

人们在长期的生产实践中发现，尽管单次随机试验具有不确定性，但大量的重复试验中，某事件 A 发生的频率具有稳定性，总是围绕在某个值（即该事件的概率）附近波动，而且试验次数越多，波动幅度越小，也就是越接近其概率值．大数定律就是这种现象的理论根据，反映了大量随机试验中某量的算术平均值将收敛于其统计平均值．

从收敛性上看，大数定律区分为强大数定律和弱大数定律，前者要求的是几乎处处收敛，后者则要求依概率收敛，我们不打算对强大数定律展开介绍，只以弱大数定律为例阐明大数定律的本质．根据随机变量类型的不同，大数定律表现出不同的形式．

（一）伯努利大数定律

设单次伯努利试验中，事件 A 发生的概率为 $p(0\leqslant p\leqslant 1)$，以 S_n 表示前 n 次试验中 A 发生的次数，则对于 $\forall\varepsilon>0$，有：

$$\lim_{n\to\infty}P\left(\left|\frac{S_n}{n}-p\right|\geqslant\varepsilon\right)=0. \tag{5-3-1}$$

证明： 以随机变量 X_i 表示第 i 次试验的结果，则所有的 X_i 服从独立且相同的两点分布，如表 5－3－1 所示.

表 5－3－1

X_i	0	1
$P(X_i)$	q	p

因为：

$$S_n=\sum_{i=1}^{n}X_i,$$

所以：

$$\frac{S_n}{n}=\frac{1}{n}\sum_{i=1}^{n}X_i,$$

进一步有：

$$E\left(\frac{S_n}{n}\right)=\frac{1}{n}E\left(\sum_{i=1}^{n}X_i\right)=\frac{1}{n}np=p,$$

$$D\left(\frac{S_n}{n}\right)=\frac{1}{n^2}D\left(\sum_{i=1}^{n}X_i\right)=\frac{1}{n^2}npq=\frac{pq}{n},$$

应用切比雪夫不等式可得：

$$P\left(\left|\frac{S_n}{n}-E\left(\frac{S_n}{n}\right)\right|\geqslant\varepsilon\right)=P\left(\left|\frac{S_n}{n}-p\right|\geqslant\varepsilon\right)\leqslant\frac{D\left(\frac{S_n}{n}\right)}{\varepsilon^2}=\frac{pq}{n\varepsilon^2},$$

所以：
$$\lim_{n\to\infty}P\left(\left|\frac{S_n}{n}-E\left(\frac{S_n}{n}\right)\right|\geqslant\varepsilon\right)\leqslant\lim_{n\to\infty}\frac{pq}{n\varepsilon^2}=0.$$

考虑到概率的非负性，有 $\lim\limits_{n\to\infty}P\left(\left|\frac{S_n}{n}-p\right|\geqslant\varepsilon\right)=0.$

（二）辛钦大数定律

设 $X_1,X_2,X_3,\cdots,X_n$ 是独立同分布的随机变量序列，且数学期望 $E(X_i)=\mu$ 和方差 $D(X_i)=\sigma^2$ 存在，令 $S_n=\sum\limits_{i=1}^{n}X_i$，则对于 $\forall\varepsilon>0$，有：

$$\lim_{n\to\infty}P\left(\left|\frac{S_n}{n}-\mu\right|\geqslant\varepsilon\right)=0. \tag{5-3-2}$$

证明：

$$E\left(\frac{S_n}{n}\right)=\frac{1}{n}E\left(\sum_{i=1}^{n}X_i\right)=\frac{1}{n}n\mu=\mu$$

$$D\left(\frac{S_n}{n}\right)=\frac{1}{n^2}D\left(\sum_{i=1}^{n}X_i\right)=\frac{1}{n^2}n\sigma^2=\frac{\sigma^2}{n}$$

$$P\left(\left|\frac{S_n}{n}-E\left(\frac{S_n}{n}\right)\right|\geqslant\varepsilon\right)=P\left(\left|\frac{S_n}{n}-\mu\right|\geqslant\varepsilon\right)\leqslant\frac{D\left(\frac{S_n}{n}\right)}{\varepsilon^2}=\frac{\sigma^2}{n\varepsilon^2}$$

所以，当 $n\to\infty$ 时，有 $\lim\limits_{n\to\infty}P\left(\left|\frac{S_n}{n}-\mu\right|\geqslant\varepsilon\right)=0.$

辛钦大数定律的意义是对于独立同分布的随机变量序列 X_1，X_2，X_3，…，X_n，当 $n\to\infty$ 时，它们的算术平均值依概率收敛于它们共同的数学期望 $E(X_i)$，这也正是概率的统计定义的理论根据.

（三）切比雪夫大数定律

设独立随机变量 X_1, X_2, X_3，…，X_n 的数学期望 $E(X_1), E(X_2), E(X_3)$，…，$E(X_n)$ 和方差 $D(X_1), D(X_2), D(X_3)$，…，$D(X_n)$ 都存在，且方差有公共上界 K，则对于 $\forall\varepsilon>0$，有：

$$\lim_{n\to\infty}P\left(\left|\frac{\sum\limits_{i=1}^{n}X_i}{n}-\frac{\sum\limits_{i=1}^{n}E(X_i)}{n}\right|\geqslant\varepsilon\right)=0. \tag{5-3-3}$$

证明：

$$E\left(\frac{\sum\limits_{i=1}^{n}X_i}{n}\right)=\frac{\sum\limits_{i=1}^{n}E(X_i)}{n}$$

$$D\left(\frac{\sum\limits_{i=1}^{n}X_i}{n}\right)=\frac{\sum\limits_{i=1}^{n}D(X_i)}{n^2}\leqslant\frac{nK}{n^2}=\frac{K}{n}$$

由切比雪夫不等式，有：

$$P\left(\left|\frac{\sum\limits_{i=1}^{n}X_i}{n}-E\left(\frac{\sum\limits_{i=1}^{n}X_i}{n}\right)\right|\geqslant\varepsilon\right)\leqslant\frac{D\left(\frac{\sum\limits_{i=1}^{n}X_i}{n}\right)}{\varepsilon^2},$$

所以：

$$P\left(\left|\frac{\sum_{i=1}^{n} X_i}{n}-\frac{\sum_{i=1}^{n} E(X_i)}{n}\right| \geqslant \varepsilon\right) \leqslant \frac{K}{n\varepsilon^2}.$$

两边取极限可得：

$$\lim_{n\to\infty} P\left(\left|\frac{\sum_{i=1}^{n} X_i}{n}-\frac{\sum_{i=1}^{n} E(X_i)}{n}\right| \geqslant \varepsilon\right) = 0.$$

本节的最后，让我们来看一个大数定律的具体应用，即信息理论中非常重要的渐进等分割性原理（Asymptotic Equipartition Property，AEP）.

AEP 定理：设序列 $X_1, X_2, X_3, \cdots, X_n$ 由独立同分布的离散型随机变量构成，分布如表 5-3-2 所示：

表 5-3-2

X	a_1	a_2	a_3	$\cdots$	a_r
$P(X=a_i)$	p_1	p_2	p_3	$\cdots$	p_r

则该序列发生的概率 $p(X_1, X_2, X_3, \cdots, X_n)$ 会以很高的概率接近于 $2^{-nH(X)}$，其中，$H(X) = \sum_{i=1}^{r} -p_i \log p_i$ 为 X 的熵.

证明：因为随机变量 $X_1, X_2, X_3, \cdots, X_n$ 独立，所以其函数 $-\log p(X_i)$（$i=1, \cdots, n$）也是相互独立的随机变量，其分布如表 5-3-3 所示：

表 5-3-3

$-\log X$	$-\log a_1$	$-\log a_2$	$-\log a_3$	$\cdots$	$-\log a_r$
$P(-\log X)$	p_1	p_2	p_3	$\cdots$	p_r

$$-\log P(X)\text{的期望为 } E[-\log P(X)] = -\sum_{i=1}^{r} p_i \log p(a_i) = H(X).$$

根据辛钦大数定律，$-\log p(X_i)$（$i=1, 2, \cdots, n$）的算术平均值将依概率收敛于其期望，即

$$\begin{aligned}
&\lim_{n\to\infty} \frac{1}{n}\sum_{i=1}^{n}[-\log p(X_i)] \\
&= \lim_{n\to\infty}\left\{-\frac{1}{n}[\log p(X_1)+\log p(X_2)+\cdots+\log p(X_n)]\right\} \\
&= \lim_{n\to\infty}\left\{-\frac{1}{n}\log[p(X_1)p(X_2)\cdots p(X_n)]\right\}(\text{利用 } X_1, X_2, X_3, \cdots, X_n \text{ 的独立性})
\end{aligned}$$

$$= \lim_{n\to\infty}\left\{-\frac{1}{n}\log p(X_1X_2\cdots X_n)\right\}$$
$$= E[-\log P(X)]$$
$$= H(X).$$

所以有：

$$p(X_1X_2\cdots X_n)\xrightarrow[n\to\infty]{}2^{-nH(X)}.$$

AEP 定理在数据压缩或信源编码方面具有重要的意义，信源编码要求在源符号序列和码符号序列之间建立一一映射，对于独立同分布的随机变量 X 构成的长度为 n 的信源符号序列，总的序列个数为 r^n，而 AEP 定理告诉我们，这些信源符号序列并非等概出现的，其中有一些被称作是典型序列的占据了绝大部分概率，这些典型序列每个出现的概率约为 $2^{-nH(X)}$，共有大约 $2^{nH(X)}$ 个典型序列．在信源编码时只需要对这些典型序列进行编码即可，考虑到 $2^{nH(X)}\ll r^n$，所以需要编码的信源符号序列大为减少，这就可以极大地缩减码符号序列的长度，而这对于数据压缩是很有意义的．

5.4 中心极限定理及其应用

辛钦大数定律说明大量的独立同分布的随机变量的算术平均值依概率收敛于其数学期望，即对于 $\forall\varepsilon>0$，有

$$\lim_{n\to\infty}P\left(\left|\frac{\sum_{i=1}^{n}X_i}{n}-E(X)\right|\geqslant\varepsilon\right)=0.$$

应用切比雪夫不等式可以大致估计括号内事件的概率．中心极限定理给出了对括号内事件概率更为准确的估计，该定理表明大量的独立分布的随机变量的和依分布收敛于正态分布．这一结论使我们不必考虑随机变量的具体分布，避免了对分布函数和概率密度函数的复杂计算，而是只需要知道均值和方差的信息以及查阅标准正态分布表即可．

（一）棣莫佛（De Moirve）－拉普拉斯（Laplace）局部极限定理

以 X_i 表示伯努利型随机变量，即 $P(X_i=1)=p, P(X_i=0)=q$. 以随机变量 $S_n=\sum_{i=1}^{n}X_i$ 表示 n 个独立的 X_i 之和，即 n 重伯努利试验的成功次数，则 S_n 服从二项分布 $B(n, p)$，即

$$P(S_n=k)=C_n^kp^kq^{n-k}(k=0,1,2,\cdots,n).$$

当 n 很大时，S_n 具有什么样的特征是一个很有意义的问题．

因为 $E(S_n)=np$，$D(S_n)=npq$，所以有：

$$E\left(\frac{S_n}{n}\right)=p$$

$$D\left(\frac{S_n}{n}\right)=\frac{pq}{n}.$$

应用切比雪夫不等式，可得：

$$P\left(\left|\frac{S_n}{n}-p\right|\geqslant\varepsilon\right)\leqslant\frac{pq}{n\varepsilon^2},$$

即：

$$P(|S_n-np|\geqslant n\varepsilon)\leqslant\frac{pq}{n\varepsilon^2}.$$

称 $P(|S_n-np|\geqslant n\varepsilon)$ 为二项分布的尾项概率，如图 5－4－1 所示．

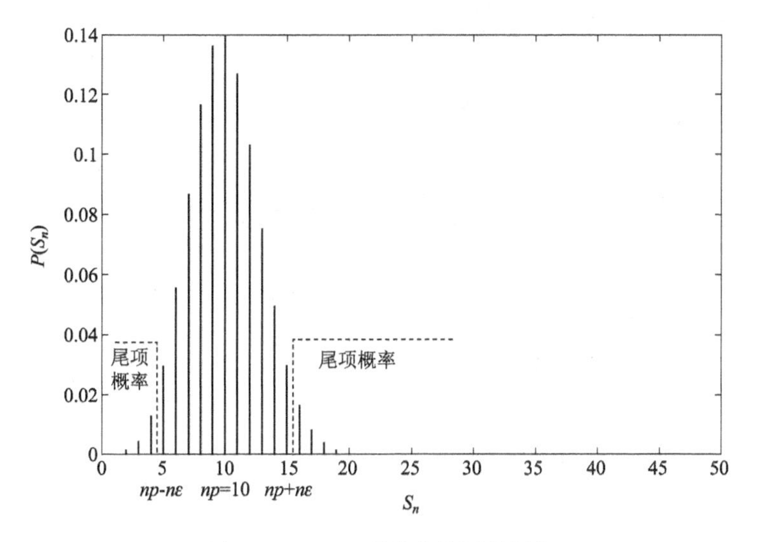

图 5－4－1　二项分布的尾项概率

切比雪夫不等式对二项分布尾项概率的估计过于粗糙，De Moirve 和 Laplace 给出了对尾项概率更为精确的估计式，即对于很大的 n 和 S_n 位于 np 附近时，有

$$P(S_n=k)\approx\frac{1}{\sqrt{2\pi npq}}\mathrm{e}^{-\frac{(k-np)^2}{2npq}}.$$

即随机变量 S_n 在其均值 np 附近近似服从正态分布 N（np，npq），或者说：

$$\frac{S_n-np}{\sqrt{npq}}\sim N(0,1)$$

所以：

$$\lim_{n\to\infty} P\left(\frac{S_n - np}{\sqrt{npq}} \leqslant z\right) = \int_{-\infty}^{z} \frac{1}{\sqrt{2\pi}} e^{-\frac{t^2}{2}} dt.$$

这个结论被称为 De Moirve - Laplace 局部极限定理．该定理说明当 n 充分大时，服从二项分布 $B(n, p)$ 的随机变量 S_n，即大量的服从两点分布的随机变量的和近似服从正态分布 $N(np, npq)$，因此我们可以用正态分布来逼近二项分布．以参数 $p=0.2$ 为例绘图 5-4-2 和图 5-4-3 所示.

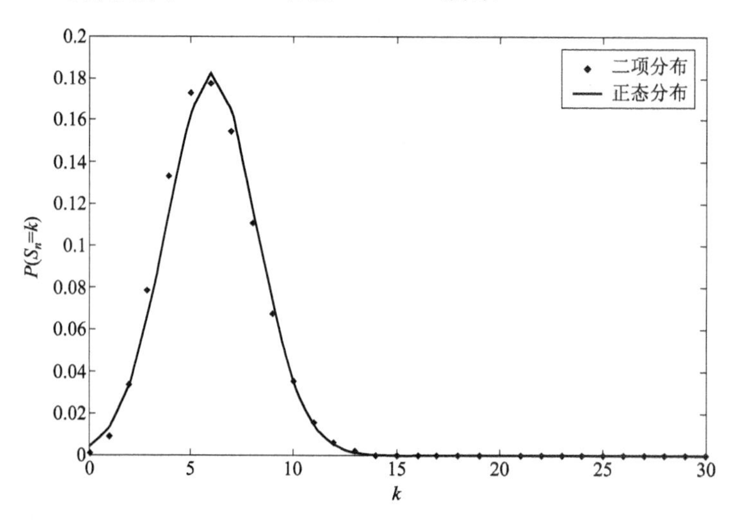

图 5-4-2　$p=0.2$，$n=30$ 个点的二项分布与正态分布

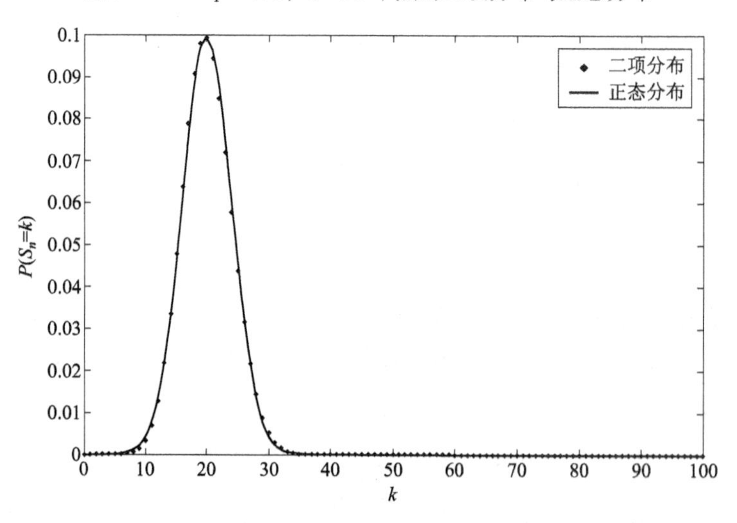

图 5-4-3　$p=0.2$，$n=100$ 个点的二项分布与正态分布

例 5-1-1　一颗色子掷 12 000 次，6 点出现次数介于［1 800，2 100］之间的概率是多少？

解： 记掷一颗色子一次出现 6 点为成功，不出现 6 点为失败，则

$$P(X_i=1)=p=1/6,\ P(X_i=0)=q=5/6.$$

记 $S_n = \sum_{i=1}^{n} X_i$，则：

$$P(1\,800 \leqslant S_n \leqslant 2\,100) = \sum_{1\,800\leqslant k\leqslant 2\,100} C_n^k p^k q^{n-k}$$

又因为 S_n 近似服从 $N(np,\ npq)$，所以有：

$$\begin{aligned}
&P\ (1\,800\leqslant S_n\leqslant 2\,100)\\
&=P\left(\frac{1\,800-np}{\sqrt{npq}}\leqslant\frac{S_n-np}{\sqrt{npq}}\leqslant\frac{2\,100-np}{\sqrt{npq}}\right)\\
&=\psi\left(\frac{2\,100-np}{\sqrt{npq}}\right)-\psi\left(\frac{1\,800-np}{\sqrt{npq}}\right)\\
&\approx 0.992.
\end{aligned}$$

其中 $\psi(x)$ 表示标准正态分布 $N(0,\ 1)$ 的分布函数.

（二）列维（Levy）中心极限定理

设 $X_1, X_2, X_3, \cdots, X_n$ 为独立同分布的随机变量，有

$$E(X_i)=\mu$$
$$D(X_i)=\sigma^2,$$

则当 $n\to\infty$ 时，有 $S_n = \sum_{i=1}^{n} X_i$ 近似服从正态分布，即满足：

$$\sum_{i=1}^{n} X_i \sim N(n\mu, n\sigma^2)$$

或

$$\lim_{n\to\infty} P\left(\frac{S_n-n\mu}{\sqrt{n}\sigma}\leqslant z\right)=\int_{-\infty}^{z}\frac{1}{\sqrt{2\pi}}e^{-\frac{t^2}{2}}dt.$$

（三）林德伯格（Lindeberg）中心极限定理

设独立的随机变量 $X_1, X_2, X_3, \cdots, X_n$ 满足 Lindeberg 条件，

$$E(X_i)=\mu_i$$
$$D(X_i)=\sigma_i^2,$$

则 $\sum_{i=1}^{n} X_i \sim N\left(\sum_{i=1}^{n}\mu_i, \sum_{i=1}^{n}\sigma_i^2\right)$，即

$$\lim_{n\to\infty} P\left(\frac{\sum_{i=1}^{n}X_i-\sum_{i=1}^{n}\mu_i}{\sqrt{\sum_{i=1}^{n}\sigma_i^2}}\leqslant z\right)=\int_{-\infty}^{z}\frac{1}{\sqrt{2\pi}}e^{-\frac{t^2}{2}}dt.$$

中心极限定理说明如果一个随机变量（或现实量）是大量独立的随机变量之和，其中每个分量对总量只做微小的贡献，则可以认为总量服从正态分布．

总结大数定律和中心极限定理的各种情况如表 5－4－1 所示．

表 5－4－1

大数定律		随机变量类型		中心极限定理
Bernoulli	$\lim\limits_{n\to\infty}P\left(\left\|\frac{S_n}{n}-p\right\|\geqslant\varepsilon\right)=0$	独立同分布 Bernoulli 型随机变量	$\sum\limits_{i=1}^{n}X_i\sim N(np,npq)$	De Moirve-Laplace
辛钦	$\lim\limits_{n\to\infty}P\left(\left\|\frac{S_n}{n}-\mu\right\|\geqslant\varepsilon\right)=0$	独立同分布随机变量	$\sum\limits_{i=1}^{n}X_i\sim N(n\mu,n\sigma^2)$	Levy
Chebyshev	$\lim\limits_{n\to\infty}P\left(\left\|\frac{\sum_{i=1}^{n}X_i}{n}-\frac{\sum_{i=1}^{n}EX_i}{n}\right\|\geqslant\varepsilon\right)=0$	独立随机变量	$\sum\limits_{i=1}^{n}X_i\sim N(\sum\limits_{i=1}^{n}\mu_i,\sum\limits_{i=1}^{n}\sigma_i^2)$	Linderberg

注：

大数定律的意义：n 个独立分布的随机变量 X_i 的算术平均值当 $n\to\infty$ 时依概率收敛于 X_i 的期望．中心极限定理的意义：大量的独立分布的随机变量之和近似服从正态分布．

本章小结

概率论研究的是随机现象的数量规律性，有一些数量规律性是当试验次数趋于无穷时通过某些参数的收敛性显现出来的，通常把涉及这类问题的理论称为概率极限理论．概率极限理论可以分为大数定律和中心极限定理，前者说的是随机变量的算术平均值收敛于它的期望；后者说的是大量的独立分布的随机变量之和近似服从正态分布．

习　题　五

1. 设随机变量 X 的数学期望 $E(X)=\mu$，$D(X)=\sigma^2$，应用切比雪夫不等式，求 $P\{|X-\mu|\geqslant 3\sigma\}$.

2. 用切比雪夫不等式确定当抛一均匀硬币时，需抛多少次，才能保证使得出现正面的频率在 0.4 至 0.6 之间的概率不少于 90%.

3. 设随机变量 X_1，X_2，…，X_n 独立同分布，$E(X_i)=\mu$，$D(X_i)=8$，$i=1$，2，…，n. 求 $\overline{X}=\frac{1}{n}\sum\limits_{i=1}^{n}X_i$ 所满足的切比雪夫不等式，并估计 $P\{|\overline{X}-\mu|<4\}\geqslant\alpha$

中的 α.

4. 假设一批种子的良好率为1/6，在其中任选600粒，试用切比雪夫不等式估计这600粒种子中，良种所占的比例值与1/6之差的绝对值不超过0.02的概率.

5. 某系统由100个相互独立起作用的部件组成，在整个运行期间每个部件损坏的概率为0.1，假设至少有85个部件正常工作时，整个系统才能正常工作.

（1）求整个系统正常运行的概率；

（2）要使整个系统正常运行的概率达到0.98，问每个部件在运行中保持完好的概率应达到多少？

6. 计算机做加法运算时，要对每个加数取整（即取最接近它的整数），设所有的取整误差是相互独立的，且它们都服从均匀分布 $U(-0.5,0.5)$，如果将1 500个数相加，求误差总和的绝对值超过15的概率.

7. 某保险公司的老年人寿保险有1万人参与，每人每年交200元，若老人在该年内死亡，公司付给家属1万元，设老年人死亡率为0.017，试求保险公司在某年的这项保险中亏本的概率.

8. 某宿舍楼有学生500人，每人在傍晚大约有10%的时间要占用一个水龙头，试问至少安装多少个水龙头才能以95%以上的概率保证用水需要.

9. 对敌坦克群进行炮击100次，每次炮击中，炮弹命中数的数学期望为4，命中数的均方差为1，求当炮击100次时有380到420颗炮弹命中目标的概率.

10. 甲乙两个戏院在竞争1 000名观众，假定每个观众完全随机地选择一个戏院且观众之间选择戏院是相互独立的，问每个戏院应该设立多少个座位才能保证因缺少座位而使观众离去的概率小于1%？

11. 设在每次试验中事件 A 以概率1/2发生，是否可以以大于0.97的概率确信：在1 000次试验中，事件 A 出现的次数在400与600范围内？

12. 抽样检查产品质量时，若发生次品多于10个，则拒绝接受这批产品. 设某批产品次品率为10%，问至少应抽取多少产品检查，才能保证拒绝该产品的概率达到0.9？

13. 一生产线生产成箱包装，每箱重量是随机的，假设每箱平均重量50千克，标准差为5千克. 若用最大载重量为5吨汽车承运，试利用中心极限定理说明每辆车最多可以装多少箱，才能保证不超载的概率大于0.977.

14. 一本书共有一百万个印刷符号，排版时每个符号被排错的概率为0.000 1，校对时每个排版错误被改正的概率为0.9，求在校对后错误不多于15个的概率.

15. 某螺丝钉厂的不合格品率为0.01，问一盒中应装多少只螺丝钉才能使其中含有100只合格品的概率不小于0.95？

16. 某保险公司经多年的资料统计表明索赔户中被盗索赔户占20%，在随意抽查的10 000家索赔户中被盗的索赔户设为随机变量 X，试用中心极限定理估计被盗索赔户在 1 900 户到 2 100 户之间的概率．

17. 设随机变量 ξ 的方差为2.5．利用切比雪夫不等式估计 $P\{|\xi - E\xi| \geqslant 7.5\}$ 的值．

18. 已知某随机变量 ξ 的方差 $D(\xi)=1$，但数学期望 $E(\xi)=m$ 未知，为估计 m，对 ξ 进行 n 次独立观测，得样本观察值 ξ_1，ξ_2，…，ξ_n．现用 $\bar{\xi}=\frac{1}{n}\sum_{i=1}^{n}\xi_i$ 估计 m，问当 n 多大时才可能使 $P\{|\bar{\xi}-m|<0.5\}\geqslant p$.

19. 用某种步枪进行射击飞机的试验，每次射击的命中率为 0.5%，问需要多少支步枪同时射击，才能使飞机被击中两弹的概率不小于 99%？

20. 随机变量 ξ 表示对概率为 p 的事件 A 做 n 次重复独立试验时，A 出现的次数．试分别用切比雪夫不等式及中心极限定理估计满足下式的 n：

$$P\left\{\left|\frac{\xi}{n}-p\right|<\frac{1}{2}\sqrt{D(\xi)}\right\}\geqslant 99\%.$$

21. 一个养鸡场购进一万只良种鸡蛋，已知每只鸡蛋孵化成雏鸡的概率为 0.84，每只雏鸡育成种鸡的概率为0.9，试计算由这些鸡蛋得到种鸡不少于7 500只的概率．

22. 某晚会共发出邀请函 150 张，每位接到邀请的人士大约有 80% 的可能会参加，试求前来参加晚会的人数在 110 到 130 之间的概率．

23. 设 $\{\xi_n\}$ 为一列独立同分布随机变量，且 $D(\xi_n)=\sigma^2$ 存在，数学期望为零，试证明 $\frac{1}{n}\sum_{k=1}^{n}\xi_k^2 \xrightarrow{P} \sigma^2$．

第六章

数理统计基本概念

6.1 数理统计基本概念及概率密度的近似求法

一、基本概念

前面几章学习了事件、概率、随机变量和随机变量的分布等概念，随机变量的概率分布全面细致地刻画了随机现象的统计规律性，我们知道了随机变量的概率分布，就能得到其数字特征以及该随机变量的函数的概率分布．但在实际问题中仅仅知道为数不多的几种基本 r. v. 的分布，在这种对所研究的随机变量知之甚少的情况下，怎么确定该 r. v. 的概率分布或数字特征呢？这就是数理统计要解决的问题．

例 6－1－1 灯泡厂生产的灯泡，由于种种随机因素的影响，生产出来的灯泡寿命是一个随机变量，怎么去估计灯泡的平均寿命（期望）以及使用时间长短的相差程度（方差）呢？

一个很重要的方法是随机抽样法，其基本思想是：从要研究的对象全体中抽取一小部分来研究，根据这一小部分所获得的数据和信息对整体性能进行推断．随机抽样法是一种以局部推断整体的方法，它包括两部分内容：

（1）研究如何抽样，抽多少，怎样抽——抽样方法问题；

（2）如何对抽样的结果进行合理分析，做出科学推断——数据处理问题（统计推断）．

在数理统计中常用的几个基本概念如下：

① 总体：所研究的对象的全体，更准确地说是被研究对象某指标的（如灯泡寿命）所有可能取值的全体，可看作是一个随机变量 X.

② 个体：组成全体的每个基本单元，看作随机变量 X_1，X_2，…，X_n.

③ 抽样：从总体中抽取一个个体是对总体 X 的一次试验，对 X 进行若干次试验，抽取一部分个体，这个过程叫抽样．

④ 样本：抽样结果得到 X 的一组实验数据叫作样本，样本是一组随机变量 X_1，X_2，…，X_n.

⑤ 样本容量：样本中所包含的个体的数量 n 叫作样本容量．

⑥ 样本值：一次抽样结束后，样本 X_1，X_2，…，X_n 就取得了一组具体值

x_1，x_2，…，x_n，而不再是随机变量，称x_1，x_2，…，x_n为X_1，X_2，…，X_n的样本值．

我们的任务就是根据样本值x_1，x_2，…，x_n来对总体X的性质做出估计和推断，所以希望样本应该尽可能具有代表性．最具实用价值同时也最自然的是要求样本X_1，X_2，…，X_n相互独立且与总体X同分布．

从总体中抽取的样本应满足：

（1）随机性：抽样必须是随机的，即应该使每一个个体有同等机会被抽到．

（2）独立性：各次抽样必须是独立的，即每次抽样结果既不影响其他各次抽样结果，也不受其他抽样结果的影响．

这种满足随机性和独立性的抽样方法称为简单随机抽样．有放回抽样是简单随机抽样；当n/N较小时，无放回抽样可以近似成随机抽样．**对于简单随机抽样来说，X_1，X_2，…，X_n彼此独立且与总体X服从相同分布．**

综上所述：总体就是一个随机变量X，样本就是n个相互独立的且与X有相同分布的随机变量X_1，X_2，…，X_n，这组样本的观测值记为x_1，x_2，…，x_n.

二、概率密度（分布函数）的近似求法

设X是一个随机变量，已经获得一组样本值x_1，x_2，…，x_n，可以应用直方图法近似求出X的概率密度（或分布函数）.

1. 样本分布函数

对于容量为n的样本值加以整理，写出样本频率分布如表6－1－1所示：

表6－1－1

观测值	$x(1)$	$x(2)$	…	$x(l)$
频数	m_1	m_2	…	m_l
频率	f_1	f_2	…	f_l

其中$x(1) < x(2) < \cdots < x(l)$，满足：

$$\sum_{i=1}^{l} m_i = n, \qquad \sum_{i=1}^{l} f_i = 1 .$$

定义样本分布函数为：

$$F_n(x) = \begin{cases} 0, x < x(1), \\ \sum f_i, x(i) < x < x(i+1), \\ 1, x \geqslant x(l). \end{cases}$$

样本分布函数也具有分布函数的特征，即：

（1）$0 \leqslant F_n(x) \leqslant 1$；

（2）$F_n(x)$非减；

（3）$F_n(+\infty) = 0$，$F_n(-\infty) = 1$；

（4）$F_n(x)$右连续，在间断点 i 处跃度为f_i.

根据伯努利定理，$\lim\limits_{n\to\infty}P(|F_n(x)-F(x)|<\varepsilon)=1$，即 $F_n(x)$依概率收敛于$F(x)$，这就是我们由样本来推断总体的理论依据.

2. 样本频率直方图

（1）找出样本的最小、最大值，设为$x(1)$和 $x(n)$；

（2）选略小于$x(1)$的数 a 和略大于$x(n)$的数 b 并把区间［a，b］l 等分，分点为：

$$a=t_0<t_1<\cdots<t_l=b.$$

每个区间长度为（$b-a$）/l，l 不宜太少也不宜太多；

（3）把所有样本值分到各个小区间中，并把第 i 个区间中分到的样本点数记为 m_i，所以样本频率为$f_i=m_i/n$；

（4）以各小区间为底，以$f_i/\Delta t_i$为高做小矩形，则小矩形面积即为f_i. 可见直方图大致描绘了 r. v. X 的概率分布情况.

例 6－1－2　表 6－1－2 记录了某班 120 名同学“概率论”课程的期末考试成绩.

表 6－1－2

71	63	96	72	92	97
71	68	81	85	73	78
76	79	92	83	67	81
74	56	80	60	79	88
98	67	79	51	46	83
65	60	82	57	60	93
58	71	70	54	65	80
68	85	95	54	51	63
74	99	80	57	85	77
80	80	92	65	86	65
70	62	63	95	67	58
81	63	73	75	66	86
88	71	78	86	86	66
89	80	85	83	56	88
79	58	55	85	60	58
57	84	78	64	66	78
79	72	100	58	83	81
76	75	91	69	87	71
70	56	88	89	78	39
59	51	62	73	78	86

成绩表中最低成绩是 39 分，最高成绩是 100 分，所以我们把数据分布区间确定为（39，100），把该区间等分为 10 个子区间（39，45.1），（45.1，51.2），（51.2，57.3），（57.3，63.4），（63.4，69.5），（69.5，75.6），（75.6，81.7），（81.7，87.8），（87.8，93.9），（93.9，100），如表 6－1－3 所示．

表 6－1－3

成绩区间	频数	频率
（39，45.1）	1	0.008
（45.1，51.2）	4	0.033
（51.2，57.3）	9	0.075
（57.3，63.4）	16	0.133
（63.4，69.5）	14	0.117
（69.5，75.6）	17	0.142
（75.6，81.7）	24	0.2
（81.7，87.8）	17	0.142
（87.8，93.9）	11	0.092
（93.9，100）	7	0.058
总　　计	120	1.00

概率分布直方图如图 6－1－1 所示．

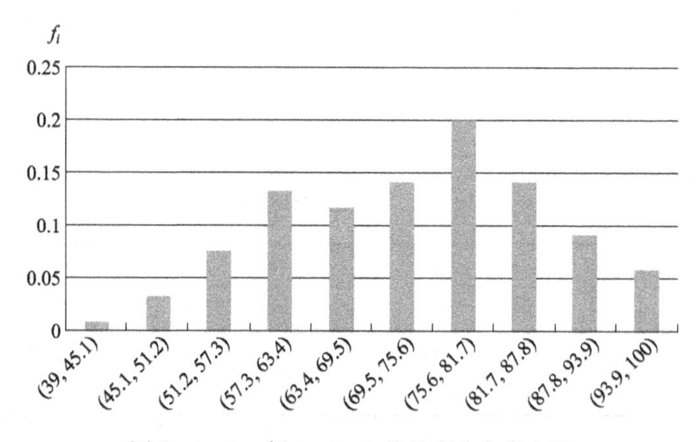

图 6－1－1　例 6－1－1 的概率分布直方图

6.2　统计量

样本 X_1，X_2，…，X_n 相当于 n 个 r. v.，$g(X_1, X_2, \cdots, X_n)$ 是 X_1，X_2，…，X_n的函数，称为统计量．$g(x_1,x_2,\cdots,x_n)$是$g(X_1,X_2,\cdots,X_n)$的观测值，已不是一个变量．常用的统计量包括样本均值、样本方差、样本标准差、样本 k

阶原点矩、样本 k 阶中心矩 .

1. 样本均值

$$\overline{X}=\frac{\sum_{i=1}^{n}X_i}{n}$$

其观测值记作：

$$\overline{x}=\frac{\sum_{i=1}^{n}x_i}{n}.$$

2. 样本方差

$$S^2=\frac{1}{n-1}\sum_{i=1}^{n}(X_i-\overline{X})^2=\frac{1}{n-1}\left(\sum_{i=1}^{n}X_i^2-n\overline{X}^2\right)$$

其观测值记作：

$$s^2=\frac{1}{n-1}\sum_{i=1}^{n}(x_i-\overline{x})^2=\frac{1}{n-1}\left(\sum_{i=1}^{n}x_i^2-n\overline{x}^2\right).$$

证明： $S^2=\frac{1}{n-1}\sum_{i=1}^{n}(X_i-\overline{X})^2$

$$=\frac{1}{n-1}\sum_{i=1}^{n}(X_i^2-2X_i\overline{X}+\overline{X}^2)$$

$$=\frac{1}{n-1}\left(\sum_{i=1}^{n}X_i^2-2\overline{X}\sum_{i=1}^{n}X_i+\sum_{i=1}^{n}\overline{X}^2\right)$$

$$=\frac{1}{n-1}\left(\sum_{i=1}^{n}X_i^2-n\overline{X}^2\right)$$

3. 样本标准差

$$S=\sqrt{S^2}=\sqrt{\frac{1}{n-1}\sum_{i=1}^{n}(X_i-\overline{X})^2}$$

其观测值记作：

$$s=\sqrt{\frac{1}{n-1}\sum_{i=1}^{n}(x_i-\overline{x})^2}.$$

4. 样本 k 阶原点矩

$$V_k=\frac{1}{n}\sum_{i=1}^{n}X_i^k$$

其观测值记作：

$$v_k=\frac{1}{n}\sum_{i=1}^{n}x_i^k.$$

5. 样本 k 阶中心矩

$$U_k = \frac{1}{n}\sum_{i=1}^{n}(X_i - \overline{X})^k$$

其观测值记作:

$$u_k = \frac{1}{n}\sum_{i=1}^{n}(x_i - \overline{x})^k .$$

注释: 在科学计算软件 MATLAB 中，样本均值、样本方差、样本标准差和样本 k 阶中心矩分别用命令 mean、var、std 和 moment 实现，k 阶原点矩则可以通过先做幂运算再取均值实现，如截图 6－2－1 所示.

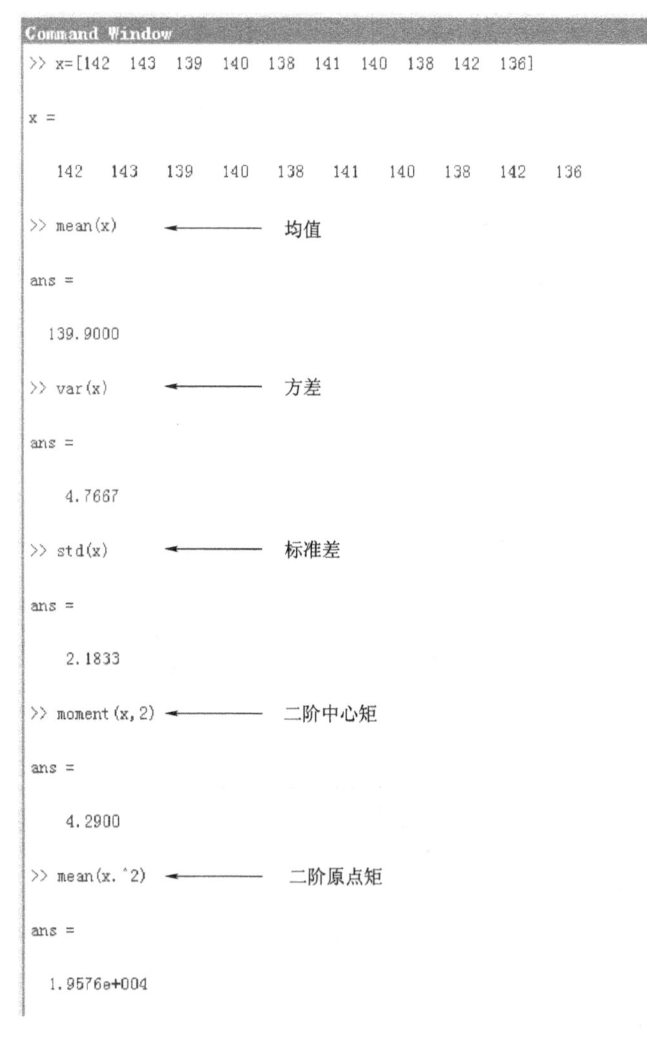

图 6－2－1　MATLAB 中计算常用统计量的命令

特别地，样本二阶中心矩为：

$$U_2 = \frac{1}{n}\sum_{i=1}^{n}(X_i - \overline{X})^2 .$$

随机变量 X 的方差 $D(X)$ 就是其二阶中心矩，但这里我们发现样本二阶中心矩 U_2 并不等于样本方差 S^2，事实上两者关系为：

$$U_2 = \frac{n-1}{n}S^2\text{，且有}\lim_{n\to\infty}U_2 = \lim_{n\to\infty}S^2.$$

例 6-2-1　总体 X 的样本观测值为 19.1，20.0，21.2，18.8，19.6，20.5，22.0，21.6，19.4，20.3，求样本均值、样本方差和样本二阶中心矩的观测值.

$$\bar{x} = \frac{1}{10}\sum_{i=1}^{10}x_i = 20.25$$

$$s^2 = \frac{1}{9}\sum_{i=1}^{10}(x_i - \bar{x})^2 = 1.165$$

$$u_2 = \frac{1}{10}\sum_{i=1}^{10}(x_i - \bar{x})^2 = 1.0485$$

6.3　三种重要分布

数理统计中的三种重要分布叙述如下.

1. χ^2 分布

我们在学习正态分布时曾接触过一个和两个自由度的 χ^2 分布，即：

若 $X \sim N(0,1)$，则 X^2 服从一个自由度的 χ^2 分布；

若 $X \sim N(0,1)$，$Y \sim N(0,1)$，且 X，Y 独立，则 $X^2 + Y^2$ 服从两个自由度的 χ^2 分布. 一般地，若 X_1，X_2，…，X_k 彼此独立且都服从标准正态分布，则

$$X = X_1^2 + X_2^2 + \cdots + X_k^2 \tag{6-3-1}$$

服从 k 个自由度的 χ^2 分布，记为 $X \sim \chi^2(k)$，自由度可以理解为独立的随机变量的个数. χ^2 分布的概率密度函数为

$$f_{\chi^2}(x) = \begin{cases} \dfrac{1}{2^{k/2}\Gamma\left(\dfrac{k}{2}\right)}x^{k/2-1}\mathrm{e}^{-x/2}, & x>0, \\ 0, & x\leqslant 0. \end{cases}$$

其形状如图 6-3-1 所示.

在图 6-3-1 中 $\chi_\alpha^2(k)$ 被称为分位数，这是一个具体数值，其含义是服从 χ^2 分布的随机变量 X 大于等于该分位数的概率是 α，即 $P[X \geqslant \chi_\alpha^2(k)] = \alpha$. 因此，在自由度 k，概率 α 和分位数 $\chi_\alpha^2(k)$ 这三者之间，由其中的两者就

可以确定第三者. 在工程应用中，χ^2 分布的自由度 k，分位数 $\chi_\alpha^2(k)$ 和概率 α 的关系有表（附表二）可查. 比如：自由度 $k=10$，概率 $\alpha=0.95$，则查表可得分位数 $\chi_\alpha^2(k)=3.94$.

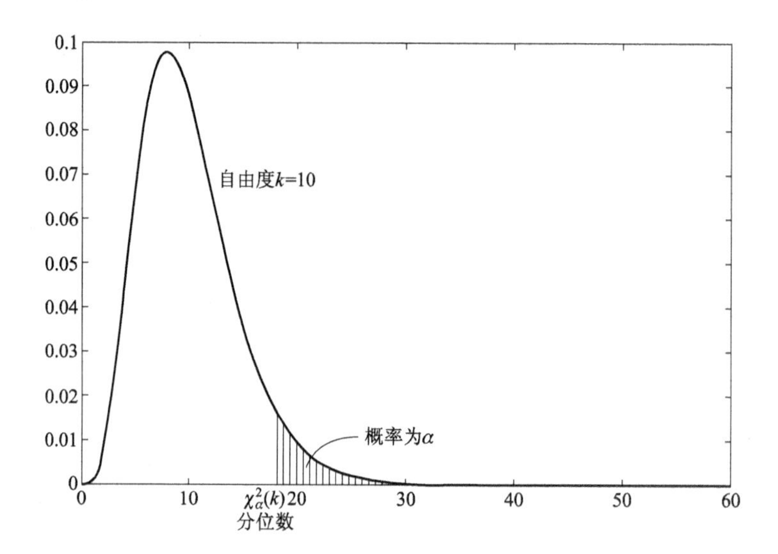

图 6-3-1 χ^2 分布的概率密度函数

χ^2 分布具有可加性，若 $X\sim\chi^2(k_1)$，$Y\sim\chi^2(k_2)$，且 X，Y 相互独立，则 $X+Y\sim\chi^2(k_1+k_2)$.

2. t 分布

若 X，Y 独立，$X\sim N(0,1)$，$Y\sim\chi^2(k)$，则称

$$t=\frac{X}{\sqrt{\frac{Y}{k}}} \tag{6-3-2}$$

服从 k 个自由度的 t 分布，记作 $t\sim t(k)$. t 分布的概率密度函数为：

$$f_t(x)=\frac{\Gamma\left(\frac{k+1}{2}\right)}{\sqrt{k\pi}\Gamma\left(\frac{k}{2}\right)}\left(1+\frac{x^2}{k}\right)^{-(k+1)/2} \quad (-\infty<x<+\infty)$$

其形状如图 6-3-2 所示，t 分布的概率密度函数是关于 y 轴对称的，且当 $k\to+\infty$ 时，t 分布趋近于 $N(0,1)$. t 分布的分位数 $t_\alpha(k)$ 的含义是 $P[t\geqslant t_\alpha(k)]=\alpha$. 工程上，$t$ 分布中自由度 k、分位数 $t_\alpha(k)$ 和 α 的关系有表（附表三）可查.

3. F 分布

若 X_1，X_2 相互独立，且各自服从自由度为 k_1，k_2 的 χ^2 分布，则

$$F=\frac{X_1/k_1}{X_2/k_2} \tag{6-3-3}$$

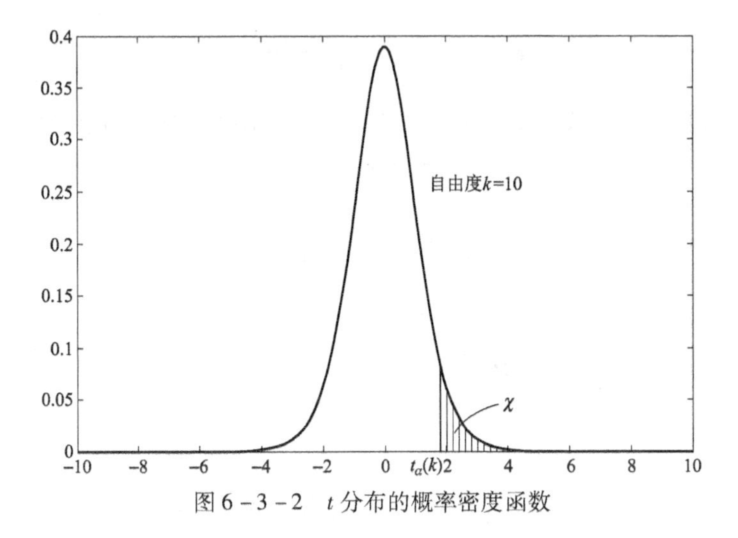

图 6－3－2　t 分布的概率密度函数

服从自由度为（k_1，k_2）的 F 分布，记作 $F\sim F(k_1,k_2)$，其中 k_1 和 k_2 分别被称为第一自由度和第二自由度．F 分布的概率密度函数为：

$$f_F(x)=\begin{cases}\dfrac{\Gamma\left(\dfrac{k_1+k_1}{2}\right)}{\Gamma\left(\dfrac{k_1}{2}\right)\Gamma\left(\dfrac{k_2}{2}\right)}k_1^{k_1/2}k_2^{k_2/2}\dfrac{x^{k_1/2-1}}{(k_1x+k_2)^{(k_1+k_2)/2}}, & x>0,\\ 0,\ x\leqslant 0.\end{cases}$$

其形状如图 6－3－3 所示．F 分布的分位数 $F_\alpha(k_1,k_2)$ 的含义是 $P[F\geqslant F_\alpha(k_1,k_2)]=\alpha$. 工程上，$F$ 分布中自由度 k、分位数 $F_\alpha(k_1,k_2)$ 和 α 的关系有表（附表四）可查．

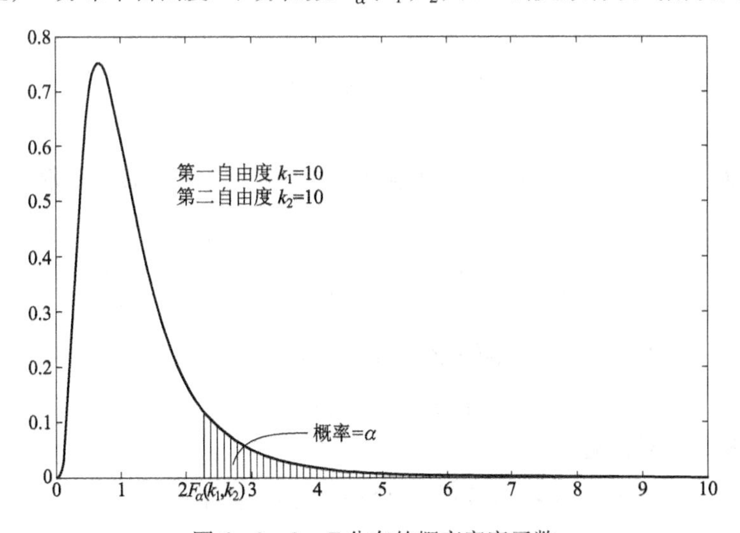

图 6－3－3　F 分布的概率密度函数

F 分布的分位数具有性质：

$$F_{1-\alpha}(k_1,k_2)=\frac{1}{F_\alpha(k_2,k_1)}.$$

证明：设 $F_1 \sim F(k_1,k_2)$；$F_2 \sim F(k_2,k_1)$，则由 F 分布的定义可知：

$$F_2=1/F_1.$$

因为：

$$P[F_2 \geqslant F_\alpha(k_2,k_1)]=\alpha,$$

所以：

$$P\left[\frac{1}{F_2} \leqslant \frac{1}{F_\alpha(k_2,k_1)}\right]=\alpha,$$

即：

$$P\left[F_1 \leqslant \frac{1}{F_\alpha(k_2,k_1)}\right]=\alpha,$$

即

$$1-P\left[F_1 \geqslant \frac{1}{F_\alpha(k_2,k_1)}\right]=\alpha.$$

所以：

$$P\left[F_1 \geqslant \frac{1}{F_\alpha(k_2,k_1)}\right]=1-\alpha.$$

又因为：

$$P[F_1 \geqslant F_{1-\alpha}(k_1,k_2)]=1-\alpha,$$

所以：

$$F_{1-\alpha}(k_1,k_2)=\frac{1}{F_\alpha(k_2,k_1)}.$$

4. 关于 Γ 函数

在前面三种重要分布的概率密度函数中用到了一种特殊的函数，称作 Γ 函数，定义如下：

$$\Gamma(z)=\int_0^{+\infty} e^{-t}t^{z-1}dt,\ \mathrm{Re}(z)>0.$$

定义中的积分又称为第二类欧拉积分. Γ 函数有递推关系，即：

$$\Gamma(z+1)=z\Gamma(z).$$

当 z 为正整数 n 时，有：

$$\Gamma(n+1)=n(n-1)(n-2)\cdots\Gamma(1)=n!$$

其中，

$$\Gamma(1)=\int_0^{+\infty} e^{-t}dt=1.$$

因此 Γ 函数又称阶乘函数. 当 z 不是正整数时，也常把 $\Gamma(z+1)$ 记作 $z!$.

例 6-3-1　　$\Gamma(3.5)=2.5!=2.5\cdot1.5\cdot\Gamma(1.5)$
当 $1\leqslant z\leqslant2$ 时，$\Gamma(z)$ 由表可查，$\Gamma(1.5)=0.8862$，所以 $\Gamma(3.5)=3.3233$.

6.4　正态总体统计量的分布

在概率论中，随机变量的函数的分布曾是重点研究的问题，与之类似，作为样本函数的统计量的分布也是很重要的问题，我们只针对总体 X 服从正态分布的情形加以讨论.

6.4.1　单个正态总体统计量的分布

（1）若总体 $X\sim N(\mu,\sigma^2)$，则 $\overline{X}\sim N\left(\mu,\dfrac{\sigma^2}{n}\right)$.

证明： $\overline{X}=\dfrac{1}{n}\sum\limits_{i=1}^{n}X_i$，$X_i\sim N(\mu,\sigma^2)$ 且彼此独立. 根据定理 4-6-1，独立的服从正态分布的随机变量 X_1，X_2，…，X_n 之和 $\sum\limits_{i=1}^{n}X_i$ 仍是正态随机变量，且期望是各分量期望之和，方差是各分量方差之和，所以：

$$E\left(\sum_{i=1}^{n}X_i\right)=n\mu,\ D\left(\sum_{i=1}^{n}X_i\right)=n\sigma^2;$$

$$E\left(\frac{1}{n}\sum_{i=1}^{n}X_i\right)=\mu,\ D\left(\frac{1}{n}\sum_{i=1}^{n}X_i\right)=\frac{\sigma^2}{n}$$

所以：

$$\frac{1}{n}\sum_{i=1}^{n}X_i=\overline{X}\sim N\left(\mu,\frac{\sigma^2}{n}\right).$$

（2）推论：$\dfrac{\overline{X}-\mu}{\sqrt{\dfrac{\sigma^2}{n}}}\sim N(0,1)$.

（3）总体 $X\sim N(\mu,\sigma^2)$，则 $\chi^2=\dfrac{1}{\sigma^2}\sum\limits_{i=1}^{n}(X_i-\mu)^2$ 服从自由度为 n 的 χ^2 分布.

证明： 因为 $X_i\sim N(\mu,\sigma^2)$　$(i=1,2,\cdots,n)$

所以 $\dfrac{X_i-\mu}{\sigma}\sim N(0,1)$ 且彼此独立.

所以 $\sum\limits_{i=1}^{n}\left(\dfrac{X_i-\mu}{\sigma}\right)^2=\dfrac{1}{\sigma^2}\sum\limits_{i=1}^{n}(X_i-\mu)^2=\chi^2\sim\chi^2(n)$.

（4）总体 $X\sim N(\mu,\sigma^2)$，则：

① 样本均值$\overline{X}$，样本方差 S^2 独立.

② $\chi^2 = \frac{(n-1)S^2}{\sigma^2}$服从 $n-1$ 个自由度的χ^2 分布，即

$$\frac{(n-1)S^2}{\sigma^2} \sim \chi^2(n-1).$$

乍一看 $S^2 = \frac{1}{n-1}\sum_{i=1}^{n}(X_i - \overline{X})^2$，似乎$\overline{X}$与 S^2 不应独立．要知道$(X_1-\overline{X})+(X_2-\overline{X})+\cdots+(X_n-\overline{X})=0$．所以 $X_1-\overline{X}$，$X_2-\overline{X}$，…，$X_n-\overline{X}$彼此不独立，其中只有 $n-1$ 个独立项.

下面我们给出对（2）的证明.

证明：引进一组新的 r. v.

$$Y_1 = \frac{1}{\sqrt{1\cdot 2}}(X_1 - X_2)$$

$$Y_2 = \frac{1}{\sqrt{2\cdot 3}}(X_1 + X_2 - 2X_3)$$

$$\cdots$$

$$Y_{n-1} = \frac{1}{\sqrt{(n-1)\cdot n}}[X_1 + X_2 + \cdots + X_{n-1} - (n-1)X_n]$$

$$Y_n = \frac{1}{\sqrt{n}}(X_1 + X_2 + \cdots + X_{n-1} + X_n).$$

易证得，Y_1，Y_2，…，Y_{n-1}彼此独立，且都服从$N(0,\sigma^2)$，另外 $Y_n \sim N(\sqrt{n}\mu,\sigma^2)$.

以 a_{ij}表示上面方程组第 i 个方程中 X_j的系数，则

$$\begin{cases}\sum_{k=1}^{n} a_{ik}a_{jk} = \delta_{ij} \\ \sum_{k=1}^{n} a_{ki}a_{kj} = \delta_{ij}\end{cases},\quad 其中\ \delta_{ij} = \begin{cases}0, & i \neq j, \\ 1, & i = j.\end{cases}$$

把方程组写成矩阵的形式为：$\boldsymbol{Y}=\boldsymbol{AX}$.

其中

$$\boldsymbol{A} = \begin{pmatrix} \frac{1}{\sqrt{1\cdot 2}} & \frac{-1}{\sqrt{1\cdot 2}} & 0 & & & \\ \frac{1}{\sqrt{2\cdot 3}} & \frac{1}{\sqrt{2\cdot 3}} & \frac{-2}{\sqrt{2\cdot 3}} & 0 & & \\ \frac{1}{\sqrt{3\cdot 4}} & \frac{1}{\sqrt{3\cdot 4}} & \frac{1}{\sqrt{3\cdot 4}} & \frac{-3}{\sqrt{3\cdot 4}} & \ddots & \\ \vdots & \vdots & \vdots & \vdots & \ddots & 0 \\ \frac{1}{\sqrt{(n-1)\cdot n}} & \frac{1}{\sqrt{(n-1)\cdot n}} & \frac{1}{\sqrt{(n-1)\cdot n}} & \frac{1}{\sqrt{(n-1)\cdot n}} & \cdots & \frac{-(n-1)}{\sqrt{(n-1)\cdot n}} \\ \frac{1}{\sqrt{n}} & \frac{1}{\sqrt{n}} & \frac{1}{\sqrt{n}} & \frac{1}{\sqrt{n}} & \cdots & \frac{1}{\sqrt{n}} \end{pmatrix}$$

$$\boldsymbol{Y}=(Y_1\quad Y_2\quad \cdots \quad Y_n)^{\mathrm{T}};\quad \boldsymbol{X}=(X_1\quad X_2\quad \cdots \quad X_n)^{\mathrm{T}}$$

因为$\boldsymbol{A}^{\mathrm{T}}\cdot\boldsymbol{A}=\mathbf{E}$，即$\boldsymbol{A}$是正交矩阵，

所以从$\boldsymbol{X}$到$\boldsymbol{Y}$为正交变换.

所以$\|\boldsymbol{X}\|=\|\boldsymbol{Y}\|$，即$\sum\limits_{i=1}^{n}X_i^2=\sum\limits_{i=1}^{n}Y_i^2$.

又因为$\sum\limits_{i=1}^{n}(X_i-\overline{X})^2=\sum\limits_{i=1}^{n}X_i^2-n\overline{X}^2$,

以及$Y_n=\dfrac{1}{\sqrt{n}}(X_1+X_2+\cdots+X_{n-1}+X_n)=\sqrt{n}\cdot\overline{X}$,

所以$\sum\limits_{i=1}^{n}(X_i-\overline{X})^2=\sum\limits_{i=1}^{n}Y_i^2-Y_n^2=\sum\limits_{i=1}^{n-1}Y_i^2$.

因为Y_1，Y_2，…，Y_{n-1}彼此独立，且都服从$N(0,\sigma^2)$.

所以$\dfrac{\sum\limits_{i=1}^{n-1}Y_i^2}{\sigma^2}\sim\chi^2(n-1)$.

即$\dfrac{(n-1)S^2}{\sigma^2}=\dfrac{\sum\limits_{i=1}^{n}(X_i-\overline{X})^2}{\sigma^2}=\dfrac{\sum\limits_{i=1}^{n-1}Y_i^2}{\sigma^2}\sim\chi^2(n-1)$.

（5）总体$X\sim N(\mu,\sigma^2)$，则$\dfrac{\overline{X}-\mu}{\sqrt{\dfrac{S^2}{n}}}\sim t(n-1)$.

证明：因为

$$\frac{\overline{X}-\mu}{\sqrt{\dfrac{\sigma^2}{n}}}\sim N(0,1),\frac{(n-1)S^2}{\sigma^2}\sim\chi^2(n-1)$$

所以：

$$\frac{\dfrac{\overline{X}-\mu}{\sqrt{\sigma^2/n}}}{\sqrt{\dfrac{(n-1)S^2}{\sigma^2(n-1)}}}=\frac{\overline{X}-\mu}{\sqrt{\dfrac{S^2}{n}}}\sim t(n-1).$$

总结：若样本X_1，X_2，…，$X_n\sim N(\mu,\sigma^2)$且彼此独立.

(1)$\overline{X}\sim N\left(\mu,\dfrac{\sigma^2}{n}\right)$，$\dfrac{\overline{X}-\mu}{\sqrt{\dfrac{\sigma^2}{n}}}\sim N(0,1)$；

(2)$\dfrac{(n-1)S^2}{\sigma^2}=\dfrac{\sum\limits_{i=1}^{n}(X_i-\overline{X})^2}{\sigma^2}\sim\chi^2(n-1)$，$\dfrac{\sum(X_i-\mu)^2}{\sigma^2}\sim\chi^2(n)$；

(3) $\dfrac{\overline{X}-\mu}{\sqrt{\dfrac{S^2}{n}}}\sim t(n-1)$，$\dfrac{\overline{X}-\mu}{\sqrt{\dfrac{\sigma^2}{n}}}\sim N(0,1)$.

例 6-4-1 总体 $X\sim N(\mu,\sigma^2)$，从总体中抽取容量为 9 的样本，求 $P(|\overline{X}-\mu|<2)$.

(1) 已知 $\sigma^2=16$，因为

$$\frac{\overline{X}-\mu}{\sqrt{\dfrac{\sigma^2}{n}}}\sim N(0,1)$$

所以：

$$P(|\overline{X}-\mu|<2)=P\left(\frac{|\overline{X}-\mu|}{\sqrt{\dfrac{\sigma^2}{n}}}<\frac{2}{\sqrt{\dfrac{\sigma^2}{n}}}\right)$$
$$=\psi(1.5)-\psi(-1.5)$$
$$=2\psi(1.5)-1=0.866\ 4.$$

(2) 未知 σ^2，但已知 $s^2=18.45$，因为

$$\frac{\overline{X}-\mu}{\sqrt{\dfrac{s^2}{n}}}\sim t(n-1)$$

所以：

$$P(|\overline{X}-\mu|<2)=P\left(\frac{|\overline{X}-\mu|}{\sqrt{\dfrac{s^2}{n}}}<\frac{2}{\sqrt{\dfrac{s^2}{n}}}\right)=P\left(|t(8)|<\frac{2}{\sqrt{\dfrac{18.45}{9}}}\right).$$

因为 $t_\alpha(8)=\dfrac{2}{\sqrt{\dfrac{18.45}{9}}}=1.397$ 所对应的 $\alpha=0.10$，所以：

$$P(|\overline{X}-\mu|<2)=P\left(|t(8)|<\frac{2}{\sqrt{\dfrac{18.45}{9}}}\right)=1-2\cdot 0.1=0.8.$$

例 6-4-2 总体 $X\sim N(\mu,2^2)$，从总体中抽取容量为 16 的样本 X_1，X_2，…，X_n，取值为 x_1，x_2，…，x_n.

(1) 已知 $\mu=0$，求 $P(\sum\limits_{i=1}^{16}X_i^2<128)$.

因为：

$$\frac{\sum\limits_{i=1}^{n}(X_i-\mu)^2}{\sigma^2}\sim\chi^2(n)$$

代入$\mu=0$，$\sigma^2=4$可得：

$$\frac{\sum_{i=1}^{16}X_i^2}{4}\sim\chi^2(16).$$

所以：

$$P\left(\sum_{i=1}^{16}X_i^2<128\right)=P\left(\frac{\sum_{i=1}^{16}X_i^2}{4}<32\right).$$

查表得$\chi_\alpha^2(16)=32$所对应的$\alpha=0.01$，所以$P\left(\sum_{i=1}^{16}X_i^2<128\right)=0.99.$

（2）未知μ，求$P\left(\sum_{i=1}^{16}(X_i-\overline{X})^2<100\right)$.

因为：

$$\frac{\sum_{i=1}^{16}(X_i-\overline{X})^2}{\sigma^2}\sim\chi^2(15)$$

所以：

$$P\left(\sum_{i=1}^{16}(X_i-\overline{X})^2<100\right)=P\left(\frac{\sum_{i=1}^{16}(X_i-\overline{X})^2}{4}<25\right).$$

查表得$\chi_\alpha^2(15)=25$所对应的$\alpha=0.05$，所以$P\left(\sum_{i=1}^{16}(X_i-\overline{X})^2<100\right)=0.95.$

例6-4-3 设总体$X\sim N(\mu,\sigma^2)$，从总体中抽取容量为16的样本，求$P(|\overline{X}-\mu|<0.5)$.

（1）已知$\sigma=2$.

$$\frac{\overline{X}-\mu}{\sqrt{\frac{\sigma^2}{n}}}\sim N(0,1)$$

$$P(|\overline{X}-\mu|<0.5)=P\left(\frac{|\overline{X}-\mu|}{\sqrt{\frac{\sigma^2}{n}}}<\frac{0.5}{\sqrt{\frac{\sigma^2}{n}}}\right)$$

$$=P\left(\frac{|\overline{X}-\mu|}{\sqrt{\frac{\sigma^2}{n}}}<1\right)=2\Psi(1)-1=0.6826$$

（2）未知σ^2，但已知$s^2=5.33$.

$$\frac{\overline{X}-\mu}{\sqrt{\frac{s^2}{n}}} \sim t(n-1)$$

$$P(|\overline{X}-\mu|<0.5)=P\left(\frac{|\overline{X}-\mu|}{\sqrt{\frac{s^2}{n}}}<\frac{0.5}{\sqrt{\frac{s^2}{n}}}\right)=P\left(\frac{|\overline{X}-\mu|}{\sqrt{\frac{s^2}{n}}}<0.8662\right)$$

查表得 $t_{\alpha}(15)=0.8662$ 所对应的 $\alpha=0.2$，所以：

$$P(|\overline{X}-\mu|<0.5)=1-2\cdot 0.2=0.6.$$

6.4.2 两个正态总体统计量的分布

从总体 X 中抽取容量为 n_1 的样本 X_1，X_2，…，X_{n_1}；

从总体 Y 中抽取容量为 n_2 的样本 Y_1，Y_2，…，Y_{n_2}；

所有抽样均独立，则 X_1，X_2，…，X_{n_1}，Y_1，Y_2，…，Y_{n_2} 独立.

则样本均值为：

$$\overline{X}=\frac{1}{n_1}\sum_{i=1}^{n_1}X_i,$$

$$\overline{Y}=\frac{1}{n_2}\sum_{i=1}^{n_2}Y_i,$$

样本方差为：

$$S_1^2=\frac{1}{n_1-1}\sum_{i=1}^{n_1}(X_i-\overline{X})^2,$$

$$S_2^2=\frac{1}{n_2-1}\sum_{i=1}^{n_2}(Y_i-\overline{Y})^2.$$

(1) 已知总体 X 和 Y 的方差 σ_1^2 和 σ_2^2，求均值差 $\overline{X}-\overline{Y}$ 的分布.

设 $X\sim N(\mu_1,\sigma_1^2)$，$Y\sim N(\mu_2,\sigma_2^2)$，则统计量

$$\frac{(\overline{X}-\overline{Y})-(\mu_1-\mu_2)}{\sqrt{\frac{\sigma_1^2}{n_1}+\frac{\sigma_2^2}{n_2}}}\sim N(0,1).$$

证明： 由题意可得 $\overline{X}\sim N\left(\mu_1,\frac{\sigma_1^2}{n_1}\right)$，$\overline{Y}\sim N\left(\mu_2,\frac{\sigma_2^2}{n_2}\right)$，且彼此独立，所以

$$\overline{X}-\overline{Y}\sim N\left(\mu_1-\mu_2,\frac{\sigma_1^2}{n_1}+\frac{\sigma_2^2}{n_2}\right).$$

所以：

$$\frac{(\overline{X}-\overline{Y})-(\mu_1-\mu_2)}{\sqrt{\frac{\sigma_1^2}{n_1}+\frac{\sigma_2^2}{n_2}}}\sim N(0,1).$$

思考：$(\overline{X}+\overline{Y})\sim N\left(\mu_1+\mu_2,\frac{\sigma_1^2}{n_1}+\frac{\sigma_2^2}{n_2}\right)$.

（2）未知总体 X 和 Y 的方差 σ_1^2和 σ_2^2，但已知 $\sigma_1^2=\sigma_2^2$，求均值差$\overline{X}-\overline{Y}$的分布.

$X\sim N(\mu_1,\sigma^2)$，$Y\sim N(\mu_2,\sigma^2)$，则

$$T=\frac{(\overline{X}-\overline{Y})-(\mu_1-\mu_2)}{S_w\sqrt{\frac{1}{n_1}+\frac{1}{n_2}}}\sim t(n_1+n_2-2)$$

其中，$S_w=\sqrt{\frac{(n_1-1)S_1^2+(n_2-1)S_2^2}{n_1+n_2-2}}$.

证明：$\overline{X}\sim N\left(\mu_1,\frac{\sigma_1^2}{n_1}\right),\overline{Y}\sim N\left(\mu_2,\frac{\sigma_2^2}{n_2}\right)$,则

$$\overline{X}-\overline{Y}\sim N\left(\mu_1-\mu_2,\frac{\sigma_1^2}{n_1}+\frac{\sigma_2^2}{n_2}\right).$$

所以：

$$\frac{(\overline{X}-\overline{Y})-(\mu_1-\mu_2)}{\sqrt{\frac{\sigma^2}{n_1}+\frac{\sigma^2}{n_2}}}\sim N(0,1).\qquad(6-4-1)$$

又因为：

$$\frac{(n_1-1)S_1^2}{\sigma^2}\sim\chi^2(n_1-1)$$

$$\frac{(n_2-1)S_2^2}{\sigma^2}\sim\chi^2(n_2-1)$$

所以：

$$\frac{(n_1-1)S_1^2+(n_2-1)S_2^2}{\sigma^2}\sim\chi^2(n_1+n_2-2)\qquad(6-4-2)$$

由式（6-4-1）、式（6-4-2）可得：

$$\frac{\dfrac{(\overline{X}-\overline{Y})-(\mu_1-\mu_2)}{\sigma\sqrt{\frac{1}{n_1}+\frac{1}{n_2}}}}{\sqrt{\dfrac{(n_1-1)S_1^2+(n_2-1)S_2^2}{\sigma^2(n_1+n_2-2)}}}=\frac{(\overline{X}-\overline{Y})-(\mu_1-\mu_2)}{S_w\sqrt{\frac{1}{n_1}+\frac{1}{n_2}}}\sim t(n_1+n_2-2).$$

(3) 已知总体 X 和 Y 的期望 μ_1 和 μ_2，求方差比 σ_1^2/σ_2^2 的分布 .

$X \sim N(\mu_1, \sigma_1^2)$，$Y \sim N(\mu_2, \sigma_2^2)$，$\mu_1$ 和 μ_2 已知，则

$$F = \frac{\sum_{i=1}^{n_1}(X_i - \mu_1)^2/(n_1\sigma_1^2)}{\sum_{j=1}^{n_2}(Y_j - \mu_2)^2/(n_2\sigma_2^2)} \sim F(n_1, n_2).$$

证明：因为：

$$\sum_{i=1}^{n_1}\left(\frac{X_i - \mu_1}{\sigma_1}\right)^2 = \frac{\sum_{i=1}^{n_1}(X_i - \mu_1)^2}{\sigma_1^2} \sim \chi^2(n_1)$$

$$\sum_{j=1}^{n_2}\left(\frac{Y_j - \mu_2}{\sigma_2}\right)^2 = \frac{\sum_{j=1}^{n_2}(Y_j - \mu_2)^2}{\sigma_2^2} \sim \chi^2(n_2).$$

所以：

$$F = \frac{\sum_{i=1}^{n_1}(X_i - \mu_1)^2/(n_1\sigma_1^2)}{\sum_{j=1}^{n_2}(Y_j - \mu_2)^2/(n_2\sigma_2^2)} \sim F(n_1, n_2).$$

(4) 未知总体 X 和 Y 的期望 μ_1 和 μ_2，求方差比 σ_1^2/σ_2^2 的分布 .

$X \sim N(\mu_1, \sigma_1^2)$，$Y \sim N(\mu_2, \sigma_2^2)$，$\mu_1$ 和 μ_2 未知，则

$$F = \frac{S_1^2/\sigma_1^2}{S_2^2/\sigma_2^2} \sim F(n_1 - 1, n_2 - 1).$$

证明：因为：

$$\frac{(n_1 - 1)S_1^2}{\sigma_1^2} \sim \chi^2(n_1 - 1),\ \frac{(n_2 - 1)S_2^2}{\sigma_2^2} \sim \chi^2(n_2 - 1)$$

所以：

$$\frac{\dfrac{(n_1 - 1)S_1^2}{\sigma_1^2(n_1 - 1)}}{\dfrac{(n_2 - 1)S_2^2}{\sigma_2^2(n_2 - 1)}} = \frac{S_1^2/\sigma_1^2}{S_2^2/\sigma_2^2} \sim F(n_1 - 1, n_2 - 1).$$

例 6-4-4 设总体 $X \sim N(20, 5^2)$，$Y \sim N(10, 2^2)$，从总体 X，Y 中分别抽取容量为 $n_1 = 10$，$n_2 = 8$ 的样本，求：(1) $P(\overline{X} - \overline{Y} > 6)$；(2) $P\left(\frac{S_1^2}{S_2^2} < 23\right)$.

(1) 因为：

$$\frac{(\overline{X}-\overline{Y})-(\mu_1-\mu_2)}{\sqrt{\frac{\sigma_1^2}{n_1}+\frac{\sigma_2^2}{n_2}}}\sim N(0,1),$$

所以：

$$P(\overline{X}-\overline{Y}>6)=P\left(\frac{(\overline{X}-\overline{Y})-(\mu_1-\mu_2)}{\sqrt{\frac{\sigma_1^2}{n_1}+\frac{\sigma_2^2}{n_2}}}>\frac{6-10}{\sqrt{\frac{5^2}{10}+\frac{2^2}{8}}}\right)$$

$$=1-\psi\left(-\frac{4}{\sqrt{3}}\right)=\psi\left(\frac{4}{\sqrt{3}}\right).$$

（2）因为：

$$\frac{S_1^2/\sigma_1^2}{S_2^2/\sigma_2^2}\sim F(n_1-1,n_2-1)$$

所以：

$$P\left(\frac{S_1^2}{S_2^2}<23\right)=P\left(\frac{S_1^2}{S_2^2}\cdot\frac{\sigma_2^2}{\sigma_1^2}<23\cdot\frac{\sigma_2^2}{\sigma_1^2}\right)=P\left(\frac{S_1^2}{S_2^2}\cdot\frac{\sigma_2^2}{\sigma_1^2}<3.68\right).$$

查表得 $F_\alpha(9,7)=3.68$ 所对应的 $\alpha=0.05$. 所以 $P\left(\frac{S_1^2}{S_2^2}<23\right)=1-\alpha=0.95$.

总结：两个正态总体统计量的分布（见表6－4－1）.

表6－4－1　两个正态总体统计量的分布

已知方差	方差未知但相等
$\frac{(\overline{X}-\overline{Y})-(\mu_1-\mu_2)}{\sqrt{\frac{\sigma_1^2}{n_1}+\frac{\sigma_2^2}{n_2}}}\sim N(0,1)$	$\frac{(\overline{X}-\overline{Y})-(\mu_1-\mu_2)}{S_w\sqrt{\frac{1}{n_1}+\frac{1}{n_2}}}\sim t(n_1+n_2-2)$
已知期望	未知期望
$\frac{\sum_{i=1}^{n_1}(X_i-\mu_1)^2/(n_1\sigma_1^2)}{\sum_{j=1}^{n_2}(Y_j-\mu_2)^2/(n_2\sigma_2^2)}\sim F(n_1,n_2)$	$\frac{\frac{\sum_{i=1}^{n_1}(X_i-\overline{X})^2}{(n_1-1)\sigma_1^2}}{\frac{\sum_{j=1}^{n_2}(Y_j-\overline{Y})^2}{(n_2-1)\sigma_2^2}}=\frac{S_1^2/\sigma_1^2}{S_2^2/\sigma_2^2}\sim F(n_1-1,n_2-1)$

本章小结

数理统计研究的是如何根据抽得的样本对总体特征（分布、数字特征）做出推断．数理统计采用的是随机抽样法，从总体中抽取的样本要满足随机性和独立性，对于简单随机抽样来说，X_1，X_2，…，X_n彼此独立且与总体X服从相同分布．由样本构成的函数称为样本函数或统计量，常用的统计量包括样本均值、样本方差、样本标准差、样本的各阶矩等．数理统计中有3种重要的分布，分别是χ^2分布、t分布和F分布．正态总体统计量的分布是数理统计中的一个重要问题．

对于单个正态总体统计量，本章讨论了4种分布：

(1) $\dfrac{\overline{X}-\mu}{\sqrt{\dfrac{\sigma^2}{n}}} \sim N(0,1)$；

(2) $\dfrac{\overline{X}-\mu}{\sqrt{\dfrac{S^2}{n}}} \sim t(n-1)$；

(3) $\dfrac{\sum (X_i-\mu)^2}{\sigma^2} \sim \chi^2(n)$；

(4) $\dfrac{(n-1)S^2}{\sigma^2} = \dfrac{\sum\limits_{i=1}^{n}(X_i-\overline{X})^2}{\sigma^2} \sim \chi^2(n-1)$.

对于两个正态总体统计量，本章讨论了4种分布：

(1) $\dfrac{(\overline{X}-\overline{Y})-(\mu_1-\mu_2)}{\sqrt{\dfrac{\sigma_1^2}{n_1}+\dfrac{\sigma_2^2}{n_2}}} \sim N(0,1)$；

(2) $\dfrac{(\overline{X}-\overline{Y})-(\mu_1-\mu_2)}{S_w\sqrt{\dfrac{1}{n_1}+\dfrac{1}{n_2}}} \sim t(n_1+n_2-2)$；

(3) $\dfrac{\sum\limits_{i=1}^{n_1}(X_i-\mu_1)^2/(n_1\sigma_1^2)}{\sum\limits_{j=1}^{n_2}(Y_j-\mu_2)^2/(n_2\sigma_2^2)} \sim F(n_1,n_2)$；

(4) $\dfrac{\dfrac{\sum\limits_{i=1}^{n_1}(X_i-\overline{X})^2}{(n_1-1)\sigma_1^2}}{\dfrac{\sum\limits_{j=1}^{n_2}(Y_j-\overline{Y})^2}{(n_2-1)\sigma_2^2}} = \dfrac{S_1^2/\sigma_1^2}{S_2^2/\sigma_2^2} \sim F(n_1-1,n_2-1)$.

这些分布将在区间估计和假设检验中得到应用.

习　题　六

1. 设有下列样本值：0.497，0.506，0.518，0.524，0.488，0.510，0.510，0.515，0.512，求样本均值$\bar{x}$和样本方差s^2.

2. 查表求标准正态分布的水平$\alpha=0.05$和$\alpha=0.025$的分位数.

3. 设随机变量$X\sim t(n)$（$n>1$），$Y=\dfrac{1}{X^2}$，求Y服从的分布.

4. 已知$X\sim t(n)$，求证$X^2\sim F(1,n)$.

5. 设总体$X\sim N(20,3)$，从X中分别抽取容量为10，15的两个相互独立的样本，求两个样本均值之差的绝对值大于0.3的概率.

6. 设X与Y相互独立，且有$X\sim N(5,15)$，$Y\sim\chi^2(5)$，求概率$P(X-5>3.5\sqrt{Y})$.

7. 设总体X服从$N(\mu,5^2)$.

（1）从总体中抽取容量为64的样本，求样本均值$\overline{X}$与总体均值μ之差的绝对值小于1的概率$P(|\overline{X}-\mu|<1)$；

（2）样本容量n多大时，才能使概率$P(|\overline{X}-\mu|<1)$达到0.95?

8. 从正态总体$N(\mu,0.5^2)$中抽取容量为10的样本X_1，X_2，…，X_{10}.

（1）已知$\mu=0$，求$\sum\limits_{i=1}^{10}X_i^2\geqslant 4$的概率；

（2）未知μ，求$\sum\limits_{i=1}^{10}(X_i-\overline{X})^2<2.85$的概率.

9. 设总体X服从$N(50,36)$，总体Y服从$N(46,16)$，从总体X中抽取容量为10的样本，从总体Y中抽取容量为8的样本，求下列概率：

（1）$P(0<\overline{X}-\overline{Y}<8)$；（2）$P\left(\dfrac{S_x^2}{S_y^2}<8.28\right)$.

10. 设X_1，X_2，…，X_{10}为总体$X\sim N(\mu,\sigma^2)$的一个样本，试求：

（1）$P\left(0.26\sigma^2\leqslant\dfrac{1}{10}\sum\limits_{i=1}^{10}(X_i-\overline{X})^2\leqslant 2.3\sigma^2\right)$；

（2）$P\left(0.26\sigma^2\leqslant\dfrac{1}{10}\sum\limits_{i=1}^{10}(X_i-\mu)^2\leqslant 2.3\sigma^2\right)$.

11. 某厂生产的灯泡的使用寿命X服从$N(2\,250,\sigma^2)$（单位：小时），抽取一容量为16的样本，得到$\bar{x}=2\,300$，$s=120$，求$P(\overline{X}<2\,300)$.

12. 设在总体$N(\mu,\sigma^2)$中抽取一容量为n的样本，这里μ，σ^2均为未知，$\overline{X}$与S^2分别为样本均值与样本方差，试求$E(\overline{X}^2)$与$D(S^2)$.

13. 设X_1，X_2，X_3，X_4是抽自正态总体$N(0,2^2)$的简单样本，

$$Y=a(X_1-2X_2)^2+b(3X_3-4X_4)^2.$$

问 a，b 分别为何值时，统计量 Y 服从 χ^2 分布，其自由度是多少?

14. 设总体 X 服从正态分布 $N(\mu,\sigma^2)$（$\sigma>0$），从该总体中抽取简单随机样本 X_1，X_2，…，X_{2n}（$n\geqslant 2$），其样本均值为 $\overline{X}=\frac{1}{2n}\sum\limits_{i=1}^{2n}X_i$，求统计量 $Y=\sum\limits_{i=1}^{n}(X_i+X_{n+i}-2\overline{X})^2$ 的数学期望 $E(Y)$.

15. 设 X_1，X_2，…，X_{18} 是来自正态总体 $N(0,9)$ 的样本，试求统计量 $Y=\dfrac{X_1+\cdots+X_9}{\sqrt{X_{10}^2+\cdots+X_{18}^2}}$ 的分布.

16. 设（X_1，X_2，…，X_{10}）是来自 $N(0,0.5^2)$ 的样本，求 $P(\sum\limits_{i=1}^{10}X_i\geqslant 4)$.

17. 设（X_1，X_2，…，X_{16}）是来自 $N(\mu,\sigma^2)$ 的样本，求：

$$P(8.55\sigma^2\leqslant\sum_{i=1}^{16}(X_i-\overline{X})^2\leqslant 32.8\sigma^2).$$

18. 设（X_1，X_2，…，X_n）是来自正态总体 $N(\mu,\sigma^2)$ 的样本，$\sigma>0$ 未知，样本方差 $s^2=20.8$，求 $P(|\overline{X}-\mu|<2)$.

19. 设（X_1，X_2，…，X_n，X_{n+1}）是来自正态分布 $N(\mu,\sigma^2)$ 的样本，$\overline{X}=\frac{1}{n}\sum\limits_{i=1}^{n}X_i$，$S^2=\frac{1}{n-1}\sum\limits_{i=1}^{n}(X_i-\overline{X})^2$，求 $Y=\dfrac{X_{n+1}-\overline{X}}{S}\sqrt{\dfrac{n}{n+1}}$ 服从的分布.

20. 设 X 服从 $N(0,1)$，（X_1，X_2，…，X_6）为来自总体 X 的简单随机样本，

$$Y=(X_1+X_2+X_3)^2+(X_4+X_5+X_6)^2,$$

试确定常数 C，使得随机变量 CY 服从 χ^2 分布.

21. 假定 $\overline{X_1}$ 和 $\overline{X_2}$ 是来自正态总体 $N(\mu,\sigma^2)$ 的容量为 n 的两样本（X_{11}，X_{12}，…，X_{1n}）和（X_{21}，X_{22}，…，X_{2n}）的样本均值，试确定 n，使得这两个样本均值之差超过 σ 的概率约为 0.01.

22. 从正态总体 $N(60,15^2)$ 中抽取容量为 n 的样本，若要求其样本均值位于区间（2.2，6.2）内的概率不小于 0.95，则样本容量 n 为多大?

23. 总体 $X\sim N(\mu,\sigma^2)$，抽取 16 个样本，$\overline{X}$ 为样本均值．求：

（1）已知 $\sigma=3$，则 $P(\overline{X}-\mu>1)=$?

（2）未知 σ，但已知 $s=5$，$P(\overline{X}-\mu>1.25a)=0.05$，则 $a=$?

24. 甲、乙两个总体分别服从标准差为 40 和 50 的正态分布，彼此独立，从甲总体中抽取容量为 8 的样本，其样本标准差为 S_1；从乙总体中抽取容量为 16 的样本，其样本标准差为 S_2. 已知 $P(S_1>aS_2)=0.01$，则正数 $a=$?

25. 设 X_1，X_2，…，X_7 为来自总体 $N(0,0.5^2)$ 的一个样本，求：

(1) $P(\sum\limits_{i=1}^{7}X_i^2>4)$；(2) $P(\sum\limits_{i=1}^{7}(X_i-\overline{X})^2>4)$.

26. 设某厂生产的灯泡的使用寿命 $X \sim N(1\ 000, \sigma^2)$（单位：小时），随机抽取一容量为 9 的样本，并测得了样本均值及样本方差．但是由于工作上的失误，事后失去了此实验的结果，只记得样本方差为 $s^2 = 100^2$，试求 $P(\overline{X} > 1\ 062)$．

第七章

参数估计

7.1 参数估计的基本概念

在有些实际问题中，总体的分布类型是知道的，但其中某几个参数未知，这时就需要根据样本的信息去估计这些参数的取值，称这类问题为参数估计．参数估计分为两种类型：

（1）点估计：估计参数的具体数值．

（2）区间估计：估计参数的取值区间．

7.2 点估计

问题的提出：设已知总体 X 符合某种分布，该分布的类型已知，但该分布的某些参数未知，怎样根据抽取的样本观测值 x_1，x_2，…，x_n来估计未知参数的值？设总体 X 的分布中含有未知参数 θ，从总体 X 中抽取样本 X_1，X_2，…，X_n，得到观测值 x_1，x_2，…，x_n，用适当的统计量 $\hat{\theta}(X_1, X_2, \cdots, X_n)$ 的观测值 $\hat{\theta}(x_1, x_2, \cdots, x_n)$ 作为未知参数 θ 的估计值，称 $\hat{\theta}(X_1, X_2, \cdots, X_n)$ 为 θ 的点估计量，而 $\hat{\theta}(x_1, x_2, \cdots, x_n)$ 称为 θ 的点估计值．当未知参数 θ_1，θ_2，…，θ_m 不止一个时，需要求出 m 个统计量．点估计又具体分为矩估计和最大似然估计两种方法．

7.2.1 矩估计

设总体 X 的分布中含有未知参数 θ_1，θ_2，…，θ_m，假定总体 X 的直到 m 阶原点矩存在，则这些原点矩应该是关于 θ_1，θ_2，…，θ_m的函数，即：

$$\nu_1 = \nu_1(\theta_1, \theta_2, \cdots, \theta_m)$$

$$\cdots$$

$$\nu_m = \nu_m(\theta_1, \theta_2, \cdots, \theta_m)$$

从总体中抽取样本 X_1，X_2，…，X_n，把样本的 k 阶原点矩作为总体的 k 阶原点矩的估计量，于是得到：

$$\begin{cases}\nu_1(\theta_1,\theta_2,\cdots,\theta_m) = \dfrac{1}{n}\sum\limits_{i=1}^{n} X_i \\ \nu_2(\theta_1,\theta_2,\cdots,\theta_m) = \dfrac{1}{n}\sum\limits_{i=1}^{n} X_i^2 \\ \qquad\cdots \\ \nu_m(\theta_1,\theta_2,\cdots,\theta_m) = \dfrac{1}{n}\sum\limits_{i=1}^{n} X_i^m\end{cases}$$

求解该方程组，即可得到 θ_1，θ_2，…，θ_m的点估计量：

$$\begin{cases}\hat{\theta}_1 = \theta_1(X_1,X_2,\cdots,X_n) \\ \hat{\theta}_2 = \theta_2(X_1,X_2,\cdots,X_n) \\ \qquad\cdots \\ \hat{\theta}_m = \theta_m(X_1,X_2,\cdots,X_n)\end{cases}$$

可见矩估计法的核心思想是：用样本的 k 阶原点矩代替总体的 k 阶原点矩，从而解出未知参数.

例 7-2-1　已知 X 在 $[0, \theta]$ 上均匀分布，$\theta>0$ 为未知参数，取得的样本观测值为 x_1，x_2，…，x_n，求 θ 的矩估计值.

解：X 的一阶原点矩为：

$$\nu_1 = \int_0^\theta \frac{1}{\theta}\cdot x\mathrm{d}x = \frac{\theta}{2},$$

一阶样本原点矩 $\overline{X}$的观测值为：

$$\bar{x} = \frac{1}{n}\sum_{i=1}^{n} x_i .$$

令 $\dfrac{\theta}{2} = \dfrac{1}{n}\sum\limits_{i=1}^{n} x_i$，所以：

$$\hat{\theta} = \frac{2}{n}\sum_{i=1}^{n} x_i = 2\bar{x}.$$

例 7-2-2　样本观测值为 x_1，x_2，…，x_n，求期望 μ，方差 σ^2 的矩估计值 $\hat{\mu}$ 和 $\hat{\sigma}^2$.

解：总体的一阶原点矩为 $\nu_1=\mu$，一阶样本原点矩为 $\dfrac{1}{n}\sum\limits_{i=1}^{n} x_i = \bar{x}$，所以：

$$\hat{\mu} = \frac{1}{n}\sum_{i=1}^{n} x_i = \bar{x}.$$

总体的二阶原点矩为 $\nu_2=\sigma^2+\mu^2$，二阶样本原点矩为 $\dfrac{1}{n}\sum\limits_{i=1}^{n} x_i^2$，所以：

$$\hat{\sigma}^2 = \frac{1}{n}\sum_{i=1}^{n} x_i^2 - \bar{x}^2 = \frac{1}{n}\sum_{i=1}^{n}(x_i-\bar{x})^2 .$$

由例 7-2-2 可知，对于服从某种分布的总体 X：

总体均值 $E(X)$ 的矩估计量是样本均值 $\overline{X}$；

总体方差 $D(X)$ 的矩估计量是样本二阶中心矩 u_2.

7.2.2 最大似然估计

当已知总体 X 的分布类型时，就知道了 X 的分布密度 $p(x;\ \theta_1,\ \theta_2,\ \cdots,\ \theta_m)$，未知的只是参数 $\theta_1,\ \theta_2,\ \cdots,\ \theta_m$. 最大似然估计法首先构造以 $\theta_1,\ \theta_2,\ \cdots,\ \theta_m$ 为自变量的似然函数.

$$L(x_1,x_2,\cdots,x_n;\theta_1,\theta_2,\cdots,\theta_m) = \prod_{i=1}^{n} p(x_i;\theta_1,\theta_2,\cdots,\theta_m)$$

考虑到样本之间的独立性，我们不难发现似然函数 L 其实就是样本 $x_1,\ x_2,\ \cdots,\ x_n$ 的联合概率密度函数. 若似然函数 $L(x_1,\ x_2,\ \cdots,\ x_n;\ \theta_1,\ \theta_2,\ \cdots,\ \theta_m)$ 在 $\hat{\theta}_1,\ \hat{\theta}_2,\ \cdots,\ \hat{\theta}_m$ 处达到最大值，则称 $\hat{\theta}_1,\ \hat{\theta}_2,\ \cdots,\ \hat{\theta}_m$ 为 $\theta_1,\ \theta_2,\ \cdots,\ \theta_m$ 的最大似然估计. 这种估计法的依据是由于抽样的结果是 $x_1,\ x_2,\ \cdots,\ x_n$，所以参数 $\theta_1,\ \theta_2,\ \cdots,\ \theta_m$ 的取值应该使这组抽样结果出现的可能性最大，也就是使似然函数 $L(x_1,\ x_2,\ \cdots,\ x_n;\ \theta_1,\ \theta_2,\ \cdots,\ \theta_m)$ 取最大值.

例 7-2-3 已知 X 服从指数分布，λ 为未知参数，

$$f(x) = \begin{cases} \lambda e^{-\lambda x}, x > 0, \\ 0, x \leqslant 0. \end{cases}$$

取得样本观测值为 $x_1,\ x_2,\ \cdots,\ x_n$，求 λ 的最大似然估计.

解：似然函数 $L = \prod\limits_{i=1}^{n} f(x_i) = \lambda^n \cdot e^{-\lambda \sum\limits_{i=1}^{n} x_i}$.

因为似然函数 L 一定是非负的，而对于非负的自变量 L，$\ln L$ 是递增函数，所以 L 与 $\ln L$ 同时取最大值，因此可以考察对数似然函数

$$\ln L = n\ln\lambda - \lambda \sum_{i=1}^{n} x_i.$$

为了使 $\ln L$ 取得最大值，令 $\dfrac{d\ln L}{d\lambda}=0$，可得：

$$\frac{n}{\lambda} - \sum_{i=1}^{n} x_i = 0.$$

即：

$$\hat{\lambda} = \frac{n}{\sum\limits_{i=1}^{n} x_i} = \frac{1}{\overline{x}}.$$

例 7-2-4 总体 $X \sim P(\lambda)$，即 $P(X=k) = \dfrac{\lambda^k}{k!}e^{-\lambda}$，$k=0,\ 1,\ 2,\ \cdots$

取得样本观测值为 $x_1,\ x_2,\ \cdots,\ x_n$，求 λ 的最大似然估计.

解： 似然函数 $L=\prod_{i=1}^{n}P(x=x_i)=\prod_{i=1}^{n}\left(\frac{\lambda^{x_i}}{x_i!}e^{-\lambda}\right)=\frac{\lambda^{\sum x_i}}{\prod(x_i!)}e^{-n\lambda}$

$$\ln L=\sum_{i=1}^{n}x_i\ln\lambda-n\lambda-\ln\prod(x_i!)=\sum_{i=1}^{n}x_i\ln\lambda-n\lambda-\sum_{i=1}^{n}\ln(x_i!)$$

令：
$$\frac{d\ln L}{d\lambda}=\frac{\sum_{i=1}^{n}x_i}{\lambda}-n=0$$

$$\hat{\lambda}=\frac{1}{n}\sum_{i=1}^{n}x_i=\bar{x}.$$

例 7-2-5　$X\sim N(\mu,\sigma^2)$，取得样本观测值为 x_1，x_2，…，x_n，求 μ 和 σ^2 的最大似然估计.

解： $f(x)=\frac{1}{\sqrt{2\pi}\sigma}e^{-\frac{(x-\mu)^2}{2\sigma^2}}$

$$L=\prod f(x_i)=\left(\frac{1}{\sqrt{2\pi}\sigma}\right)^n e^{-\sum_{i=1}^{n}\frac{(x_i-\mu)^2}{2\sigma^2}}$$

$$\ln L=n\ln\left(\frac{1}{\sqrt{2\pi}\sigma}\right)-\sum_{i=1}^{n}\frac{(x_i-\mu)^2}{2\sigma^2}$$

$\frac{\partial\ln L}{\partial\mu}=\frac{1}{\sigma^2}\sum_{i=1}^{n}(x_i-\mu)=0$，推出 $\hat{\mu}=\frac{1}{n}\sum_{i=1}^{n}x_i=\bar{x}$，

$\frac{\partial\ln L}{\partial\sigma}=-\frac{n}{\sigma}+\frac{1}{\sigma^3}\sum_{i=1}^{n}(x_i-\mu)^2=0$，推出 $\hat{\sigma}^2=\frac{1}{n}\sum_{i=1}^{n}(x_i-\bar{x})^2$.

例 7-2-6　X 服从 $(0,\theta)$，$\theta>0$ 上的均匀分布，样本观测值为 x_1，x_2，…，x_n，求 θ 的最大似然估计.

解： $f(x)=\begin{cases}\frac{1}{\theta}, & 0<x<\theta,\\ 0, & 其他.\end{cases}$

$$L=\begin{cases}\frac{1}{\theta^n}, & 0<x<\theta,\\ 0, & 其他.\end{cases}$$

可见，似然函数 L 是 θ 的递减函数，为使 L 取最大值，θ 应取最小值.

又因为：　$\theta\geqslant\max(x_i)\ (i=1,2,3,\cdots,n)$

所以取 $\hat{\theta}=\max(x_i)$.

7.2.3　点估计量的评价标准

参数 θ 的最佳估计量 $\hat{\theta}(x_1,x_2,\cdots,x_n)$ 应最接近于 θ，所以好的估计量应符合以下标准.

1. 无偏性

定义 7－2－1：若 $E(\hat{\theta})=\theta$，则称 $\hat{\theta}(x_1, x_2, \cdots, x_n)$ 是 θ 的无偏估计量.

可见，用无偏估计量 $\hat{\theta}$ 代替 θ 时，不会产生系统误差.

例 7－2－7 设总体 X 的均值为 μ，方差为 σ^2，即 $E(X)=\mu$，$D(X)=\sigma^2$，$X_1, X_2, \cdots, X_n$ 是 n 个样本. 则：

（1）样本均值 $\overline{X}=\frac{1}{n}\sum_{i=1}^{n}X_i$ 是 μ 的无偏估计.

（2）样本方差 $S^2=\frac{1}{n-1}\sum_{i=1}^{n}(X_i-\overline{X})^2$ 是 σ^2 的无偏估计.

证明：

（1）$E(\overline{X})=E\left(\frac{1}{n}\sum_{i=1}^{n}X_i\right)=\frac{1}{n}\left(\sum_{i=1}^{n}EX_i\right)=\frac{1}{n}n\mu=\mu$.

（2）
$$\begin{aligned}S^2&=\frac{1}{n-1}\sum_{i=1}^{n}(X_i-\overline{X})^2\\&=\frac{1}{n-1}\left[\sum_{i=1}^{n}(X_i^2-2X_i\overline{X}+\overline{X}^2)\right]\\&=\frac{1}{n-1}\left[\sum_{i=1}^{n}X_i^2-2\overline{X}\sum_{i=1}^{n}X_i+n\overline{X}^2\right]\\&=\frac{1}{n-1}\left(\sum_{i=1}^{n}X_i^2-n\overline{X}^2\right).\end{aligned}$$

所以，$E(S^2)=\frac{1}{n-1}\left[\sum_{i=1}^{n}E(X_i^2)-nE(\overline{X}^2)\right]$.

因为，$E(X_i^2)=D(X_i)+[E(X_i)]^2=\sigma^2+\mu^2$

$$\begin{aligned}E(\overline{X}^2)&=D(\overline{X})+[E(\overline{X})]^2=D\left(\frac{1}{n}\sum_{i=1}^{n}X_i\right)+\mu^2\\&=\frac{1}{n^2}n\sigma^2+\mu^2=\frac{1}{n}\sigma^2+\mu^2.\end{aligned}$$

所以，$E(S)^2=\frac{1}{n-1}\left[n(\sigma^2+\mu^2)-n\left(\frac{1}{n}\sigma^2+\mu^2\right)\right]=\sigma^2$.

此外，$E\left[\frac{\Gamma\left(\frac{n-1}{2}\right)\sqrt{n-1}}{\Gamma\left(\frac{n}{2}\right)\sqrt{2}}S\right]=\sqrt{D(X)}=\sigma$，可见样本标准差 S 并不是总体标准差 σ 的无偏估计量.

2. 有效性

我们知道 $E(\overline{X})=E\left(\frac{1}{n}\sum_{i=1}^{n}X_i\right)=\mu$，$E(X_i)=\mu$，可见 $\overline{X}$ 与某个样本 X_i 都是总体 X 均值的无偏估计，那么哪个估计量更好呢？

定义 7-2-2：若 $\hat{\theta}_1$，$\hat{\theta}_2$都是 θ 的无偏估计量，则当 $D(\hat{\theta}_1) < D(\hat{\theta}_2)$时，称 $\hat{\theta}_1$ 比 $\hat{\theta}_2$ 有效.

对于$\overline{X}$与某个样本 X_i，因为

$$D(X_i) = \sigma^2,\ D(\overline{X}) = D\left(\frac{1}{n}\sum_{i=1}^{n} X_i\right) = \frac{\sigma^2}{n}$$

所以$\overline{X}$比 X_i更有效地估计了 X 的期望 μ.

3. 一致性

定义 7-2-3：如果当 $n\to\infty$ 时，$\hat{\theta}_n$依概率收敛于 θ，即对于 $\forall\varepsilon>0$，有

$$\lim_{n\to\infty} P(|\hat{\theta}_n - \theta| < \varepsilon) = 1$$

成立，则称 $\hat{\theta}_n$是 θ 的一致估计量.

当 $\hat{\theta}_n$是 θ 的无偏估计时，上述定义的等价条件是 $\lim\limits_{n\to\infty} D(\hat{\theta}_n)\to 0$，这是因为由 Chebyshev 不等式

$$\lim_{n\to\infty} P[\,|\hat{\theta}_n - E(\hat{\theta}_n)| < \varepsilon\,] \geqslant 1 - \frac{D(\hat{\theta}_n)}{\varepsilon^2}.$$

所以有 $\lim\limits_{n\to\infty} P\ [\,|\hat{\theta}_n - \theta| < \varepsilon\,]\ = 1$ 成立.

例 7-2-8　证明样本均值$\overline{X}$是总体 X 期望的一致估计量.

证明：

$$\overline{X} = \frac{1}{n}\sum_{i=1}^{n} X_i$$

$$\lim_{n\to\infty} P(|\overline{X} - \mu| < \varepsilon) = \lim_{n\to\infty} P\left(\left|\frac{1}{n}\sum_{i=1}^{n} X_i - \mu\right| < \varepsilon\right)$$

因为 $EX_i = \mu$，所以 $E\left(\frac{1}{n}\sum\limits_{i=1}^{n} X_i\right) = \mu$.

根据 Chebyshev 不等式

$$\lim_{n\to\infty} P\left[\left|\frac{1}{n}\sum_{i=1}^{n} X_i - E\left(\frac{1}{n}\sum_{i=1}^{n} X_i\right)\right| < \varepsilon\right] \geqslant 1 - \frac{D\left(\frac{1}{n}\sum\limits_{i=1}^{n} X_i\right)}{\varepsilon^2}$$

$$1 - \frac{D\left(\frac{1}{n}\sum\limits_{i=1}^{n} X_i\right)}{\varepsilon^2} = 1 - \frac{\sigma^2}{n\varepsilon^2} \to 1$$

所以 $\lim\limits_{n\to\infty} P(|\overline{X} - \mu| < \varepsilon) = 1$.

例 7-2-9　X_1，X_2取自总体 $N(\mu,\ 1)$，证明以下三个估计量都是 μ 的无偏估计，并确定其中最有效的一个.

$$\hat{\mu}_1=\frac{2}{3}x_1+\frac{1}{3}x_2$$

$$\hat{\mu}_2=\frac{1}{4}x_1+\frac{3}{4}x_2$$

$$\hat{\mu}_3=\frac{1}{2}x_1+\frac{1}{2}x_2$$

解：不难证明 $E(\hat{\mu}_1)=E(\hat{\mu}_2)=E(\hat{\mu}_3)=\mu$，另外计算得到

$$D(\hat{\mu}_1)=\frac{5}{9}\sigma^2,\qquad D(\hat{\mu}_2)=\frac{5}{8}\sigma^2,\qquad D(\hat{\mu}_3)=\frac{1}{2}\sigma^2.$$

所以 $\hat{\mu}_3$ 是最有效的一个估计量.

例 7-2-10 X_1，X_2，…，X_n 是总体 $N(\mu,\sigma^2)$ 的一个样本，试选择常数 C，使 $C\sum\limits_{i=1}^{n-1}(x_{i+1}-x_i)^2$ 成为 σ^2 的无偏估计量.

解：$D(X_{i+1}-X_i)=E(X_{i+1}-X_i)^2-[E(X_{i+1}-X_i)]^2$

因为 X_i 和 X_{i+1} 独立同分布，所以：

$$D(X_{i+1}-X_i)=2DX_i=2\sigma^2 \text{ 且 } E(X_{i+1})=E(X_i).$$

所以 $2\sigma^2=E(X_{i+1}-X_i)^2$.

因此，为了满足要求，应该使

$$E[C\sum_{i=1}^{n-1}(x_{i+1}-x_i)^2]=CE[\sum_{i=1}^{n-1}(x_{i+1}-x_i)^2]=C\cdot 2(n-1)\sigma^2=\sigma^2$$

所以 $C=\dfrac{1}{2(n-1)}$.

7.3 正态总体参数的区间估计

7.3.1 区间估计的基本概念

参数的点估计能够得到 θ 的近似值 $\hat{\theta}$，但 $\hat{\theta}$ 与 θ 的真值之间总还是存在着误差，我们希望大致估计出这个误差的范围．这个问题也可以这样表述，θ 出现在 $\hat{\theta}$ 附近某区间的概率多大？即

$$P(|\hat{\theta}-\theta|<\varepsilon)=1-\alpha \text{ 或 } P(\hat{\theta}-\varepsilon<\theta<\hat{\theta}+\varepsilon)=1-\alpha$$

称 $(\hat{\theta}-\varepsilon,\hat{\theta}+\varepsilon)$ 为置信区间，$1-\alpha$ 为置信度．需要说明的是，置信度 $1-\alpha$ 与置信区间长度 2ε 是一对矛盾，从应用的角度来看，希望置信区间长度 2ε 尽量短（这样估计的才更精确），但较高的置信度又要求较大的区间长度与之相匹配，所以我们只能在一定置信度的前提下，谈某个参数 θ 的置信区间是多少.

定义 7-3-1：设总体 X 的分布中含有未知参数 θ，如果对于给定概率 $1-\alpha$ 存在两个统计量 $\hat{\theta}_1(X_1,\cdots,X_n)$，$\hat{\theta}_2(X_1,\cdots,X_n)$，使得

$$P(\hat{\theta}_1 < \theta < \hat{\theta}_2) = 1 - \alpha$$

则称（$\hat{\theta}_1$，$\hat{\theta}_2$）为 θ 的置信度为 $1-\alpha$ 的置信区间.

对于给定的置信度 $1-\alpha$，根据样本观测值来确定未知参数 θ 的置信区间（$\hat{\theta}_1$，$\hat{\theta}_2$）称为区间估计，如图 7-3-1 所示. 我们只讨论正态总体 $X \sim N(\mu, \sigma^2)$ 时参数的区间估计问题，其基本方法是根据问题的提出方式或已知条件，选择合适的统计量，并进一步确定置信区间.

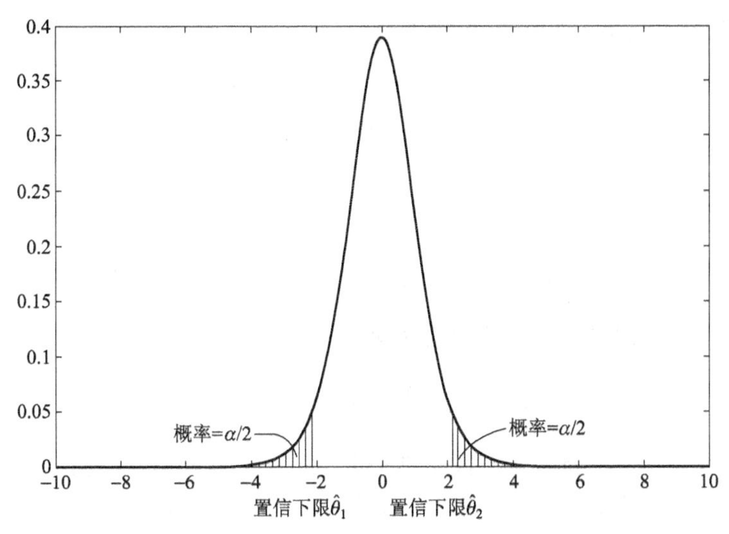

图 7-3-1　置信度为 $1-\alpha$ 的参数 θ 的置信区间

7.3.2　单个正态总体参数的区间估计

一、$X \sim N(\mu, \sigma^2)$，已知方差 $\sigma^2 = \sigma_0^2$，求 μ 的置信区间

因为 $\overline{X} \sim N\left(\mu, \dfrac{\sigma^2}{n}\right)$，所以选择统计量 $\dfrac{\overline{X}-\mu}{\sqrt{\dfrac{\sigma^2}{n}}} \sim N(0, 1)$，进一步令

$$P\left[\frac{|\overline{X}-\mu|}{\sqrt{\dfrac{\sigma_0^2}{n}}} < u_{\frac{\alpha}{2}}\right] = 1-\alpha,$$

其中 $u_{\frac{\alpha}{2}}$ 是标准正态分布的分位数，即

$$P(u > u_{\frac{\alpha}{2}}) = \frac{\alpha}{2},$$

所以：

$$P\left[-u_{\frac{\alpha}{2}} < \frac{\overline{X}-\mu}{\sqrt{\dfrac{\sigma_0^2}{n}}} < u_{\frac{\alpha}{2}}\right] = 1-\alpha,$$

$$P\left[\overline{X}-u_{\frac{\alpha}{2}}\sqrt{\frac{\sigma_0^2}{n}}<\mu<\overline{X}+u_{\frac{\alpha}{2}}\sqrt{\frac{\sigma_0^2}{n}}\right]=1-\alpha.$$

所以，μ 的置信度为 $1-\alpha$ 的置信区间为：

$$\left[\overline{X}-u_{\frac{\alpha}{2}}\sqrt{\frac{\sigma_0^2}{n}},\ \overline{X}+u_{\frac{\alpha}{2}}\sqrt{\frac{\sigma_0^2}{n}}\right].$$

二、$X\sim N(\mu,\ \sigma^2)$，未知方差 σ^2，求 μ 的置信区间

选择统计量 $\dfrac{\overline{X}-\mu}{\sqrt{\dfrac{s^2}{n}}}\sim t(n-1)$，则：

$$P\left[-t_{\frac{\alpha}{2}}(n-1)<\frac{\overline{X}-\mu}{\sqrt{\frac{s^2}{n}}}<t_{\frac{\alpha}{2}}(n-1)\right]=1-\alpha$$

即：
$$P\left(\overline{X}-t_{\frac{\alpha}{2}}(n-1)\sqrt{\frac{s^2}{n}}<\mu<\overline{X}+t_{\frac{\alpha}{2}}(n-1)\sqrt{\frac{s^2}{n}}\right)=1-\alpha$$

所以 μ 的置信度为 $1-\alpha$ 的置信区间为：

$$\left[\overline{X}-t_{\frac{\alpha}{2}}(n-1)\sqrt{\frac{s^2}{n}},\ \overline{X}+t_{\frac{\alpha}{2}}(n-1)\sqrt{\frac{s^2}{n}}\right].$$

例 7-3-1 从一批零件中随机地抽取 16 枚，测得其长度为：

2.14，2.10，2.13，2.15，2.13，2.12，2.13，2.10，

2.15，2.12，2.14，2.10，2.13，2.11，2.14，2.11.

设零件长度 L 服从正态分布 $L\sim N(\mu,\ \sigma^2)$，试求 L 的均值 μ 以置信度为 90% 的置信区间：(1) 若已知 $\sigma=0.01$；(2) 若 σ 未知.

解：

(1) 在 $\sigma=0.01$ 已知的条件下，选取统计量 $\dfrac{\overline{X}-\mu}{\sqrt{\dfrac{\sigma^2}{n}}}\sim N(0,\ 1)$，所以置信区间为 $\left[\overline{x}-u_{\frac{\alpha}{2}}\sqrt{\dfrac{\sigma_0}{n}},\ \overline{x}+u_{\frac{\alpha}{2}}\sqrt{\dfrac{\sigma_0}{n}}\right]$，计算得到 $\overline{x}=2.125$，代入 $\sigma_0^2=0.01^2$，$n=16$，查表得到 $u_{\frac{\alpha}{2}}=1.645$，所以 μ 以置信度为 90% 的置信区间为 [2.125 − 0.004 1，2.125 + 0.004 1].

(2) 若 σ 未知，选择统计量 $\dfrac{\overline{x}-\mu}{\sqrt{\dfrac{s^2}{n}}}\sim t(n-1)$，$\mu$ 的置信度为 $1-\alpha$ 的置信区间为 $\left[\overline{x}-t_{\frac{\alpha}{2}}(n-1)\sqrt{\dfrac{s^2}{n}},\ \overline{x}+t_{\frac{\alpha}{2}}(n-1)\sqrt{\dfrac{s^2}{n}}\right]$，计算得到 $s=0.017$，代入 $n=16$，查表得到 $t_{\frac{\alpha}{2}}(n-1)=1.753\ 1$，所以 μ 以置信度为 90% 的置信区间为 [2.125 − 0.007 5，2.125 + 0.007 5].

三、$X \sim N(\mu,\sigma^2)$，已知期望 $\mu=\mu_0$，求 σ^2 的置信区间

因为：
$$X_i \sim N(\mu,\sigma^2)$$

所以：
$$\frac{X_i-\mu}{\sigma} \sim N(0,1)$$

选择统计量 $\dfrac{\sum\limits_{i=1}^{n}(X_i-\mu)^2}{\sigma^2} \sim \chi^2(n)$，可得：

$$P\left[\chi^2_{1-\frac{\alpha}{2}}(n) < \frac{\sum\limits_{i=1}^{n}(X_i-\mu_0)^2}{\sigma^2} < \chi^2_{\frac{\alpha}{2}}(n)\right] = 1-\alpha$$

即：
$$P\left[\frac{\sum\limits_{i=1}^{n}(X_i-\mu_0)^2}{\chi^2_{\frac{\alpha}{2}}(n)} < \sigma^2 < \frac{\sum\limits_{i=1}^{n}(X_i-\mu_0)^2}{\chi^2_{1-\frac{\alpha}{2}}(n)}\right] = 1-\alpha$$

所以 σ^2 的置信度为 $1-\alpha$ 的置信区间为：

$$\left[\frac{\sum\limits_{i=1}^{n}(X_i-\mu_0)^2}{\chi^2_{\frac{\alpha}{2}}(n)}, \frac{\sum\limits_{i=1}^{n}(X_i-\mu_0)^2}{\chi^2_{1-\frac{\alpha}{2}}(n)}\right].$$

四、$X \sim N(\mu,\ \sigma^2)$，未知期望 μ，求 σ^2 区间

选择统计量 $\dfrac{(n-1)S^2}{\sigma^2} = \dfrac{\sum\limits_{i=1}^{n}(X_i-\overline{X})^2}{\sigma^2} \sim \chi^2(n-1)$

可得：$P\left[\chi^2_{1-\frac{\alpha}{2}}(n-1) < \dfrac{(n-1)S^2}{\sigma^2} = \dfrac{\sum\limits_{i=1}^{n}(X_i-\overline{X})^2}{\sigma^2} < \chi^2_{\frac{\alpha}{2}}(n-1)\right] = 1-\alpha$

即：
$$P\left[\frac{(n-1)S^2}{\chi^2_{\frac{\alpha}{2}}(n-1)} < \sigma^2 < \frac{(n-1)S^2}{\chi^2_{1-\frac{\alpha}{2}}(n-1)}\right] = 1-\alpha$$

所以 σ^2 的置信度为 $1-\alpha$ 的置信区间为 $\left[\dfrac{(n-1)S^2}{\chi^2_{\frac{\alpha}{2}}(n-1)}, \dfrac{(n-1)S^2}{\chi^2_{1-\frac{\alpha}{2}}(n-1)}\right]$，

或记作 $\left[\dfrac{\sum\limits_{i=1}^{n}(X_i-\overline{X})^2}{\chi^2_{\frac{\alpha}{2}}(n-1)}, \dfrac{\sum\limits_{i=1}^{n}(X_i-\overline{X})^2}{\chi^2_{1-\frac{\alpha}{2}}(n-1)}\right]$.

例 7-3-2　从服从正态分布 $N(\mu,\sigma^2)$ 的总体 X 中抽取容量为 10 的一个样本，样本方差 $s^2=0.07$，试求总体方差 σ^2 的置信度为 0.95 的置信区间.

解：选择统计量 $\frac{(n-1)S^2}{\sigma^2}=\frac{\sum_{i=1}^{n}(X_i-\overline{X})^2}{\sigma^2}\sim\chi^2(n-1)$，则 σ^2 的95%的置信区间为：

$$\left[\frac{(n-1)S^2}{\chi^2_{\frac{\alpha}{2}}(n-1)},\quad \frac{(n-1)S^2}{\chi^2_{1-\frac{\alpha}{2}}(n-1)}\right]$$

查表得到 $\chi^2_{\frac{\alpha}{2}}(n-1)=19.0$，$\chi^2_{1-\frac{\alpha}{2}}(n-1)=2.70$，并代入相应的参数，可得置信区间为（0.033 2，0.233 3）.

7.3.3 两个正态总体参数的区间估计

一、两个正态总体均值差的区间估计

（1）总体 $X\sim N(\mu_1,\sigma_1^2)$，$Y\sim N(\mu_2,\sigma_2^2)$，已知方差 σ_1^2，σ_2^2，求均值差 $\mu_1-\mu_2$ 的置信区间.

选择统计量 $\frac{(\overline{X}-\overline{Y})-(\mu_1-\mu_2)}{\sqrt{\frac{\sigma_1^2}{n_1}+\frac{\sigma_2^2}{n_2}}}\sim N(0,1)$

则有 $P\left[-u_{\frac{\alpha}{2}}<\frac{(\overline{X}-\overline{Y})-(\mu_1-\mu_2)}{\sqrt{\frac{\sigma_1^2}{n_1}+\frac{\sigma_2^2}{n_2}}}<u_{\frac{\alpha}{2}}\right]=1-\alpha$

所以 $\mu_1-\mu_2$ 的置信度为 $1-\alpha$ 的置信区间为：

$$\left[(\overline{X}-\overline{Y})-u_{\frac{\alpha}{2}}\sqrt{\frac{\sigma_1^2}{n_1}+\frac{\sigma_2^2}{n_2}},\ (\overline{X}-\overline{Y})+u_{\frac{\alpha}{2}}\sqrt{\frac{\sigma_1^2}{n_1}+\frac{\sigma_2^2}{n_2}}\right].$$

（2）总体 $X\sim N(\mu_1,\sigma_1^2)$，$Y\sim N(\mu_2,\sigma_2^2)$，未知方差 σ_1^2，σ_2^2，但已知 $\sigma_1^2=\sigma_2^2$，求均值差 $\mu_1-\mu_2$ 的置信区间.

选择统计量 $\frac{(\overline{X}-\overline{Y})-(\mu_1-\mu_2)}{S_w\sqrt{\frac{1}{n_1}+\frac{1}{n_2}}}\sim t(n_1+n_2-2)$

其中 $S_w=\sqrt{\frac{(n_1-1)S_1^2+(n_2-1)S_2^2}{n_1+n_2-2}}$.

则有 $P\left[-t_{\frac{\alpha}{2}}(n_1+n_2-2)<\frac{(\overline{X}-\overline{Y})-(\mu_1-\mu_2)}{S_w\sqrt{\frac{1}{n_1}+\frac{1}{n_2}}}<t_{\frac{\alpha}{2}}(n_1+n_2-2)\right]=1-\alpha$

所以 $\mu_1-\mu_2$ 的置信度为 $1-\alpha$ 的置信区间为：

$$\left[(\overline{X}-\overline{Y})-t_{\frac{\alpha}{2}}(n_1+n_2-2)S_w\sqrt{\frac{1}{n_1}+\frac{1}{n_2}},\right.$$

$$\left.(\overline{X}-\overline{Y})+t_{\frac{\alpha}{2}}(n_1+n_2-2)S_w\sqrt{\frac{1}{n_1}+\frac{1}{n_2}}\right].$$

例 7-3-3　随机从 A 组导线中抽取 4 根，从 B 组导线中抽取 5 根，测得其电阻（欧姆）为

A 组导线：0.143　0.142　0.143　0.138；

B 组导线：0.140　0.142　0.136　0.138　0.140.

假设测试数据分别服从正态分布 $N(\mu_1,\sigma^2)$，$N(\mu_2,\sigma^2)$，且两样本互相独立，又 μ_1，μ_2，σ^2 均未知，试求 $\mu_1-\mu_2$ 以置信度为 90% 的置信区间．

解：选择统计量 $\dfrac{(\overline{x}-\overline{y})-(\mu_1-\mu_2)}{S_w\sqrt{\dfrac{1}{n_1}+\dfrac{1}{n_2}}}\sim t(n_1+n_2-2)$

代入 $n_1=4$，$n_2=5$，计算得到 $\overline{x}=0.1415$，$\overline{y}=0.1392$，$s_1^2=5.67\times10^{-6}$，$s_2^2=5.20\times10^{-6}$，$S_w=2.324\times10^{-3}$，查表可得 $t_{0.05}(7)=1.895$，所以 $\mu_1-\mu_2$ 以置信度为 95% 的置信区间为（-0.0007，0.0053）．

二、两个正态总体方差比的区间估计

（1）总体 $X\sim N(\mu_1,\sigma_1^2)$，$Y\sim N(\mu_2,\sigma_2^2)$，已知期望 μ_1，μ_2，未知方差 σ_1^2，σ_2^2，求方差比 $\dfrac{\sigma_1^2}{\sigma_2^2}$ 的置信区间.

选择统计量 $\dfrac{\dfrac{\sum\limits_{i=1}^{n_1}(X_i-\mu_1)^2}{n_1\sigma_1^2}}{\dfrac{\sum\limits_{i=1}^{n_2}(Y_i-\mu_2)^2}{n_2\sigma_2^2}}\sim F(n_1,n_2)$

则 $P\left(F_{1-\frac{\alpha}{2}}(n_1,n_2)<\dfrac{\dfrac{\sum\limits_{i=1}^{n_1}(X_i-\mu_1)^2}{n_1\sigma_1^2}}{\dfrac{\sum\limits_{i=1}^{n_2}(Y_i-\mu_2)^2}{n_2\sigma_2^2}}<F_{\frac{\alpha}{2}}(n_1,n_2)\right)=1-\alpha.$

所以 $\dfrac{\sigma_1^2}{\sigma_2^2}$ 的置信度为 $1-\alpha$ 的置信区间为：

$$\left(\frac{\frac{\sum_{i=1}^{n_1}(X_i-\mu_1)^2}{n_1}}{F_{\frac{\alpha}{2}}(n_1,n_2)\frac{\sum_{i=1}^{n_2}(Y_i-\mu_2)^2}{n_2}},\ \frac{\frac{\sum_{i=1}^{n_1}(X_i-\mu_1)^2}{n_1}}{F_{1-\frac{\alpha}{2}}(n_1,n_2)\frac{\sum_{i=1}^{n_2}(Y_i-\mu_2)^2}{n_2}}\right).$$

（2）未知期望 μ_1，μ_2，未知方差 σ_1^2，σ_2^2，求方差比 $\frac{\sigma_1^2}{\sigma_2^2}$ 的置信区间.

选择统计量 $\frac{\frac{S_1^2}{\sigma_1^2}}{\frac{S_2^2}{\sigma_2^2}}=\frac{\frac{\sum(X_i-\overline{X})^2}{(n_1-1)\sigma_1^2}}{\frac{\sum(Y_i-\overline{Y})^2}{(n_2-1)\sigma_2^2}}\sim F(n_1-1,n_2-1)$

则 $P\left(F_{1-\frac{\alpha}{2}}(n_1-1,n_2-1)<\frac{\frac{S_1^2}{\sigma_1^2}}{\frac{S_2^2}{\sigma_2^2}}<F_{\frac{\alpha}{2}}(n_1-1,n_2-1)\right)=1-\alpha.$

所以 $\frac{\sigma_1^2}{\sigma_2^2}$ 的置信度为 $1-\alpha$ 的置信区间为：

$$\left(\frac{S_1^2}{F_{\frac{\alpha}{2}}(n_1-1,n_2-1)S_2^2},\ \frac{S_1^2}{F_{1-\frac{\alpha}{2}}(n_1-1,n_2-1)S_2^2}\right).$$

例7-3-4 从甲、乙两组产品中，分别抽取一些样本，测得其性能参数如下：

甲：144　141　138　142　141　143　138　137；

乙：142　143　139　140　138　141　140　138　142　136.

假设两组产品的参数分别服从正态分布 $N(\mu_1,\sigma_1^2)$ 及 $N(\mu_2,\sigma_2^2)$，求方差比 $\frac{\sigma_1^2}{\sigma_2^2}$ 的置信水平为95%的置信区间.

解：选择统计量 $\frac{\frac{S_1^2}{\sigma_1^2}}{\frac{S_2^2}{\sigma_2^2}}\sim F(n_1-1,\ n_2-1)$，计算得到 $s_1=2.563$，$s_2=2.183$，

查表得到 $F_{\frac{\alpha}{2}}(n_1-1,n_2-1)=4.2$，$F_{1-\frac{\alpha}{2}}(n_1-1,n_2-1)=\frac{1}{F_{\frac{\alpha}{2}}(n_2-1,n_1-1)}=\frac{1}{4.82}$，

可得 $\frac{\sigma_1^2}{\sigma_2^2}$ 以置信度为95%的置信区间为（0.279 5，5.659 0）.

7.3.4 单侧置信区间估计

前面讨论的区间估计都是双侧的，如图7-3-1所示，也就是在置信下限和

置信上限的外侧各分得了 $\alpha/2$ 的概率．但实际应用中往往希望得到参数 θ 的单侧置信概率和单侧置信区间，如 P（灯泡寿命≥某值）和 P（产品不合格率≤某值），为此需要讨论参数的单侧置信区间估计问题．

定义 7－3－2：设总体 X 的分布中含有未知参数 θ，从总体 X 中抽取样本 X_1，X_2，…，X_n，对于给定概率 $1-\alpha$，如果存在统计量 $\hat{\theta}_l=\hat{\theta}_l(X_1, X_2, \cdots, X_n)$，使 $P(\theta>\hat{\theta}_l)=1-\alpha$，则称 $\hat{\theta}_l$ 是 θ 以置信度为 $1-\alpha$ 的置信下限；如果存在统计量 $\hat{\theta}_u=\hat{\theta}_u(X_1, X_2, \cdots, X_n)$ 使 $P(\theta<\hat{\theta}_u)=1-\alpha$，则称 $\hat{\theta}_u$ 是 θ 以置信度为 $1-\alpha$ 的置信上限．

由此定义可见，参数在单侧置信限的一侧就获得了 α 的概率（如图 7－3－2 所示）．

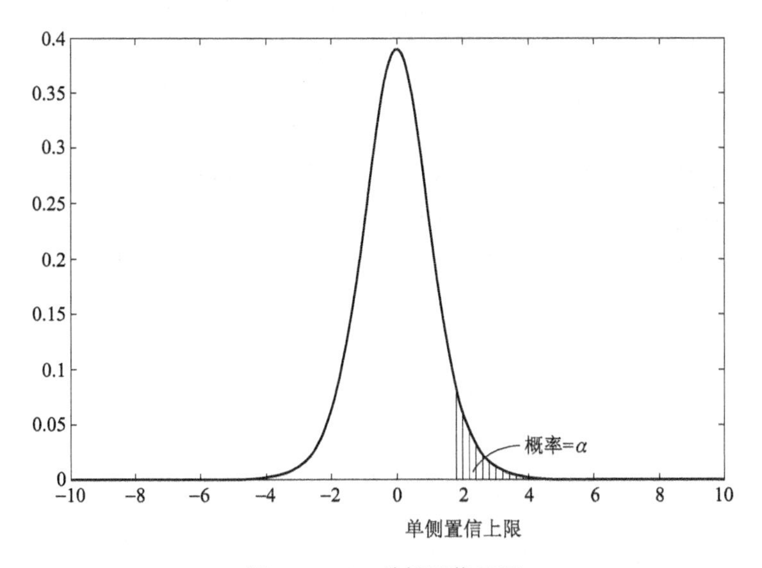

图 7－3－2　单侧置信区间

例 7－3－5　已知某炼铁厂的铁水含碳量服从正态分布 $N(\mu, \sigma^2)$，且标准差 $\sigma=0.108$，现测量五炉铁水，其含碳量分别是：

$$4.28\quad 4.4\quad 4.42\quad 4.35\quad 4.37$$

试求未知参数 μ 的置信水平为 0.95 的单侧置信下限和单侧置信上限．

解：由于方差已知，所以可以选取统计量 $\dfrac{\overline{X}-\mu}{\sqrt{\dfrac{\sigma^2}{n}}}\sim N(0, 1)$，

因为 $P\left(\dfrac{\overline{X}-\mu}{\sqrt{\dfrac{\sigma^2}{n}}}\leqslant u_\alpha\right)=1-\alpha$，所以 μ 的单侧置信下限为 $\overline{X}-u_\alpha\sqrt{\dfrac{\sigma^2}{n}}$．

因为 $P\left(\frac{\overline{X}-\mu}{\sqrt{\frac{\sigma^2}{n}}}\geqslant -u_\alpha\right)=1-\alpha$，所以 μ 的单侧置信上限为 $\overline{X}+u_\alpha\sqrt{\frac{\sigma^2}{n}}$.

计算得到 $\bar{x}=4.364$，查表得到 $u_\alpha=1.645$，代入 $\sigma=0.108$，$n=5$ 得到 μ 的置信水平为 0.95 的单侧置信下限为 4.284 5；单侧置信上限为 4.443 5.

本章小结

参数估计是指在总体分布类型已知的情况下，利用样本对总体分布的某些未知参数进行估计，分为点估计和区间估计.

点估计是估计总体参数的具体取值，分为矩估计和极大似然估计. 矩估计的基本思想是令样本的原点矩等于总体的原点矩，从而反推出总体原点矩表示式中的未知参数. 极大似然估计首先构造似然函数，然后求似然函数的极大值点，从而解出未知参数.

区间估计是在一定的置信度要求下估计总体未知参数的置信区间，分为单侧区间估计和双侧区间估计. 我们仅讨论正态总体的区间估计问题. 求解这类问题的关键在于根据已知条件选取合适的统计量，然后通过查表求得分位数，最后再换算出未知参数的置信区间.

习 题 七

1. 设总体 X 具有分布律，如下表所示：

X	1	2	3
P_k	θ^2	$2\theta(1-\theta)$	$(1-\theta)^2$

其中 θ（$0<\theta<1$）为未知参数. 已知取得了样本值 $x_1=1$，$x_2=2$，$x_3=1$，试求 θ 的矩估计值和最大似然估计值.

2. 设总体 $X\sim U(0,\ b)$，$b>0$ 未知，X_1，X_2，…，X_9 是来自 X 的样本. 求 b 的矩估计量. 今测得一组样本值 0.5，0.6，0.1，1.3，0.9，1.6，0.7，0.9，1.0，求 b 的矩估计值.

3. 设总体 X 具有概率密度 $f_X(x)=\begin{cases}\frac{2}{\theta^2}(\theta-x), & 0<x<\theta,\\ 0, & \text{其他},\end{cases}$ 参数 θ 未知，X_1，X_2，…，X_n 是来自 X 的样本，求 θ 的矩估计量.

4. 一个运动员，投篮的命中率为 p（$0<p<1$，未知），以 X 表示他投篮直至投中为止所需的次数. 他共投篮 5 次得到 X 的观察值为 5，1，7，4，9，求 p 的最大似然估计值.

5. 已知 X_1，X_2，X_3，X_4是来自均值为 θ 的指数分布总体的样本，其中 θ 未知．设有估计量

$$T_1=\frac{1}{6}(X_1+X_2)+\frac{1}{3}(X_3+X_4),$$
$$T_2=(X_1+2X_2+3X_3+4X_4)/5,$$
$$T_3=(X_1+X_2+X_3+X_4)/4.$$

（1）指出 T_1，T_2，T_3 中哪几个是 θ 的无偏估计量；

（2）在上述 θ 的无偏估计量中哪一个较为有效？

6. 设总体 X 的概率密度为

$$f(x;\theta)=\begin{cases}\theta x^{\theta-1},0<x<1\\0,\text{ 其他}\end{cases}(\theta>0),$$

求未知参数 θ 的矩估计．

7. 设总体 X 具有概率密度 $f(x)=\begin{cases}\dfrac{\beta^k}{(k-1)!}x^{k-1}\mathrm{e}^{-\beta x},x>0\\0,\text{其他}\end{cases}$，其中 k 是已知的正整数，试求未知参数 β 的最大似然估计量.

8. 设总体 X 的分布密度为 $f(x)=\begin{cases}\mathrm{e}^{-(x-\theta)},\ x\geqslant0\\0,x<0\end{cases}$，试求 θ 的最大似然估计．

9. 设总体 X 的概率密度为 $f(x)=\begin{cases}(\theta+1)x^{\theta},0<x<1\\0,\text{其他}\end{cases}$，其中未知参数 $\theta>-1$，X_1，X_2，$\cdots X_n$是取自总体的简单随机样本，用极大似然估计法求 θ 的估计量.

10. 设 $f(x)=\begin{cases}\theta\mathrm{e}^{-\theta x},\ x>0\\0,\ x\leqslant0\end{cases}$，求 θ 的矩估计.

11. 设总体 X 的概率密度为 $f(x)=\begin{cases}\lambda a x^{a-1}\mathrm{e}^{-\lambda x^a},\ x>0\\0,x\leqslant0\end{cases}$（$\lambda>0$，$a>0$），有一组样本值（$x_1$，$x_2$，$\cdots$，$x_n$），求未知参数 λ 的最大似然估计量.

12. 设总体 $X\sim N(\alpha+\beta,\ \sigma^2)$，$Y\sim N(\alpha-\beta,\ \sigma^2)$，$\alpha$，$\beta$ 未知，σ^2 已知，X_1，X_2，$\cdots$，X_n和 Y_1，Y_2，$\cdots$，Y_n分别是总体 X 和 Y 的样本，设两样本独立．试求 α，β 的最大似然估计量.

13. 从一批电子管中抽取100只，若抽取的电子管的平均寿命为1 000 h，标准差 s 为 40 h，试求整批电子管的平均寿命的置信区间（给定置信水平为95%）.

14. 从一批灯泡中随机地抽取5只做寿命试验，其寿命如下（单位：小时）

1 050　1 100　1 120　1 250　1 280

已知这批灯泡寿命 $X\sim N(\mu,\ \sigma^2)$，求平均寿命 μ 的置信度为95%的单侧置信下限.

15. 假设总体 $X \sim N(\mu, \sigma^2)$，从总体 X 中抽取容量为10的一个样本，算得样本均值 $\bar{x}=41.3$，样本标准差 $s=1.05$，求未知参数 μ 的置信水平为0.95的单侧置信区间的下限.

16. 设某校女生的身高服从正态分布，今从该校随机抽查10名女生，测得数据经计算如下：$\bar{x}=162.67$，$s^2=18.43$. 求该校女生平均身高的95%的置信区间.

17. 已知某种材料的抗压强度 $X \sim N(\mu, \sigma^2)$，现随机地抽取10个试件进行抗压试验，测得数据如下：482，493，457，471，510，446，435，418，394，469.

（1）求平均抗压强度 μ 的点估计值；

（2）求平均抗压强度 μ 的95%的置信区间；

（3）若已知 $\sigma=30$，求平均抗压强度 μ 的95%的置信区间；

（4）求 σ^2 的点估计值；

（5）求 σ^2 的95%的置信区间.

18. 岩石密度的测量误差服从正态分布，随机抽测12个样品，得 $s=0.2$，求 σ^2 的置信区间（$\alpha=0.1$）.

19. 设 X_1，X_1，…，X_n 为总体的样本，求各未知参数的极大似然估计量.

（1）$f(x)=\begin{cases}\theta c^{\theta}x^{-(\theta+1)}, & x>c\\ 0, & \text{其他}\end{cases}$，其中 $c>0$ 为已知，$\theta>1$ 为未知参数.

（2）$f(x)=\begin{cases}\sqrt{\theta}x^{\sqrt{\theta}-1}, & 0\leqslant x\leqslant 1\\ 0, & \text{其他}\end{cases}$，其中 $\theta>0$ 为未知参数.

20. 设某电子元件的寿命服从正态分布 $N(\mu, \sigma^2)$，抽样检查10个元件，得样本均值 $\bar{x}=1\ 200$ h，样本标准差 $s=14$ h. 求总体均值 μ 置信水平为99%的置信区间.

21. 设样本 X_1，X_2，…，X_n 来自总体 $X \sim N(\mu, 0.25)$，如果要以99.7%的概率保证 $|\overline{X}-\mu|<0.1$，样本容量 n 应取多大.

22. 为了解灯泡使用时数均值 μ 及标准差 σ，测量了10个灯泡，得 $\bar{x}=1\ 650$ h，$s=20$ h. 如果已知灯泡使用时间服从正态分布，求 μ 和 σ 的95%的置信区间.

23. 以 X 表示某一工厂制造的某种器件的寿命（单位：小时），设 $X \sim N(\mu, 1\ 296)$，今取得一容量为 $n=27$ 的样本，测得其样本均值为 $\bar{x}=1\ 478$，求：（1）μ 的置信水平为0.95的置信区间；（2）μ 的置信水平为0.90的置信区间.

24. 以 X 表示某种小包装糖果的重量（以g计），设 $X \sim N(\mu, 4)$，今取得样本（容量为 $n=10$）：55.95，56.54，57.58，55.13，57.48，56.06，59.93，58.30，52.57，58.46.

（1）求 μ 的最大似然估计值；（2）求 μ 的置信水平为0.95的置信区间.

25. 一农场种植生产果冻的葡萄，以下数据是从30车葡萄中采样测得的糖含量.

16.0, 15.2, 12.0, 16.9, 14.4, 16.3, 15.6, 12.9, 15.3, 15.1

15.8, 15.5, 12.5, 14.5, 14.9, 15.1, 16.0, 12.5, 14.3, 15.4

15.4, 13.0, 12.6, 14.9, 15.1, 15.3, 12.4, 17.2, 14.7, 14.8

设样本来自正态总体 $N(\mu,\ \sigma^2)$，μ，σ^2 均未知．求：

（1）μ，σ^2 的无偏估计值；（2）μ 的置信水平为 90% 的置信区间.

26. 一油漆商希望知道某种新的内墙油漆的干燥时间．在面积相同的 12 块内墙上做试验，记录干燥时间（以分计），得样本均值 $\bar{x}=66.3$ 分，样本标准差 $s=9.4$ 分．设样本来自正态总体 $N(\mu,\ \sigma^2)$，μ，σ^2 均未知．求干燥时间的数学期望的置信水平为 0.95 的置信区间.

27. 为比较两个学校同一年级学生数学课程的成绩，随机地抽取学校 A 的 9 个学生，得分数的平均值为 $\bar{x}_{\mathrm{A}}=81.31$，方差为 $s_{\mathrm{A}}^2=60.76$；随机地抽取学校 B 的 15 个学生，得分数的平均值为 $\bar{x}_{\mathrm{B}}=78.61$，方差为 $s_{\mathrm{B}}^2=48.24$. 设样本均来自正态总体且方差相等，参数均未知，两样本独立．求均值差 $\mu_{\mathrm{A}}-\mu_{\mathrm{B}}$ 的置信水平为 0.95 的置信区间.

28. 设以 X，Y 分别表示健康人与怀疑有病的人的血液中铬的含量（以 10 亿份中的份数计），设 $X\sim N(\mu_X,\ \sigma_X^2)$，$Y\sim N(\mu_Y,\ \sigma_Y^2)$，$\mu_X$，$\mu_Y$，$\sigma_X^2$，$\sigma_Y^2$ 均未知. 下面是分别来自 X 和 Y 的两个独立样本：

X：15, 23, 12, 18, 9, 28, 11, 10

Y：25, 20, 35, 15, 40, 16, 10, 22, 18, 32

求 σ_X^2/σ_Y^2 的置信水平为 0.95 的单侧置信上限，以及 σ_X 的置信水平为 0.95 的单侧置信上限.

29. 假定某商店中一种商品的月销售量服从正态分布 $N(\mu,\ \sigma^2)$，σ 未知．为了合理地确定对该商品的进货量，需对 μ 和 σ 作估计，为此随机抽取七个月，其销售量分别为：64，57，49，81，76，70，59，试求 μ 的双侧 0.95 置信区间和方差 σ^2 的双侧 0.9 置信区间.

30. 某食品加工厂有甲乙两条加工猪肉罐头的生产线．设罐头质量服从正态分布并假设甲生产线与乙生产线互不影响．从甲生产线抽取 10 只罐头测得其平均质量 $\bar{x}=501$ g，已知其总体标准差 $\sigma_1=5$ g；从乙生产线抽取 20 只罐头测得其平均质量 $\bar{y}=498$ g，已知其总体标准差 $\sigma_2=4$ g，求甲乙两条猪肉罐头生产线生产罐头质量的均值差 $\mu_1-\mu_2$ 的双侧 0.99 置信区间.

31. 为了比较甲、乙两种显像管的使用寿命 X 和 Y，随机地抽取甲、乙两种显像管各 10 只，得数据 x_1，…，x_{10} 和 y_1，…，y_{10}（单位：10^4 小时），且由此算得 $\bar{x}=2.33$，$\bar{y}=0.75$，$\sum\limits_{i=1}^{10}(x_i-\bar{x})^2=27.5$，$\sum\limits_{i=1}^{10}(y_i-\bar{y})^2=19.2$，假定两种显像管的使用寿命均服从正态分布，且由生产过程知道它们的方差相等．试求两个总体均值之差 $\mu_1-\mu_2$ 的双侧 0.95 置信区间.

第八章

假 设 检 验

8.1 假设检验的基本概念

数理统计的基本任务是根据考察的样本对总体的某些情况做出判断，上一章介绍了参数估计的方法，但实践中有许多问题与参数估计问题的提法不同．如

（1）一批产品共200件，次品率不超过1%才能出厂，今从中任意抽取5件，发现其中含有次品，问：这批产品能否出厂？若次品率为 p，问题化为：如何根据抽样结果判断不等式 $p \leqslant 0.01$ 成立与否？

（2）某仪器测量温度，重复5次，所得数据为1 250 ℃，1 265 ℃，1 245 ℃，1 260 ℃，1 275 ℃．而用别的精确方法测得温度为1 277 ℃（看作真值），问该仪器是否有系统误差？用 X 代表仪器的测量值，X 是一个 r. v.，问题化为：$E(X)=1\ 277$ 成立与否？

这两个问题的共同点是从样本值出发去检验关于总体的某一看法或假设是否成立，称这一类问题为假设检验．让我们通过一个例子来看一下假设检验的步骤．

例8-1-1 工厂生产的电灯泡寿命 $X \sim N(\mu, 80^2)$，从中随机抽取10支，测得寿命平均值 $\bar{x}=1\ 548$ h，如果 X 的方差不变，能否认为 X 的均值 $\mu=1\ 600$ h？

检验下述假设：

H_0：$\mu=1\ 600$ 原假设

H_1：$\mu \neq 1\ 600$ 备择假设

对于本例，H_0 和 H_1 是两个对立的假设，因此检验的目的就是在 H_0，H_1 中选其一．

解：

（1）为了检验本例的两个假设 H_0 和 H_1，给定一个临界概率 α，称为显著性水平，取 $\alpha=0.05$．

（2）假设 H_0 成立，即 H_0：$\mu=1\ 600$ h．

（3）取统计量 $u=\dfrac{\overline{X}-\mu}{\sqrt{\dfrac{\sigma^2}{n}}}=\dfrac{\overline{X}-1\ 600}{\sqrt{\dfrac{80^2}{10}}} \sim N(0, 1)$，计算得 $u \approx -2.06$．

（4）因为 $u \sim N(0,\ 1)$，所以 $P(|u| > u_{\frac{\alpha}{2}}) = \alpha = 0.05$，可以认为 $P(|u| > u_{\frac{\alpha}{2}}) = 0.05$ 是小概率事件．

（5）查表得 $u_{\frac{\alpha}{2}} = 1.96$，即小概率事件为 $P(|u| > 1.96) = \alpha = 0.05$，代入 $u = 2.06$，可见小概率事件发生了，所以可以认为第二步中所做的假设 H_0 不成立，从而接受备择假设 H_1：$\mu \neq 1\ 600$.

****

称上述分析方法为："概率性质的反证法"，其特点是：

使用反证法的思想，即先假设某个条件成立，由此出发推导看会产生什么后果．如果产生了不合理现象（小概率事件）则拒绝原假设；反之就接受原假设．区别于纯数学中反证法，即所谓的不合理并非形式逻辑中的绝对矛盾，而是概率意义下的小概率事件．

****

需要说明的是显著性水平 α 的取值与假设检验的结果是密切相关的，在上例中若取 $\alpha = 0.01$，则第 4 步 $P(|u| > u_{\frac{\alpha}{2}}) = \alpha$，查表得 $u_{\frac{\alpha}{2}} = 2.58$，因为 $u = 2.06$ 落在（-2.58，2.58）之间，小概率事件没有发生，所以接受 H_0 假设．

我们知道样本均值是总体均值的无偏估计，但样本均值 $=1\ 548$ 和总体均值的参考值 $=1\ 600$ 存在着差异，根据假设检验结果的不同，可以给出对于这个差异的不同的解释：

（1）若 H_0 成立，即 H_0：$\mu = 1\ 600$，则 $\overline{X}$ 与 1 600 的差异来自于抽样的随机性，非系统误差．

（2）若 H_0 不成立，则 H_1：$\mu \neq 1\ 600$，此时 $\overline{X}$ 与 1 600 的差异不是随机抽样带来的，而是系统误差，存在显著性差异．

双侧检验与单侧检验

在上例中 $X \sim N(1\ 600,\ 80^2)$，$\bar{x} = 1\ 548$，H_0：$\mu = 1\ 600$，H_1：$\mu \neq 1\ 600$.

我们取统计量 $u = \dfrac{\overline{X} - \mu}{\sqrt{\sigma_0^2/n}} \sim N(0,\ 1)$．矛盾的产生，即小概率事件的发生当且仅当 u 的计算值落在区域（$-\infty$，$-u_{\alpha/2}$），（$u_{\alpha/2}$，$+\infty$）中，所以把（$-\infty$，$-u_{\alpha/2}$），（$u_{\alpha/2}$，$+\infty$）称作统计量 u 的拒绝域，因为本例的拒绝域位于两侧，各占 $\alpha/2$ 的概率，所以又称这种问题为双侧假设检验．

仍然是这个问题，我们还可以做另外几种假设：

（1）H_0：$\mu = 1\ 600$　原假设

H_1：$\mu < 1\ 600$　备择假设

此时 H_0 与 H_1 不是对立的，仅是互不相容的，仍然取统计量

$$u = \frac{\overline{X} - \mu}{\sqrt{\sigma_0^2/n}} \sim N(0,\ 1)$$

$$P\left(\frac{\overline{X} - \mu}{\sqrt{\sigma_0^2/n}} < -u_\alpha\right) = \alpha$$

此时（$-\infty$，$-u_\alpha$）成为 u 的拒绝域，$u=\dfrac{\overline{X}-\mu_0}{\sqrt{\sigma_0^2/n}}<-u_\alpha$ 成为小概率事件，通过计算得到的 u 如果落在了拒绝域，则拒绝 H_0，接受 H_1：$\mu<1\ 600$. 接受 H_1 的效果正是使 $u=\dfrac{\overline{X}-\mu}{\sqrt{\sigma_0^2/n}}$ 的计算值变大，从而由拒绝域向接受域移动.

（2）H_0：$\mu>1\ 600$

H_1：$\mu<1\ 600$

假设 H_0 成立，即 $\mu>1\ 600$，仍然取统计量 $u=\dfrac{\overline{X}-\mu}{\sqrt{\sigma_0^2/n}}\sim N(0,\ 1)$，则 $P\left(\dfrac{\overline{X}-\mu}{\sqrt{\sigma_0^2/n}}<-u_\alpha\right)=\alpha$ 成为小概率事件，但此时由于不知道 μ 的真值，无法计算. 考虑到已经假设 $\mu>1\ 600$，所以 $\dfrac{\overline{X}-\mu}{\sqrt{\sigma_0^2/n}}<\dfrac{\overline{X}-1\ 600}{\sqrt{\sigma_0^2/n}}$. 若 $\dfrac{\overline{X}-1\ 600}{\sqrt{\sigma_0^2/n}}<-u_\alpha$ 成立，必然蕴含着小概率事件 $\dfrac{\overline{X}-\mu}{\sqrt{\sigma_0^2/n}}<-u_\alpha$ 的发生，因此我们仍以 $\dfrac{\overline{X}-1\ 600}{\sqrt{\sigma_0^2/n}}$ 作为计算依据. 若 $\dfrac{\overline{X}-1\ 600}{\sqrt{\sigma_0^2/n}}<-u_\alpha$ 发生，则拒绝 H_0，接受 H_1：$\mu<1\ 600$.

类似于（1）、（2）的这类假设检验，由于其拒绝域位于单侧，所以称之为单侧假设检验. 在这两个例子中，由于拒绝域位于左侧，所以称为左侧假设检验；反之，若由于拒绝域位于右侧，则称为右侧假设检验.

假设检验可能犯的两种错误：

（1）H_0 实际正确，但由于小概率事件的发生而拒绝了 H_0.

弃真错误——第一类错误，犯第一类错误的概率为 α.

（2）H_0 实际错误，但小概率事件未发生，从而错误地接受了 H_0.

取伪错误——第二类错误，犯第二类错误的概率为 β.

假设检验采用的是具有概率性质的反证法，所以不能保证绝对不犯错误. 一般来说，当然希望 α，β 越小越好，当 α 确定时，常通过增加样本容量使 β 减小. 以下我们只讨论正态总体参数的假设检验问题.

8.2　单个正态总体参数的假设检验

设总体 $X\sim N(\mu,\ \sigma^2)$，对其中的参数 μ 和 σ^2 可以做如下假设检验.

一、关于期望 μ 的假设检验

（1）已知方差 σ_0，取统计量 $u=\dfrac{\overline{X}-\mu_0}{\sqrt{\sigma_0^2/n}}\sim N(0,\ 1)$.

（2）未知方差 σ_0，取统计量 $t=\dfrac{\overline{X}-\mu_0}{\sqrt{S^2/n}}\sim t(n-1)$.

二、关于方差 σ^2 的假设检验

（1）已知期望 $\mu=\mu_0$，取统计量 $\chi^2=\dfrac{\sum(X_i-\mu_0)^2}{\sigma_0^2}\sim\chi^2(n)$.

（2）未知期望 $\mu=\mu_0$，取统计量 $\chi^2=\dfrac{(n-1)S^2}{\sigma_0^2}=\dfrac{\sum(X_i-\overline{X})^2}{\sigma_0^2}\sim\chi^2(n-1)$.

关于单个正态总体期望和方差的假设检验的各种情况如表 8－2－1 所示.

表 8－2－1

条件	H_0	H_1	检验性质	统计量	拒绝域	图　示
$\sigma^2=\sigma_0^2$ 已知	$\mu=\mu_0$	$\mu\neq\mu_0$	双侧	$u=\dfrac{\overline{X}-\mu_0}{\sqrt{\sigma_0^2/n}}\sim N(0,1)$	$\lvert u\rvert\geqslant u_{\frac{\alpha}{2}}$	左侧拒绝域 概率=$\alpha/2$；右侧拒绝域 概率=$\alpha/2$；$-u_{\frac{\alpha}{2}}$，$u_{\frac{\alpha}{2}}$
	$\mu=\mu_0$ 或 $\mu\geqslant\mu_0$	$\mu<\mu_0$	左侧		$u<-u_\alpha$	左侧拒绝域 概率=α；$-u_\alpha$
	$\mu=\mu_0$ 或 $\mu\leqslant\mu_0$	$\mu>\mu_0$	右侧		$u>u_\alpha$	右侧拒绝域 概率=α；u_α
σ^2 未知	$\mu=\mu_0$	$\mu\neq\mu_0$	双侧	$t=\dfrac{\overline{X}-\mu_0}{\sqrt{s^2/n}}\sim t(n-1)$	$\lvert t\rvert\geqslant t_{\frac{\alpha}{2}}(n-1)$	左侧拒绝域 概率=$\alpha/2$；右侧拒绝域 概率=$\alpha/2$；$-t_{\frac{\alpha}{2}}(n-1)$，$t_{\frac{\alpha}{2}}(n-1)$

续表

条件	H_0	H_1	检验性质	统计量	拒绝域	图示
σ^2未知	$\mu=\mu_0$ 或 $\mu\geqslant\mu_0$	$\mu<\mu_0$	左侧	$t=\dfrac{\overline{X}-\mu_0}{\sqrt{s^2/n}}\sim t(n-1)$	$t<-t_\alpha(n-1)$	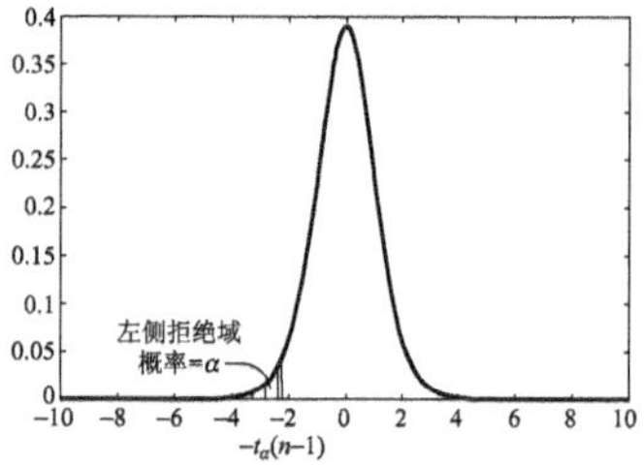 左侧拒绝域 概率$=\alpha$；$-t_\alpha(n-1)$
	$\mu=\mu_0$ 或 $\mu\leqslant\mu_0$	$\mu>\mu_0$	右侧		$t>t_\alpha(n-1)$	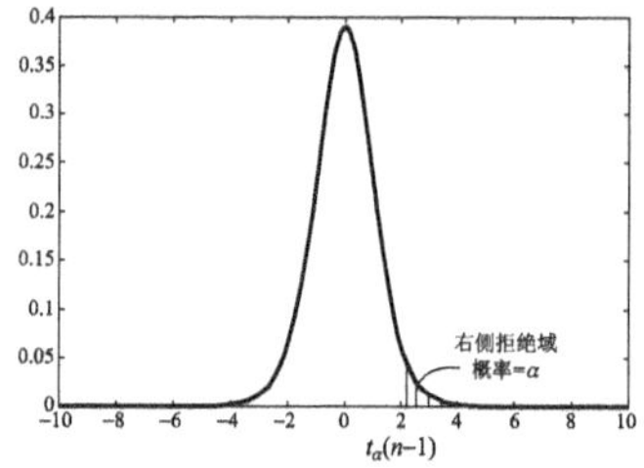 右侧拒绝域 概率$=\alpha$；$t_\alpha(n-1)$
$\mu=\mu_0$ 已知	$\sigma^2=\sigma_0^2$	$\sigma^2\neq\sigma_0^2$	双侧	$\chi^2=\dfrac{\sum(x_i-\mu_0)^2}{\sigma_0^2}\sim\chi^2(n)$	$\chi^2>\chi^2_{\frac{\alpha}{2}}(n)$ 和 $\chi^2<\chi^2_{1-\frac{\alpha}{2}}(n)$	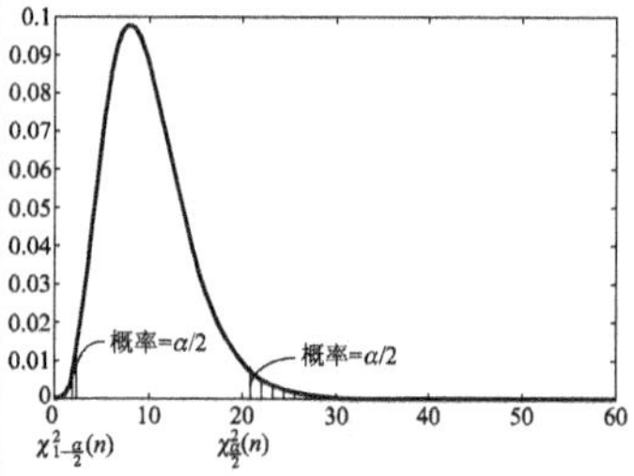 概率$=\alpha/2$；概率$=\alpha/2$；$\chi^2_{1-\frac{\alpha}{2}}(n)$；$\chi^2_{\frac{\alpha}{2}}(n)$
	$\sigma^2=\sigma_0^2$ 或 $\sigma^2\geqslant\sigma_0^2$	$\sigma^2<\sigma_0^2$	左侧		$\chi^2<\chi^2_{1-\alpha}(n)$	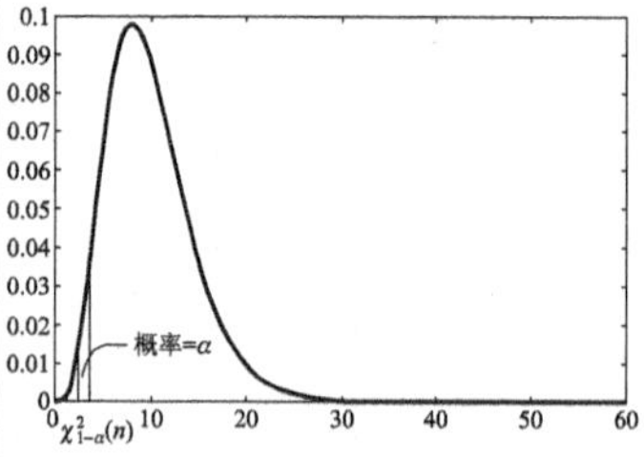 概率$=\alpha$；$\chi^2_{1-\alpha}(n)$
	$\sigma^2=\sigma_0^2$ 或 $\sigma^2\leqslant\sigma_0^2$	$\sigma^2>\sigma_0^2$	右侧		$\chi^2>\chi^2_\alpha(n)$	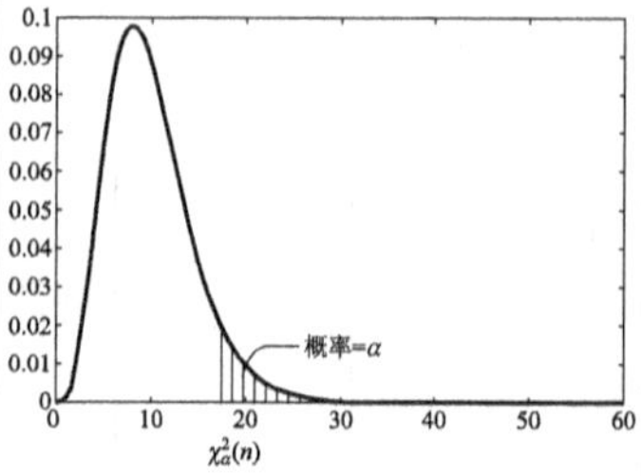 概率$=\alpha$；$\chi^2_\alpha(n)$

续表

条件	H_0	H_1	检验性质	统计量	拒绝域	图　示
	$\sigma^2=\sigma_0^2$	$\sigma^2\neq\sigma_0^2$	双侧		$\chi^2>\chi^2_{\frac{\alpha}{2}}(n-1)$ 和 $\chi^2<\chi^2_{1-\frac{\alpha}{2}}(n-1)$	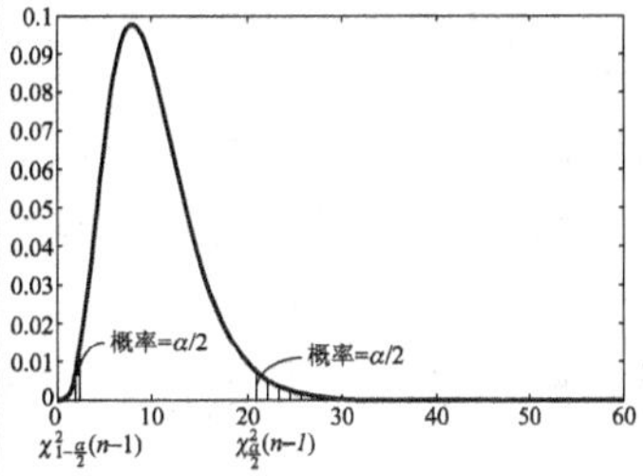 概率=$\alpha/2$；概率=$\alpha/2$；$\chi^2_{1-\frac{\alpha}{2}}(n-1)$；$\chi^2_{\frac{\alpha}{2}}(n-1)$
μ 未知	$\sigma^2=\sigma_0^2$ 或 $\sigma^2\geqslant\sigma_0^2$	$\sigma^2<\sigma_0^2$	左侧	$\chi^2=\frac{(n-1)S^2}{\sigma_0^2}=\frac{\sum(X_i-\overline{X})^2}{\sigma_0^2}\sim\chi^2(n-1)$	$\chi^2<\chi^2_{1-\alpha}(n-1)$	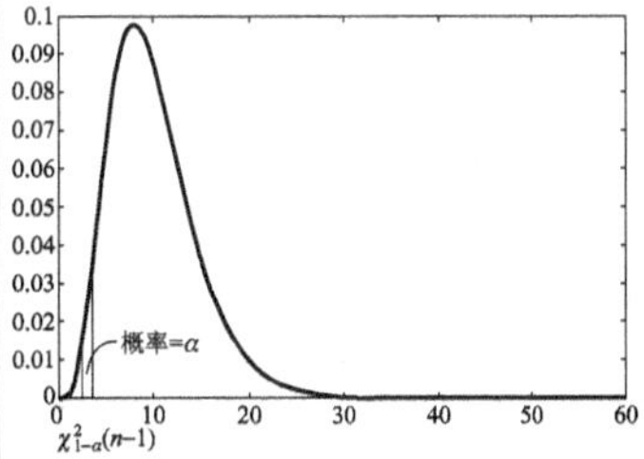 概率=α；$\chi^2_{1-\alpha}(n-1)$
	$\sigma^2=\sigma_0^2$ 或 $\sigma^2\leqslant\sigma_0^2$	$\sigma^2>\sigma_0^2$	右侧		$\chi^2>\chi^2_{\alpha}(n-1)$	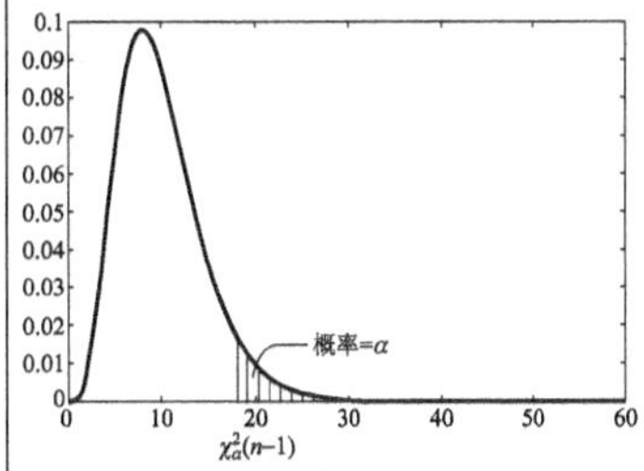 概率=α；$\chi^2_{\alpha}(n-1)$

例 8-2-1　罐头厂应用自动罐装机装罐头，每罐的标准重量为 500 克，现抽取 10 罐，测得其净重为 495，510，505，498，503，492，502，512，497，506（单位：克），假设重量 X 服从正态分布 $X\sim N(\mu,\ \sigma^2)$，问机器工作是否正常？$(\alpha=0.02)$

解：设定原假设和备择假设为 H_0：$\mu=500$；H_1：$\mu\neq500$. 这是一个双侧检验.

由于方差 σ^2 未知，所以选取统计量 $t=\frac{\overline{X}-\mu_0}{\sqrt{S^2/n}}\sim t(n-1)$，计算得到 $\overline{x}=502$，$s=6.5$，所以 $t=0.97$，查表得 $t_{\frac{\alpha}{2}}(n-1)=2.82$，因为 $|t|<t_{\frac{\alpha}{2}}(n-1)$，落在了接受域，所以接受原假设，认为罐装机工作正常．

例 8-2-2　洗衣粉厂用自动包装机包装洗衣粉，方差不能超过 15 克，随机抽取 10 袋，测得其重量为 1 020，1 030，968，994，1 014，998，976，982，

950，1 048（单位：克），假设重量 X 服从正态分布 $X \sim N(\mu, \sigma^2)$，问包装机工作是否正常？（$\alpha = 0.05$）

解：设定原假设和备择假设为 $H_0: \sigma^2 \leqslant 15$；$H_1: \sigma^2 > 15$. 这是一个右侧检验.

由于均值 μ 未知，所以选取统计量 $\chi^2 = \dfrac{(n-1)S^2}{\sigma_0^2} = \dfrac{\sum (X_i - \overline{X})^2}{\sigma_0^2} \sim \chi^2(n-1)$，计算得到，$s = 30.23$，所以 $\chi^2 = 36.55$，查表得 $\chi_\alpha^2(n-1) = 16.9$，落在了拒绝域，所以拒绝原假设，认为罐装机工作不正常.

8.3 两个正态总体参数的假设检验

设总体 $X \sim N(\mu_1, \sigma_1^2)$，$Y \sim N(\mu_2, \sigma_2^2)$，各自的样本容量、样本均值和样本方差分别是 n_1，n_2，$\overline{X}$，$\overline{Y}$，S_1^2，S_2^2，对其中的参数 μ_1，μ_2，σ_1^2 和 σ_2^2 可以做如下假设检验.

一、关于期望 $\boldsymbol{\mu_1}$，$\boldsymbol{\mu_2}$ 的假设检验

（1）已知方差 σ_1^2，σ_2^2，取统计量 $u = \dfrac{(\overline{X} - \overline{Y}) - (\mu_1 - \mu_2)}{\sqrt{\dfrac{\sigma_1^2}{n_1} + \dfrac{\sigma_2^2}{n_2}}} \sim N(0, 1)$.

（2）未知方差 σ_1^2，σ_2^2，但已知 $\sigma_1^2 = \sigma_2^2$，取统计量

$$T = \frac{(\overline{X} - \overline{Y}) - (\mu_1 - \mu_2)}{S_w \sqrt{\dfrac{1}{n_1} + \dfrac{1}{n_2}}} \sim t(n_1 + n_2 - 2),$$

其中
$$S_w = \sqrt{\frac{(n_1 - 1)S_1^2 + (n_2 - 1)S_2^2}{n_1 + n_2 - 2}}.$$

二、关于方差 $\boldsymbol{\sigma_1^2}$，$\boldsymbol{\sigma_2^2}$ 的假设检验

（1）已知期望 μ_1，μ_2，取统计量 $F = \dfrac{\sum\limits_{i=1}^{n_1} (X_i - \mu_1)^2 / (n_1 \sigma_1^2)}{\sum\limits_{j=1}^{n_2} (Y_j - \mu_2)^2 / (n_2 \sigma_2^2)} \sim F(n_1, n_2)$.

（2）未知期望 μ_1，μ_2，取统计量

$$F = \frac{\dfrac{\sum\limits_{i=1}^{n_1} (X_i - \overline{X})^2}{(n_1 - 1)\sigma_1^2}}{\dfrac{\sum\limits_{j=1}^{n_2} (Y_j - \overline{Y})^2}{(n_2 - 1)\sigma_2^2}} = \frac{S_1^2 / \sigma_1^2}{S_2^2 / \sigma_2^2} \sim F(n_1 - 1, n_2 - 1)$$

关于两个正态总体期望和方差的假设检验的各种情况如表 8－3－1 所示.

表 8－3－1

条件	H_0	H_1	检验性质	统计量	拒绝域	图　示
σ_1^2,σ_2^2 已知	$\mu_1=\mu_2$	$\mu_1\neq\mu_2$	双侧	$u=\dfrac{(\overline{X}-\overline{Y})-(\mu_1-\mu_2)}{\sqrt{\dfrac{\sigma_1^2}{n_1}+\dfrac{\sigma_2^2}{n_2}}}\sim N(0,1)$	$\lvert u\rvert\geqslant u_{\frac{\alpha}{2}}$	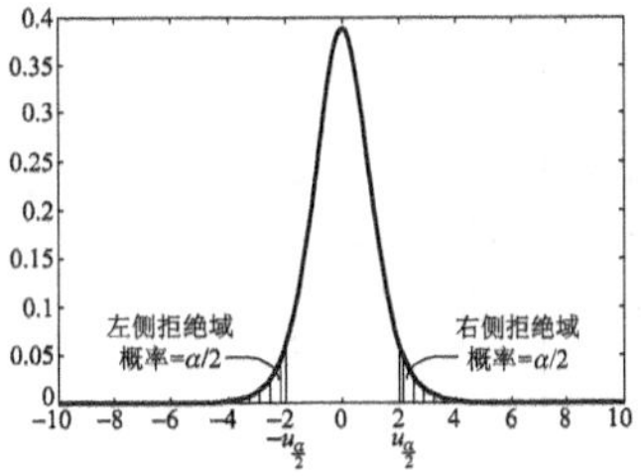 左侧拒绝域 概率$=\alpha/2$；右侧拒绝域 概率$=\alpha/2$；$-u_{\frac{\alpha}{2}}$，$u_{\frac{\alpha}{2}}$
	$\mu_1=\mu_2$ 或 $\mu_1\geqslant\mu_2$	$\mu_1<\mu_2$	左侧		$u<-u_\alpha$	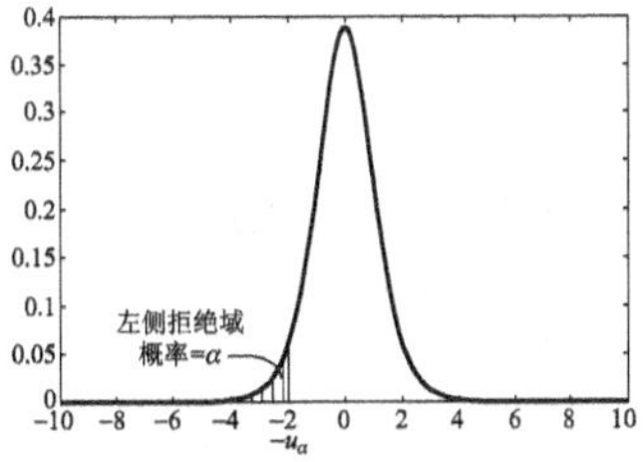 左侧拒绝域 概率$=\alpha$；$-u_\alpha$
	$\mu_1=\mu_2$ 或 $\mu_1\leqslant\mu_2$	$\mu_1>\mu_2$	右侧		$u>u_\alpha$	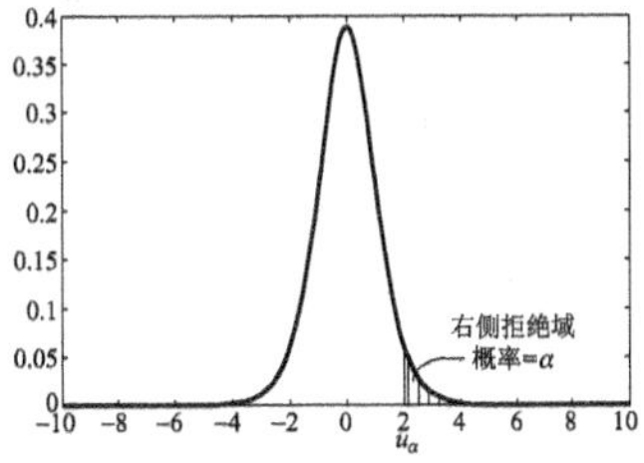 右侧拒绝域 概率$=\alpha$；u_α
σ_1^2,σ_2^2 未知但相等	$\mu_1=\mu_2$	$\mu_1\neq\mu_2$	双侧	$t=\dfrac{(\overline{X}-\overline{Y})-(\mu_1-\mu_2)}{S_w\sqrt{\dfrac{1}{n_1}+\dfrac{1}{n_2}}}\sim t(n_1+n_2-2)$	$\lvert t\rvert\geqslant t_{\frac{\alpha}{2}}(n_1+n_2-2)$	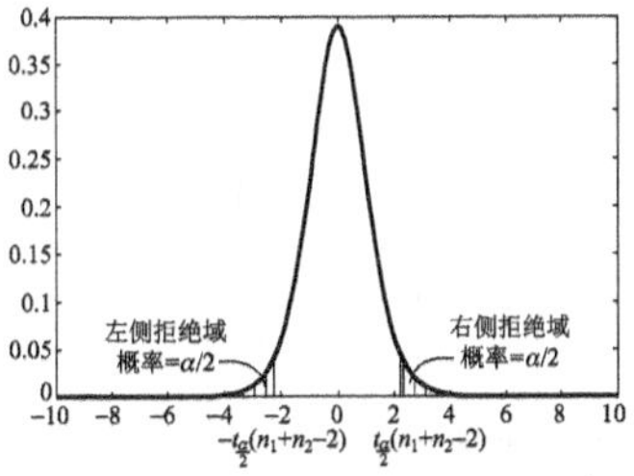 左侧拒绝域 概率$=\alpha/2$；右侧拒绝域 概率$=\alpha/2$；$-t_{\frac{\alpha}{2}}(n_1+n_2-2)$，$t_{\frac{\alpha}{2}}(n_1+n_2-2)$
	$\mu_1=\mu_2$ 或 $\mu_1^2\geqslant\mu_2^2$	$\mu_1^2<\mu_2^2$	左侧		$t<-t_\alpha(n_1+n_2-2)$	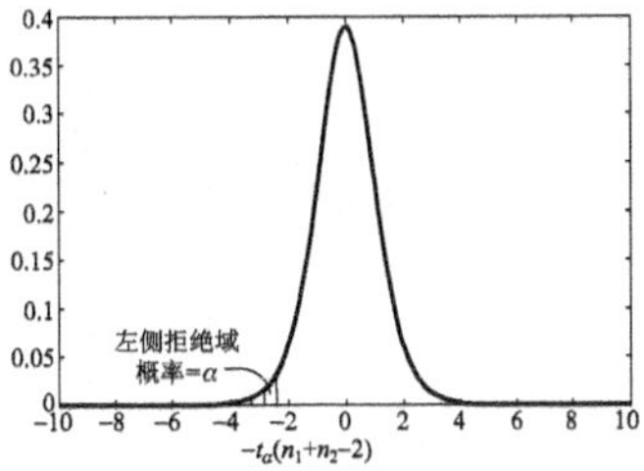 左侧拒绝域 概率$=\alpha$；$-t_\alpha(n_1+n_2-2)$

续表

条件	H_0	H_1	检验性质	统计量	拒绝域	图示
σ_1^2,σ_2^2 未知但相等	$\mu_1=\mu_2$ 或 $\mu_1\leqslant\mu_2$	$\mu_1>\mu_2$	右侧	$t=\dfrac{(\overline{X}-\overline{Y})-(\mu_1-\mu_2)}{S_w\sqrt{\dfrac{1}{n_1}+\dfrac{1}{n_2}}}\sim t(n_1+n_2-2)$	$t>t_\alpha(n_1+n_2-2)$	右侧拒绝域 概率=α $t_\alpha(n_1+n_2-2)$
μ_1,μ_2 已知	$\sigma_1^2=\sigma_2^2$	$\sigma_1^2\neq\sigma_2^2$	双侧	$F=\dfrac{\sum\limits_{i=1}^{n_1}(X_i-\mu_1)^2\Big/(n_1\sigma_1^2)}{\sum\limits_{j=1}^{n_2}(Y_j-\mu_2)^2\Big/(n_2\sigma_2^2)}\sim F(n_1,n_2)$	$F>F_{\frac{\alpha}{2}}(n_1,n_2)$ 和 $F<F_{1-\frac{\alpha}{2}}(n_1,n_2)$	概率=$\alpha/2$ 概率=$\alpha/2$ $F_{1-\frac{\alpha}{2}}(n_1,n_2)$ $F_{\frac{\alpha}{2}}(n_1,n_2)$
	$\sigma_1^2=\sigma_2^2$ 或 $\sigma_1^2\geqslant\sigma_2^2$	$\sigma_1^2<\sigma_2^2$	左侧		$F<F_{1-\alpha}(n_1,n_2)$	概率=α $F_{1-\alpha}(n_1,n_2)$
	$\sigma_1^2=\sigma_2^2$ 或 $\sigma_1^2\leqslant\sigma_2^2$	$\sigma_1^2>\sigma_2^2$	右侧		$F>F_\alpha(n_1,n_2)$	概率=α $F_\alpha(n_1,n_2)$
μ_1,μ_2 未知	$\sigma_1^2=\sigma_2^2$	$\sigma_1^2\neq\sigma_2^2$	双侧	$F=\dfrac{S_1^2/\sigma_1^2}{S_2^2/\sigma_2^2}=\dfrac{\sum\limits_{i=1}^{n_1}(X_i-\overline{X})^2\Big/(n_1-1)\sigma_1^2}{\sum\limits_{j=1}^{n_2}(Y_j-\overline{Y})^2\Big/(n_2-1)\sigma_2^2}\sim F(n_1-1,n_2-1)$	$F>F_{\frac{\alpha}{2}}(n_1,n_2)$ 和 $F<F_{1-\frac{\alpha}{2}}(n_1,n_2)$	概率=$\alpha/2$ 概率=$\alpha/2$ $F_{1-\frac{\alpha}{2}}(n_1-1,n_2-1)$ $F_{\frac{\alpha}{2}}(n_1-1,n_2-1)$

续表

条件	H_0	H_1	检验性质	统计量	拒绝域	图示
μ_1, μ_2 未知	$\sigma_1^2=\sigma_2^2$ 或 $\sigma_1^2 \geqslant \sigma_2^2$	$\sigma_1^2<\sigma_2^2$	左侧	$F=\dfrac{S_1^2/\sigma_1^2}{S_2^2/\sigma_2^2}=\dfrac{\dfrac{\sum\limits_{i=1}^{n_1}(X_i-\overline{X})^2}{(n_1-1)\sigma_1^2}}{\dfrac{\sum\limits_{j=1}^{n_2}(Y_j-\overline{Y})^2}{(n_2-1)\sigma_2^2}} \sim F(n_1-1,n_2-1)$	$F<F_{1-\alpha}(n_1,n_2)$	概率$=\alpha$；$F_{1-\alpha}(n_1-1, n_2-1)$
	$\sigma_1^2=\sigma_2^2$ 或 $\sigma_1^2 \geqslant \sigma_2^2$	$\sigma_1^2<\sigma_2^2$	右侧		$F>F_{\alpha}(n_1,n_2)$	概率$=\alpha$；$F_{\alpha}(n_1-1, n_2-1)$

例 8-3-1　某种物质在经过处理前后的杂质率采样如下：

处理前 X：0.19　0.18　0.21　0.30　0.41　0.12　0.27

处理前 Y：0.15　0.13　0.07　0.24　0.19　0.06　0.08　0.12

假设处理前后的杂质率都服从正态分布，且方差相同（但未知），试问处理前后杂质率的均值有无显著变化?（$\alpha=0.05$）

解：设定 H_0：$\mu_1=\mu_2$，H_1：$\mu_1 \neq \mu_2$，由于方差未知但相等，所以选取统计量

$$t=\frac{(\overline{X}-\overline{Y})-(\mu_1-\mu_2)}{S_w\sqrt{\dfrac{1}{n_1}+\dfrac{1}{n_2}}} \sim t(n_1+n_2-2)$$

这是一个双侧检验．计算得到 $\bar{x}=0.24$，$\bar{y}=0.13$，$s_1^2=0.009\,1$，$s_2^2=0.003\,9$，所以 $t=2.68$，查表得到 $t_{\frac{\alpha}{2}}$（n_1+n_2-2）$=2.16$，落在了拒绝域，所以拒绝原假设，认为处理前后杂质率的均值有显著变化．

例 8-3-2　两台车床生产同一型号的滚珠，抽样测得的直径为（单位：mm）：

车床 X：15.0　14.5　15.2　15.5　14.8　15.1　15.2　14.8

车床 Y：15.2　15.0　14.8　15.2　15.0　15.0　14.8　15.1　14.8

假设滚珠直径服从正态分布，能否认为车床 Y 的方差比车床 X 要小?（$\alpha=0.05$）

解：设定 H_0：$\sigma_1^2 \leqslant \sigma_2^2$，$H_1$：$\sigma_1^2>\sigma_2^2$，由于分布的均值未知，所以选取统计量

$$F=\frac{S_1^2/\sigma_1^2}{S_2^2/\sigma_2^2}=\frac{\dfrac{\sum\limits_{i=1}^{n_1}(X_i-\overline{X})^2}{(n_1-1)\sigma_1^2}}{\dfrac{\sum\limits_{j=1}^{n_2}(Y_j-\overline{Y})^2}{(n_2-1)\sigma_2^2}}\sim F(n_1-1,n_2-1)$$

这是一个右侧检验. 计算得到 $s_1^2=0.095\ 7$，$s_2^2=0.026\ 2$，所以 $F=3.65$，查表得到 $F_\alpha(n_1-1,\ n_2-1)=3.50$，落在了拒绝域，所以拒绝原假设，认为车床 Y 的方差比车床 X 要小.

本章的最后让我们回顾一下区间的参数估计问题，假设检验与参数的区间估计实际上是对同一个问题的两种不同提法而已，区间估计是在给定的置信度 $1-\alpha$ 下，根据参数 θ 和已知条件的不同，选取合适的统计量（u，t，χ^2 或 F），计算该统计量的置信区间，并换算成 θ 的置信区间；假设检验是在给定的显著性水平 α 下，根据参数 θ 和已知条件的不同，选取合适的统计量（u，t，χ^2 或 F），计算该统计量的数值，并判断该统计量是落在拒绝域还是接受域. 事实上区间估计中置信度 $1-\alpha$ 下计算得到的统计量（u，t，χ^2 或 F）的置信区间就对应着假设检验中在显著性水平 α 下计算得到的这些统计量的接受域. 因此，假设检验和参数估计在本质上是一样的.

本章小结

假设检验讨论的问题是根据已有的样本判断有关总体的某种说法是否成立. 为了进行假设检验，首先需要设定原假设 H_0 和备择假设 H_1，然后假设原假设成立，由此出发，通过选取合适的统计量，并查表得到分位数和拒绝域，判断统计量的数值是落在了拒绝域还是接受域，从而决定是接受原假设还是接受备择假设. 本章讨论了单个正态总体的假设检验和两个正态总体的假设检验. 假设检验和区间估计没有本质的区别，区间估计得到的置信区间就是假设检验中计算得到的接受域.

习 题 八

1. 某厂生产的一种钢筋的折断力 X 服从正态分布 $N(\mu,\ \sigma^2)$，其中参数 $\mu=580$，$\sigma^2=64$. 今换了一批材料，从性能上看其折断力的方差不会有什么变化，但不知道折断力均值是否会比原先的小？为此抽得 10 个样本，测得其折断力如下：

578，572，570，568，572，573，570，572，569，584

若取 $\alpha=0.05$，试检验折断力均值是否变小？

2. 已知某铁水含碳量在正常情况下服从正态分布 $N(4.55, 0.11^2)$，现测定了 9 炉铁水，含碳量平均数 $\bar{x}=4.445$，样本方差 $s^2=0.0169$，若总体方差没有变化，即 $\sigma^2=0.121$，问总体均值 μ 有无显著变化？（取 $\alpha=0.05$）

3. 设某厂生产的一种钢索，其断裂强度 X 服从正态分布 $N(\mu, 40^2)$，从中选取一个容量为 9 的样本，得 $\bar{x}=780$，能否据此认为这批钢索的断裂强度为 800？（取 $\alpha=0.05$）

4. 某厂生产的一种导线，要求其电阻的标准差不得超过 0.005，今在生产的一批导线中取样品 9 根，测得样本标准差 $s=0.007$. 假设总体服从正态分布，问在水平 $\alpha=0.05$ 下，能否认为这批导线的标准差显著地偏大？

5. 某厂生产的一种电池，其寿命长期以来服从方差 $\sigma^2=5\ 000$ 的正态分布，现有一批这种电池，从生产的情况来看，寿命的波动性有所改变，先随机地取 26 只电池，测得寿命的样本方差 $s^2=9\ 200$，问根据这一数据能否推断这批电池寿命的波动性较以往有显著性变化？（取 $\alpha=0.02$）

6. 使用单位要求某种电子元件的使用寿命不得低于 1 000 h，今从某厂生产的一批这种电子元件中随机抽取 25 件，测得其寿命的平均值为 950 h. 若已知这种电子元件服从标准差 $\sigma=100$ h 的正态分布，则在显著水平 $\alpha=0.05$ 下这批电子元件是否合格？

7. 某厂使用 A，B 两种不同的原料生产同一类产品，分别在用 A，B 生产了一星期的产品中取样进行测试，取 A 种原料生产的样品 220 件，取 B 种原料生产的样品 205 件，测得平均重量和重量的方差分别如下：

$$\bar{x}_A=2.46\ \text{kg},\ s_A^2=0.57^2,\ n_A=220$$

$$\bar{x}_B=2.25\ \text{kg},\ s_B^2=0.48^2,\ n_B=205$$

设两个总体均服从正态分布，且方差相同，问在显著性水平 $\alpha=0.05$ 下，能否认为使用原料 B 的产品的平均重量比使用原料 A 的产品的平均重量要大？

8. 某苗圃采用两种育苗方案作杨树的育苗试验，两种育苗试验中，已知苗高的标准差分别为 $\sigma_1=20$ cm，$\sigma_2=18$ cm，各抽取 80 株树苗作为样本，算得苗高的样本均值为 $\bar{x}_1=68.12$，$\bar{x}_2=58.65$，已知苗高服从正态分布，试在水平 $\alpha=0.01$ 下，判断两种试验方案对平均苗高有无显著影响？

9. 一台自动车床加工零件的长度服从正态分布 $N(\mu, \sigma^2)$，原来的加工精度 $\sigma_0^2=0.18$，工作一段时间后，抽取 31 个加工好的零件，测得样本方差 $s^2=0.267$，试问这台车床能否保持原来的加工精度？（取 $\alpha=0.05$）

10. 某厂厂方断言该厂生产的小型电动机在正常负载条件下平均消耗电流不会超过 0.8 A. 随机抽取 16 台电动机，发现它们消耗电流平均是 0.92 A，而由这 16 个样本算出的样本标准差是 0.32 A，假定这种电动机的电流消耗 X 服从正态分布，并且检验水平 $\alpha=0.05$，问根据这一抽样结果，能否否定厂方的断言？

11. 设某产品的指标服从正态分布，它的标准差 σ 已知为 150，今抽了一个容量为 26 的样本，计算得平均值为 1 637. 问在 5% 的显著水平下，能否认为这批产品的指标的期望值 μ 为 1 600?

12. 某电器零件的平均电阻一直保持在 2.64 Ω，改变加工工艺后，测得 100 个零件的平均电阻为 2.62 Ω，如改变工艺前后电阻的标准差保持在 0.06 Ω，问新工艺对此零件的电阻有无显著影响?（取 $\alpha=0.05$）

13. 从某种试验物中取出 24 个样品，测量其发热量，计算得 $\bar{x}=11\ 958$，样本标准差 $s=323$，问以 5% 的显著水平是否可认为发热量的期望值是 12 100?（假定发热量是服从正态分布的）

14. 有一种新安眠药，据说在一定剂量下，能比某种旧安眠药平均增加睡眠时间 3 h. 根据资料，用某种旧安眠药时，平均睡眠时间为 20.8 h. 标准差为 1.6 h，为了检验这个说法是否正确，收集到一组使用新安眠药的睡眠时间为 26.7 h，22.0 h，24.1 h，21.0 h，27.2 h，25.0 h，23.4 h. 试问：从这组数据能否说明新安眠药已达到新的疗效?（假定睡眠时间服从正态分布，$\alpha=0.05$）

附表一　标准正态分布表

函数 $\psi(x)=\int_{-\infty}^{x}\frac{1}{\sqrt{2\pi}}e^{-\frac{t^2}{2}}dt\ (-\infty<x<+\infty)$

x	0	1	2	3	4	5	6	7	8	9
0.0	0.500 0	0.504 0	0.508 0	0.512 0	0.516 0	0.519 9	0.523 9	0.527 9	0.531 9	0.535 9
0.1	0.539 8	0.543 8	0.547 8	0.551 7	0.555 7	0.559 6	0.563 6	0.567 5	0.571 4	0.575 3
0.2	0.579 3	0.583 2	0.587 1	0.591 0	0.594 8	0.598 7	0.602 6	0.606 4	0.610 3	0.614 1
0.3	0.617 9	0.621 7	0.625 5	0.629 3	0.633 1	0.636 8	0.640 6	0.644 3	0.648 0	0.651 7
0.4	0.655 4	0.659 1	0.662 8	0.666 4	0.670 0	0.673 6	0.677 2	0.680 8	0.684 4	0.687 9
0.5	0.691 5	0.695 0	0.698 5	0.701 9	0.705 4	0.708 8	0.712 3	0.715 7	0.719 0	0.722 4
0.6	0.725 7	0.729 1	0.732 4	0.735 7	0.738 9	0.742 2	0.745 4	0.748 6	0.751 7	0.754 9
0.7	0.758 0	0.761 1	0.764 2	0.767 3	0.770 3	0.773 4	0.776 4	0.779 4	0.782 3	0.785 2
0.8	0.788 1	0.791 0	0.793 9	0.796 7	0.799 5	0.802 3	0.805 1	0.807 8	0.810 6	0.813 3
0.9	0.815 9	0.818 6	0.821 2	0.823 8	0.826 4	0.828 9	0.831 5	0.834 0	0.836 5	0.838 9
1.0	0.841 3	0.843 8	0.846 1	0.848 5	0.850 8	0.853 1	0.855 4	0.857 7	0.859 9	0.862 1
1.1	0.864 3	0.866 5	0.868 6	0.870 8	0.872 9	0.874 9	0.877 0	0.879 0	0.881 0	0.883 0
1.2	0.884 9	0.886 9	0.888 8	0.890 7	0.892 5	0.894 4	0.896 2	0.898 0	0.899 7	0.901 5
1.3	0.903 2	0.904 9	0.906 6	0.908 2	0.909 9	0.911 5	0.913 1	0.914 7	0.916 2	0.917 7
1.4	0.919 2	0.920 7	0.922 2	0.923 6	0.925 1	0.926 5	0.927 9	0.929 2	0.930 6	0.931 9
1.5	0.933 2	0.935 7	0.936 3	0.937 0	0.938 2	0.939 4	0.940 6	0.941 8	0.944 1	0.944 2
1.6	0.945 2	0.946 3	0.947 4	0.948 4	0.949 5	0.950 5	0.951 5	0.952 5	0.953 5	0.954 5
1.7	0.955 4	0.956 4	0.957 3	0.958 2	0.959 1	0.959 9	0.960 8	0.961 6	0.962 5	0.963 3
1.8	0.964 1	0.964 8	0.965 6	0.966 4	0.967 1	0.967 8	0.968 6	0.969 3	0.969 9	0.970 6
1.9	0.971 3	0.971 9	0.972 6	0.973 2	0.973 8	0.974 4	0.975 0	0.975 6	0.976 1	0.976 7
2.0	0.977 2	0.977 8	0.978 3	0.978 8	0.979 3	0.979 8	0.980 3	0.980 8	0.981 2	0.981 7
2.1	0.982 1	0.982 6	0.983 0	0.983 4	0.983 8	0.984 2	0.984 6	0.985 0	0.985 4	0.985 7
2.2	0.986 1	0.986 4	0.986 8	0.987 1	0.987 5	0.987 8	0.988 1	0.988 4	0.988 7	0.989 0
2.3	0.989 3	0.989 6	0.989 8	0.990 1	0.990 4	0.990 6	0.990 9	0.991 1	0.991 3	0.991 6

续表

x	0	1	2	3	4	5	6	7	8	9
2.4	0.991 8	0.992 0	0.992 2	0.992 5	0.992 7	0.992 9	0.993 1	0.993 2	0.993 4	0.993 6
2.5	0.993 8	0.994 0	0.994 1	0.994 3	0.994 5	0.994 6	0.994 8	0.994 9	0.995 1	0.995 2
2.6	0.995 3	0.995 5	0.995 6	0.995 7	0.995 9	0.996 0	0.996 1	0.996 2	0.996 3	0.996 4
2.7	0.996 5	0.996 6	0.996 7	0.996 8	0.996 9	0.997 0	0.997 1	0.997 2	0.997 3	0.997 4
2.8	0.997 4	0.997 5	0.997 6	0.997 7	0.997 7	0.997 8	0.997 9	0.997 9	0.998 0	0.998 1
2.9	0.998 1	0.998 2	0.998 2	0.998 3	0.998 4	0.998 4	0.998 5	0.998 5	0.998 6	0.998 6

x	$\psi(x)$	x	$\psi(x)$	x	$\psi(x)$
3.0	0.998 65	3.7	0.999 89	4.4	0.999 995
3.1	0.999 03	3.8	0.999 93	4.5	0.999 997
3.2	0.999 31	3.9	0.999 95	4.6	0.999 998
3.3	0.999 52	4.0	0.999 968	4.7	0.999 999
3.4	0.999 66	4.1	0.999 979	4.8	0.999 999 2
3.5	0.999 77	4.2	0.999 987	4.9	0.999 999 5
3.6	0.999 84	4.3	0.999 991	5.0	0.999 999 7

附表二 χ^2 分布表

$$P(\chi^2 \geqslant \chi_\alpha^2(k)) = \alpha$$

k \ α	0.995	0.99	0.975	0.95	0.90	0.75	0.50	0.25	0.10	0.05	0.025	0.01	0.005
1	0.044	0.032	0.001	0.004	0.016	0.102	0.455	1.32	2.71	3.84	5.02	6.64	7.88
2	0.010	0.020	0.051	0.103	0.211	0.575	1.39	2.77	4.61	5.99	7.38	9.21	10.6
3	0.072	0.115	0.216	0.352	0.584	1.21	2.37	4.11	6.25	7.82	9.35	11.3	12.8
4	0.207	0.297	0.484	0.711	1.06	1.92	3.36	5.39	7.78	9.49	11.1	13.3	14.9
5	0.412	0.554	0.831	1.15	1.61	2.67	4.35	6.63	9.24	11.1	12.8	15.1	16.7
6	0.676	0.872	1.24	1.64	2.20	3.45	5.35	7.84	10.6	12.6	14.4	16.8	18.5
7	0.989	1.24	1.69	2.17	2.83	4.25	6.35	9.04	12.0	14.1	16.0	18.5	20.3
8	1.34	1.65	2.18	2.73	3.49	5.07	7.34	10.2	13.4	15.5	17.5	20.1	22.0
9	1.73	2.09	2.70	3.33	4.17	5.90	8.34	11.4	14.7	16.9	19.0	21.7	23.6
10	2.16	2.56	3.25	3.94	4.87	6.74	9.34	12.5	16.0	18.3	20.5	23.2	25.2
11	2.60	3.05	3.82	4.57	5.58	7.58	10.3	13.7	17.3	19.7	21.9	24.7	26.8
12	3.07	3.57	4.40	5.23	6.30	8.44	11.3	14.8	18.5	21.0	23.3	26.2	28.3
13	3.57	4.11	5.01	5.89	7.04	9.30	12.3	16.0	19.8	22.4	24.7	27.7	29.8
14	4.07	4.66	5.63	6.57	7.79	10.2	13.3	17.1	21.1	23.7	26.1	29.1	31.3
15	4.60	5.23	6.26	7.26	8.55	11.0	14.3	18.2	22.3	25.0	27.5	30.6	32.8
16	5.14	5.81	6.91	7.96	9.31	11.9	15.3	19.4	23.5	26.3	28.8	32.0	34.3
17	5.70	6.41	7.56	8.67	10.1	12.8	16.3	20.5	24.8	27.6	30.2	33.4	35.7
18	6.26	7.02	8.23	9.39	10.9	13.7	17.3	21.6	26.0	28.9	31.5	34.8	37.2
19	6.84	7.63	8.91	10.1	11.7	14.6	18.3	22.7	27.2	30.1	32.9	36.2	38.6
20	7.43	8.26	9.59	10.9	12.4	15.5	19.3	23.8	28.4	31.4	34.2	37.6	40.0
21	8.03	8.90	10.3	11.6	13.2	16.3	20.3	24.9	29.6	32.7	35.5	38.9	41.4
22	8.64	9.54	11.0.	12.3	14.0	17.2	21.3	26.0	30.8	33.9	36.8	40.3	42.8
23	9.26	10.2	11.7	13.1	14.8	18.1	22.3	27.1	32.0	35.2	38.1	41.6	44.2
24	9.89	10.9	12.4	13.8	15.7	19.0	23.3	28.2	33.2	36.4	39.4	43.0	45.6

续表

k \ α	0.995	0.99	0.975	0.95	0.90	0.75	0.50	0.25	0.10	0.05	0.025	0.01	0.005
25	10.5	11.5	13.1	14.6	16.5	19.9	24.3	29.3	34.4	37.7	40.6	44.3	46.9
26	11.2	12.2	13.8	15.4	17.3	20.8	25.3	30.4	35.6	38.9	41.9	45.6	48.3
27	11.8	12.9	14.6	16.2	18.1	21.7	26.3	31.5	36.7	40.1	43.2	47.0	49.6
28	12.5	13.6	15.3	16.9	18.9	22.7	27.3	32.6	37.9	41.3	44.5	48.3	51.0
29	13.1	14.3	16.0	17.7	19.8	32.6	28.3	33.7	39.1	42.6	45.7	49.6	52.3
30	13.8	15.0	16.8	18.5	20.6	24.5	29.3	34.8	40.3	43.8	47.0	50.9	53.7
40	20.7	22.2	24.4	26.5	29.1	33.7	39.3	45.6	51.8	55.8	59.3	63.7	66.8
50	28.0	29.7	32.4	34.8	37.7	42.9	49.3	56.3	63.2	67.5	71.4	76.2	79.5
60	35.5	37.5	40.5	43.2	46.5	52.3	59.3	67.0	74.4	79.1	83.3	88.4	92.0

附表三　t 分布表

$$P(t \geqslant t_{\alpha}(k)) = \alpha$$

k \ α	0.45	0.40	0.35	0.30	0.25	0.20	0.15	0.10	0.05	0.025	0.01	0.005
1	0.158	0.325	0.510	0.727	1.000	1.376	1.963	3.08	6.31	12.71	31.8	63.7
2	0.142	0.289	0.445	0.617	0.816	1.061	1.386	1.886	2.92	4.30	6.96	9.92
3	0.137	0.277	0.424	0.584	0.765	0.978	1.250	1.638	2.35	3.18	4.54	5.84
4	0.134	0.271	0.414	0.569	0.741	0.941	1.190	1.533	2.13	2.78	3.75	4.60
5	0.132	0.267	0.408	0.559	0.727	0.920	1.156	1.476	2.02	2.57	3.36	4.03
6	0.131	0.265	0.404	0.553	0.718	0.906	1.134	1.440	1.943	2.45	3.14	3.71
7	0.130	0.263	0.402	0.549	0.711	0.896	1.119	1.415	1.895	2.36	3.00	3.50
8	0.130	0.262	0.399	0.546	0.706	0.889	1.108	1.397	1.860	2.31	2.90	3.36
9	0.129	0.261	0.398	0.543	0.703	0.883	1.100	1.383	1.833	2.26	2.82	3.25
10	0.129	0.260	0.397	0.542	0.700	0.879	1.093	1.372	1.812	2.23	2.76	3.17
11	0.129	0.260	0.396	0.540	0.697	0.876	1.088	1.363	1.796	2.20	2.72	3.11
12	0.128	0.259	0.395	0.539	0.695	0.873	1.083	1.356	1.782	2.18	2.68	3.06
13	0.128	0.259	0.394	0.538	0.694	0.870	1.079	1.350	1.771	2.16	2.65	3.01
14	0.128	0.258	0.393	0.537	0.692	0.868	1.076	1.345	1.761	2.14	2.62	2.98
15	0.128	0.258	0.393	0.536	0.691	0.866	1.074	1.341	1.753	2.13	2.60	2.95
16	0.128	0.258	0.392	0.535	0.690	0.865	1.071	1.337	1.746	2.12	2.58	2.92
17	0.128	0.257	0.392	0.534	0.689	0.863	1.069	1.333	1.740	2.11	2.57	2.90
18	0.127	0.257	0.392	0.534	0.688	0.862	1.067	1.330	1.734	2.10	2.55	2.88
19	0.127	0.257	0.391	0.533	0.688	0.861	1.066	1.328	1.729	2.09	2.54	2.86
20	0.127	0.257	0.391	0.533	0.687	0.860	1.064	1.325	1.725	2.09	2.53	2.85
21	0.127	0.257	0.391	0.532	0.686	0.859	1.063	1.323	1.721	2.08	2.52	2.83
22	0.127	0.256	0.390	0.532	0.686	0.858	1.061	1.321	1.717	2.07	2.51	2.82
23	0.127	0.256	0.390	0.532	0.685	0.858	1.060	1.319	1.714	2.07	2.50	2.81
24	0.127	0.256	0.390	0.531	0.685	0.857	1.059	1.318	1.711	2.06	2.49	2.80

续表

k \ α	0.45	0.40	0.35	0.30	0.25	0.20	0.15	0.10	0.05	0.025	0.01	0.005
25	0.127	0.256	0.390	0.531	0.684	0.856	1.058	1.316	1.708	2.06	2.48	2.79
26	0.127	0.256	0.390	0.531	0.684	0.856	1.058	1.315	1.706	2.06	2.48	2.78
27	0.127	0.256	0.389	0.531	0.684	0.855	1.057	1.314	1.703	2.05	2.47	2.77
28	0.127	0.256	0.389	0.530	0.683	0.855	1.056	1.313	1.701	2.05	2.47	2.76
29	0.127	0.256	0.389	0.530	0.683	0.854	1.055	1.311	1.699	2.04	2.46	2.76
30	0.127	0.256	0.389	0.530	0.683	0.854	1.055	1.310	1.697	2.04	2.46	2.75
40	0.126	0.255	0.388	0.529	0.681	0.851	1.050	1.303	1.684	2.02	2.42	2.70
60	0.126	0.254	0.387	0.527	0.679	0.848	1.046	1.296	1.671	2.00	2.39	2.66
120	0.126	0.254	0.386	0.526	0.677	0.845	1.041	1.289	1.658	1.980	2.36	2.62
∞	0.126	0.253	0.385	0.524	0.674	0.842	1.036	1.282	1.645	1.960	2.33	2.58

附表四　F 分布表

$$P(F \geqslant F_{\alpha}(k_1, k_2)) = \alpha$$

$$\alpha = 0.05$$

k_2 \ k_1	1	2	3	4	5	6	7	8	9	10	12	15	20	24	30	40	60	120	∞
1	161.4	199.5	215.7	224.6	230.2	234.0	236.8	238.9	240.5	241.9	243.9	245.9	248.0	249.1	250.1	251.1	252.2	253.3	254.3
2	18.51	19.00	19.16	19.25	19.30	19.33	19.35	19.37	19.38	19.40	19.41	19.43	19.45	19.45	19.46	19.47	19.48	19.49	19.50
3	10.13	9.55	9.28	9.12	9.01	8.94	8.89	8.85	8.81	8.79	8.74	8.70	8.66	8.64	8.62	8.59	8.57	8.55	8.53
4	7.71	6.94	6.59	6.39	6.26	6.16	6.09	6.04	6.00	5.96	5.91	5.86	5.80	5.77	5.75	5.72	5.69	5.66	5.63
5	6.61	5.79	5.41	5.19	5.05	4.95	4.88	4.82	4.77	4.74	4.68	4.62	4.56	4.53	4.50	4.46	4.43	4.40	4.36
6	5.99	5.14	4.76	4.53	4.39	4.28	4.21	4.15	4.10	4.06	4.00	3.94	3.87	3.84	3.81	3.77	3.74	3.70	3.67
7	5.59	4.74	4.35	4.12	3.97	3.87	3.79	3.73	3.68	3.64	3.57	3.51	3.44	3.41	3.38	3.34	3.30	3.27	3.23
8	5.32	4.46	4.07	3.84	3.69	3.58	3.50	3.44	3.39	3.35	3.28	3.22	3.15	3.12	3.08	3.04	3.01	2.97	2.93
9	5.12	4.26	3.86	3.63	3.48	3.37	3.29	3.23	3.18	3.14	3.07	3.01	2.94	2.90	2.86	2.83	2.79	2.75	2.71
10	4.96	4.10	3.71	3.48	3.33	3.22	3.14	3.07	3.02	2.98	2.91	2.85	2.77	2.74	2.70	2.66	2.62	2.58	2.54
11	4.84	3.98	3.59	3.36	3.20	3.09	3.01	2.95	2.90	2.85	2.79	2.72	2.65	2.61	2.57	2.53	2.49	2.45	2.40
12	4.75	3.89	3.49	3.26	3.11	3.00	2.91	2.85	2.80	2.75	2.69	2.62	2.54	2.51	2.47	2.43	2.38	2.34	2.30
13	4.67	3.81	3.41	3.18	3.03	2.92	2.83	2.77	2.71	2.67	2.60	2.53	2.46	2.42	2.38	2.34	2.30	2.25	2.21

续表

k_2 \ k_1	1	2	3	4	5	6	7	8	9	10	12	15	20	24	30	40	60	120	∞
14	4.60	3.74	3.34	3.11	2.96	2.85	2.76	2.70	2.65	2.60	2.53	2.46	2.39	2.35	2.31	2.27	2.22	2.18	2.13
15	4.54	3.68	3.29	3.06	2.90	2.79	2.71	2.64	2.59	2.54	2.48	2.40	2.33	2.29	2.25	2.20	2.16	2.11	2.07
16	4.49	3.63	3.24	3.01	2.85	2.74	2.66	2.59	2.54	2.49	2.42	2.35	2.28	2.24	2.19	2.15	2.11	2.06	2.01
17	4.45	3.59	3.20	2.96	2.81	2.70	2.61	2.55	2.49	2.45	2.38	2.31	2.23	2.19	2.15	2.10	2.06	2.01	1.96
18	4.41	3.55	3.16	2.93	2.77	2.66	2.58	2.51	2.46	2.41	2.34	2.27	2.19	2.15	2.11	2.06	2.02	1.97	1.92
19	4.38	3.52	3.13	2.90	2.74	2.63	2.54	2.48	2.42	2.38	2.31	2.23	2.16	2.11	2.07	2.03	1.98	1.93	1.88
20	4.35	3.49	3.10	2.87	2.71	2.60	2.51	2.45	2.39	2.35	2.28	2.20	2.12	2.08	2.04	1.99	1.95	1.90	1.84
21	4.32	3.47	3.07	2.84	2.68	2.57	2.49	2.42	2.37	2.32	2.25	2.18	2.10	2.05	2.01	1.96	1.92	1.87	1.81
22	4.30	3.44	3.05	2.82	2.66	2.55	2.46	2.40	2.34	2.30	2.23	2.15	2.07	2.03	1.98	1.94	1.89	1.84	1.78
23	4.28	3.42	3.03	2.80	2.64	2.53	2.44	2.37	2.32	2.27	2.20	2.13	2.05	2.01	1.96	1.91	1.86	1.81	1.76
24	4.26	3.40	3.01	2.78	2.62	2.51	2.42	2.36	2.30	2.25	2.18	2.11	2.03	1.98	1.94	1.89	1.84	1.79	1.73
25	4.24	3.39	2.99	2.76	2.60	2.49	2.40	2.34	2.28	2.24	2.16	2.09	2.01	1.96	1.92	1.87	1.82	1.77	1.71
26	4.23	3.37	2.98	2.74	2.59	2.47	2.39	2.32	2.27	2.22	2.15	2.07	1.99	1.95	1.90	1.85	1.80	1.75	1.69
27	4.21	3.35	2.96	2.73	2.57	2.46	2.37	2.31	2.25	2.20	2.13	2.06	1.97	1.93	1.88	1.84	1.79	1.73	1.67
28	4.20	3.34	2.95	2.71	2.56	2.45	2.36	2.29	2.24	2.19	2.12	2.04	1.96	1.91	1.87	1.82	1.77	1.71	1.65
29	4.18	3.33	2.93	2.70	2.55	2.43	2.35	2.28	2.22	2.18	2.10	2.03	1.94	1.90	1.85	1.81	1.75	1.70	1.64
30	4.17	3.32	2.92	2.69	2.53	2.42	2.33	2.27	2.21	2.16	2.09	2.01	1.93	1.89	1.84	1.79	1.74	1.68	1.62
40	4.08	3.23	2.84	2.61	2.45	2.34	2.25	2.18	2.12	2.08	2.00	1.92	1.84	1.79	1.74	1.69	1.64	1.58	1.51
60	4.00	3.15	2.76	2.53	2.37	2.25	2.17	2.10	2.04	1.99	1.92	1.84	1.75	1.70	1.65	1.59	1.53	1.47	1.39
120	3.92	3.07	2.68	2.45	2.29	2.17	2.09	2.02	1.96	1.91	1.83	1.75	1.66	1.61	1.55	1.50	1.43	1.35	1.25
∞	3.84	3.00	2.60	2.37	2.21	2.10	2.01	1.94	1.88	1.83	1.75	1.67	1.57	1.52	1.46	1.39	1.32	1.22	1.00

$\alpha = 0.025$

k_2 \ k_1	1	2	3	4	5	6	7	8	9	10	12	15	20	24	30	40	60	120	∞
1	647. 8	799. 5	864. 2	899. 6	921. 8	937. 1	948. 2	956. 7	963. 3	968. 6	976. 7	984. 9	993. 1	997. 2	1 001	1 006	1 010	1 014	1 018
2	38. 51	39. 00	39. 17	39. 25	39. 30	39. 33	39. 36	39. 37	39. 39	39. 40	39. 41	39. 43	39. 45	39. 46	39. 46	39. 47	39. 48	39. 49	39. 50
3	17. 44	16. 04	15. 44	15. 10	14. 88	14. 73	14. 62	14. 54	14. 47	14. 42	14. 34	14. 25	14. 17	14. 12	14. 08	14. 04	13. 99	13. 95	13. 90
4	12. 22	10. 65	9. 98	9. 60	9. 36	9. 20	9. 07	8. 98	8. 90	8. 84	8. 75	8. 66	8. 56	8. 51	8. 46	8. 41	8. 36	8. 31	8. 26
5	10. 01	8. 43	7. 76	7. 39	7. 15	6. 98	6. 85	6. 76	6. 68	6. 62	6. 52	6. 43	6. 33	6. 28	6. 23	6. 18	6. 12	6. 07	6. 02
6	8. 81	7. 26	6. 60	6. 23	5. 99	5. 82	5. 70	5. 60	5. 52	5. 46	5. 37	5. 27	5. 17	5. 12	5. 07	5. 01	4. 96	4. 90	4. 85
7	8. 07	6. 54	5. 89	5. 52	5. 29	5. 12	4. 99	4. 90	4. 82	4. 76	4. 67	4. 57	4. 47	4. 42	4. 36	4. 31	4. 25	4. 20	4. 14
8	7. 57	6. 06	5. 42	5. 05	4. 82	4. 65	4. 53	4. 43	4. 36	4. 30	4. 20	4. 10	4. 00	3. 95	3. 89	3. 84	3. 78	3. 73	3. 67
9	7. 21	5. 71	5. 08	4. 72	4. 48	4. 32	4. 20	4. 10	4. 03	3. 96	3. 87	3. 77	3. 67	3. 61	3. 56	3. 51	3. 45	3. 39	3. 33
10	6. 94	5. 46	4. 83	4. 47	4. 24	4. 07	3. 95	3. 85	3. 78	3. 72	3. 62	3. 52	3. 42	3. 37	3. 31	3. 26	3. 20	3. 14	3. 08
11	6. 72	5. 26	4. 63	4. 28	4. 04	3. 88	3. 76	3. 66	3. 59	3. 53	3. 43	3. 33	3. 23	3. 17	3. 12	3. 06	3. 00	2. 94	2. 88
12	6. 55	5. 10	4. 47	4. 12	3. 89	3. 73	3. 61	3. 51	3. 44	3. 37	3. 28	3. 18	3. 07	3. 02	2. 96	2. 91	2. 85	2. 79	2. 72
13	6. 41	4. 97	4. 35	4. 00	3. 77	3. 60	3. 48	3. 39	3. 31	3. 25	3. 15	3. 05	2. 95	2. 89	2. 84	2. 78	2. 72	2. 66	2. 60
14	6. 30	4. 86	4. 24	3. 89	3. 66	3. 50	3. 38	3. 29	3. 21	3. 15	3. 05	2. 95	2. 84	2. 79	2. 73	2. 67	2. 61	2. 55	2. 49
15	6. 20	4. 77	4. 15	3. 80	3. 58	3. 41	3. 29	3. 20	3. 12	3. 06	2. 96	2. 86	2. 76	2. 70	2. 64	2. 59	2. 52	2. 46	2. 40
16	6. 12	4. 69	4. 08	3. 73	3. 50	3. 34	3. 22	3. 12	3. 05	2. 99	2. 89	2. 79	2. 68	2. 63	2. 57	2. 51	2. 45	2. 38	2. 32
17	6. 04	4. 62	4. 01	3. 66	3. 44	3. 28	3. 16	3. 06	2. 98	2. 92	2. 82	2. 72	2. 62	2. 56	2. 50	2. 44	2. 38	2. 32	2. 25

续表

k_2 \ k_1	1	2	3	4	5	6	7	8	9	10	12	15	20	24	30	40	60	120	∞
18	5.98	4.56	3.95	3.61	3.38	3.22	3.10	3.01	2.93	2.87	2.77	2.67	2.56	2.50	2.44	2.38	2.32	2.26	2.19
19	5.92	4.51	3.90	3.56	3.33	3.17	3.05	2.96	2.88	2.82	2.72	2.62	2.51	2.45	2.39	2.33	2.27	2.20	2.13
20	5.87	4.46	3.86	3.51	3.29	3.13	3.01	2.91	2.84	2.77	2.68	2.57	2.46	2.41	2.35	2.29	2.22	2.16	2.09
21	5.83	4.42	3.82	3.48	3.25	3.09	2.97	2.87	2.80	2.73	2.64	2.53	2.42	2.37	2.31	2.25	2.18	2.11	2.04
22	5.79	4.38	3.78	3.44	3.22	3.05	2.92	2.84	2.76	2.70	2.60	2.50	2.39	2.33	2.27	2.21	2.14	2.08	2.00
23	5.75	4.35	3.75	3.41	3.18	3.02	2.90	2.81	2.73	2.67	2.57	2.47	2.36	2.30	2.24	2.18	2.11	2.04	1.97
24	5.72	4.32	3.72	3.38	3.15	2.99	2.87	2.78	2.70	2.64	2.54	2.44	2.33	2.27	2.21	2.15	2.08	2.01	1.94
25	5.69	4.29	3.69	3.35	3.13	2.97	2.85	2.75	2.68	2.61	2.51	2.41	2.30	2.24	2.18	2.12	2.05	1.98	1.91
26	5.66	4.27	3.67	3.33	3.10	2.94	2.82	2.73	2.65	2.59	2.49	2.39	2.28	2.22	2.16	2.09	2.03	1.95	1.88
27	5.63	4.24	3.65	3.31	3.08	2.92	2.80	2.71	2.63	2.57	2.47	2.36	2.25	2.19	2.13	2.07	2.00	1.93	1.85
28	5.61	4.22	3.63	3.29	3.06	2.90	2.78	2.69	2.61	2.55	2.45	2.34	2.23	2.17	2.11	2.05	1.98	1.91	1.83
29	5.59	4.20	3.61	3.27	3.04	2.88	2.76	2.67	2.59	2.53	2.43	2.32	2.21	2.15	2.09	2.03	1.96	1.89	1.81
30	5.57	4.18	3.59	3.25	3.03	2.87	2.75	2.65	2.57	2.51	2.41	2.31	2.20	2.14	2.07	2.01	1.94	1.87	1.79
40	5.42	4.05	3.46	3.13	2.90	2.74	2.62	2.53	2.45	2.39	2.29	2.18	2.07	2.01	1.94	1.88	1.80	1.72	1.64
60	5.29	3.93	3.34	3.01	2.79	2.63	2.51	2.41	2.33	2.27	2.17	2.06	1.94	1.88	1.82	1.74	1.67	1.58	1.48
120	5.15	3.80	3.23	2.89	2.67	2.52	2.39	2.30	2.22	2.16	2.05	1.94	1.82	1.76	1.69	1.61	1.53	1.43	1.31
∞	5.02	3.69	3.12	2.79	2.57	2.41	2.29	2.19	2.11	2.05	1.94	1.83	1.71	1.64	1.57	1.48	1.39	1.27	1.00

$\alpha = 0.01$

k_2 \ k_1	1	2	3	4	5	6	7	8	9	10	12	15	20	24	30	40	60	120	∞
1	4 052	4 999.5	5 403	5 625	5 764	5 859	5 928	5 982	6 022	6 156	6 106	6 157	6 209	6 235	6 261	6 287	6 313	6 339	6 366
2	98.50	99.00	99.17	99.25	99.30	99.33	99.36	99.37	99.39	99.40	99.42	99.43	99.45	99.46	99.47	99.47	99.48	99.49	99.50
3	34.12	30.82	29.46	28.71	28.24	27.91	27.67	27.49	27.35	27.23	27.05	26.87	26.69	26.60	26.50	26.41	26.32	26.22	26.13
4	21.20	18.00	16.69	15.98	15.52	15.21	14.98	14.80	14.66	14.55	14.37	14.20	14.02	13.93	13.84	13.75	13.65	13.56	13.46
5	16.26	13.27	12.06	11.39	10.97	10.67	10.46	10.29	10.16	10.05	9.89	9.72	9.55	9.47	9.38	9.29	9.20	9.11	9.02
6	13.75	10.92	9.78	9.15	8.75	8.47	8.26	8.10	7.98	7.87	7.72	7.56	7.40	7.31	7.23	7.14	7.06	6.97	6.88
7	12.25	9.55	8.45	7.85	7.46	7.19	6.99	6.84	6.72	6.62	6.47	6.31	6.16	6.07	5.99	5.91	5.82	5.74	5.65
8	11.26	8.65	7.59	7.01	6.63	6.37	6.18	6.03	5.91	5.81	5.67	5.52	5.36	5.28	5.20	5.12	5.03	4.95	4.86
9	10.56	8.02	6.99	6.42	6.06	5.80	5.61	5.47	5.35	5.26	5.11	4.96	4.81	4.73	4.65	4.57	4.48	4.40	4.31
10	10.04	7.56	6.55	5.99	5.64	5.39	5.20	5.06	4.94	4.85	4.71	4.56	4.41	4.33	4.25	4.17	4.08	4.00	3.91
11	9.65	7.21	6.22	5.67	5.32	5.07	4.89	4.74	4.63	4.54	4.40	4.25	4.10	4.02	3.94	3.86	3.78	3.69	3.60
12	9.33	6.93	5.95	5.41	5.06	4.82	4.64	4.50	4.39	4.30	4.16	4.01	3.86	3.78	3.70	3.62	3.54	3.45	3.36
13	9.07	6.70	5.74	5.21	4.86	4.62	4.44	4.30	4.19	4.10	3.96	3.82	3.66	3.59	3.51	3.43	3.34	3.25	3.17
14	8.86	6.51	5.56	5.04	4.69	4.46	4.28	4.14	4.03	3.94	3.80	3.66	3.51	3.43	3.35	3.27	3.18	3.09	3.00
15	8.68	6.36	5.42	4.89	4.56	4.32	4.14	4.00	3.89	3.80	3.67	3.52	3.37	3.29	3.21	3.13	3.05	2.96	2.87
16	8.53	6.23	5.29	4.77	4.44	4.20	4.03	3.89	3.78	3.69	3.55	3.41	3.26	3.18	3.10	3.02	2.93	2.84	2.75
17	8.40	6.11	5.18	4.67	4.34	4.10	3.93	3.79	3.68	3.59	3.46	3.31	3.16	3.08	3.00	2.92	2.83	2.75	2.65

续表

k_2 \ k_1	1	2	3	4	5	6	7	8	9	10	12	15	20	24	30	40	60	120	∞
18	8. 29	6. 01	5. 09	4. 58	4. 25	4. 01	3. 84	3. 71	3. 60	3. 51	3. 37	3. 23	3. 08	3. 00	2. 92	2. 84	2. 75	2. 66	2. 57
19	8. 18	5. 93	5. 01	4. 50	4. 17	3. 94	3. 77	3. 63	3. 52	3. 43	3. 30	3. 15	3. 00	2. 92	2. 84	2. 76	2. 67	2. 58	2. 49
20	8. 10	5. 85	4. 94	4. 43	4. 10	3. 87	3. 70	3. 56	3. 46	3. 37	3. 23	3. 09	2. 94	2. 86	2. 78	2. 69	2. 61	2. 52	2. 42
21	8. 02	5. 78	4. 87	4. 37	4. 04	3. 81	3. 64	3. 51	3. 40	3. 31	3. 17	3. 03	2. 88	2. 80	2. 72	2. 64	2. 55	2. 46	2. 36
22	7. 95	5. 72	4. 82	4. 31	3. 99	3. 76	3. 59	3. 45	3. 35	3. 26	3. 12	2. 98	2. 83	2. 75	2. 67	2. 58	2. 50	2. 40	2. 31
23	7. 88	5. 66	4. 76	4. 26	3. 94	3. 71	3. 54	3. 41	3. 30	3. 21	3. 07	2. 93	2. 78	2. 70	2. 62	2. 54	2. 45	2. 35	2. 26
24	7. 82	5. 61	4. 72	4. 22	3. 90	367	3. 50	3. 36	3. 26	3. 17	3. 03	2. 89	2. 74	2. 66	2. 58	2. 49	2. 40	2. 31	2. 21
25	7. 77	5. 57	4. 68	4. 18	3. 85	3. 63	3. 46	3. 32	3. 22	3. 13	2. 99	2. 85	2. 70	2. 62	2. 54	2. 45	2. 36	2. 27	2. 17
26	7. 72	5. 53	4. 64	4. 14	3. 82	3. 59	3. 42	3. 29	3. 18	3. 09	2. 96	2. 81	2. 66	2. 58	2. 50	2. 42	2. 33	2. 23	2. 13
27	7. 68	5. 49	4. 60	4. 11	3. 78	3. 56	3. 39	3. 26	3. 15	3. 06	2. 93	2. 78	2. 63	2. 55	2. 47	2. 38	2. 29	2. 20	2. 10
28	7. 64	5. 45	4. 57	4. 07	3. 75	3. 53	3. 36	3. 23	3. 12	3. 03	2. 90	2. 75	2. 60	2. 52	2. 44	2. 35	2. 26	2. 17	2. 06
29	7. 60	5. 42	4. 54	4. 04	3. 73	3. 50	3. 33	3. 20	3. 09	3. 00	2. 87	2. 73	2. 57	2. 49	2. 41	2. 33	2. 23	2. 14	2. 03
30	7. 56	5. 39	4. 51	4. 02	3. 70	3. 47	3. 30	3. 17	3. 07	2. 98	2. 84	2. 70	2. 55	2. 47	2. 39	2. 30	2. 21	2. 11	2. 01
40	7. 31	5. 18	4. 31	3. 83	3. 51	3. 29	3. 12	2. 99	2. 89	2. 80	2. 66	2. 52	2. 37	2. 29	2. 20	2. 11	2. 02	1. 92	1. 80
60	7. 08	4. 98	4. 13	3. 65	3. 34	3. 12	2. 95	2. 82	2. 72	2. 63	2. 50	2. 35	2. 20	2. 12	2. 03	1. 94	1. 84	1. 73	1. 60
120	6. 85	4. 79	3. 95	3. 48	3. 17	2. 96	2. 79	2. 66	2. 56	2. 47	2. 34	2. 19	2. 03	1. 95	1. 86	1. 76	1. 66	1. 53	1. 38
∞	6. 63	4. 61	3. 78	3. 32	3. 02	2. 80	2. 64	2. 51	2. 41	2. 32	2. 18	2. 04	1. 88	1. 79	1. 70	1. 59	1. 47	1. 32	1. 00

$\alpha = 0.005$

k_2 \ k_1	1	2	3	4	5	6	7	8	9	10	12	15	20	24	30	40	60	120	∞
1	16 211	20 000	21 615	22 500	23 056	23 437	23 715	23 925	24 091	24 224	24 426	24 630	24 836	24 940	25 044	25 148	25 253	25 359	25 465
2	198. 5	199. 0	199. 2	199. 2	199. 3	199. 3	199. 4	199. 4	199. 4	199. 4	199. 4	199. 4	199. 4	199. 5	199. 5	199. 5	199. 5	199. 5	199. 5
3	55. 55	49. 80	47. 47	46. 19	45. 39	44. 84	44. 43	44. 13	43. 88	43. 69	43. 39	43. 08	42. 78	42. 62	42. 47	42. 31	42. 15	41. 99	41. 83
4	31. 33	26. 28	24. 26	23. 15	22. 46	21. 97	21. 62	21. 35	21. 14	20. 97	20. 70	20. 44	20. 17	20. 03	19. 89	19. 75	19. 61	19. 47	19. 32
5	22. 78	18. 31	16. 53	15. 56	14. 94	14. 20	14. 20	13. 96	13. 77	13. 62	13. 38	13. 15	12. 90	12. 78	12. 66	12. 53	12. 40	12. 27	12. 14
6	18. 63	14. 54	12. 92	12. 03	11. 46	11. 07	10. 79	10. 57	10. 39	10. 25	10. 03	9. 81	9. 59	9. 47	9. 36	9. 24	9. 12	9. 00	8. 88
7	16. 24	12. 40	10. 88	10. 05	9. 52	9. 16	8. 89	8. 68	8. 51	8. 38	8. 18	7. 97	7. 75	7. 65	7. 53	7. 42	7. 31	7. 19	7. 08
8	14. 69	11. 04	9. 60	8. 81	8. 30	7. 95	7. 69	7. 50	7. 34	7. 21	7. 01	6. 81	6. 61	6. 50	6. 40	6. 29	6. 18	6. 06	5. 95
9	13. 61	10. 11	8. 72	7. 96	7. 47	7. 13	6. 88	6. 69	6. 54	6. 42	6. 23	6. 03	5. 83	5. 73	5. 62	5. 52	5. 41	5. 30	5. 19
10	12. 83	9. 43	8. 08	7. 34	6. 87	6. 54	6. 30	6. 12	5. 97	5. 85	5. 66	5. 47	5. 27	5. 17	5. 07	4. 97	4. 86	4. 75	4. 64
11	12. 23	8. 91	7. 60	6. 88	6. 42	6. 10	5. 86	5. 68	5. 54	5. 42	5. 24	5. 05	4. 86	4. 76	4. 65	4. 55	4. 44	4. 34	4. 23
12	11. 75	8. 51	7. 23	6. 52	6. 07	5. 76	5. 52	5. 35	5. 20	5. 09	4. 91	4. 72	4. 53	4. 43	4. 33	4. 23	4. 12	4. 01	3. 90
13	11. 37	8. 19	6. 93	6. 23	5. 79	5. 48	5. 25	5. 08	4. 94	4. 82	4. 64	4. 46	4. 27	4. 17	4. 07	3. 97	3. 87	3. 76	3. 65
14	11. 06	7. 92	6. 68	6. 00	5. 56	5. 26	5. 03	4. 86	4. 72	4. 60	4. 43	4. 25	4. 06	3. 96	3. 86	3. 76	3. 66	3. 55	3. 44
15	10. 80	7. 70	6. 48	5. 80	5. 37	5. 07	4. 85	4. 67	4. 54	4. 42	4. 25	4. 07	3. 88	3. 79	3. 69	3. 58	3. 48	3. 37	3. 26
16	10. 58	7. 51	6. 30	5. 64	5. 21	4. 91	4. 69	4. 52	4. 38	4. 27	4. 10	3. 92	3. 73	3. 64	3. 54	3. 44	3. 33	3. 22	3. 11
17	10. 38	7. 35	6. 16	5. 50	5. 07	4. 78	4. 56	4. 39	4. 25	4. 14	3. 97	3. 79	3. 61	3. 51	3. 41	3. 31	3. 21	3. 10	2. 98

续表

k_2 \ k_1	1	2	3	4	5	6	7	8	9	10	12	15	20	24	30	40	60	120	∞
18	10.22	7.21	6.03	5.37	4.96	4.66	4.44	4.28	4.14	4.03	3.86	3.68	3.50	3.40	3.30	3.20	3.10	2.99	2.87
19	10.07	7.09	5.92	5.27	4.85	4.56	4.34	4.18	4.04	3.93	3.76	3.59	3.40	3.31	3.21	3.11	3.00	2.89	2.78
20	9.94	6.99	5.82	5.17	4.76	4.47	4.26	4.09	3.96	3.85	3.68	3.50	3.32	3.22	3.12	3.02	2.92	2.81	2.69
21	9.83	6.89	5.73	5.09	4.68	4.39	4.18	4.01	3.88	3.77	3.60	3.43	3.24	3.15	3.05	2.95	2.84	2.73	2.61
22	9.73	6.81	5.65	5.02	4.61	4.32	4.11	3.94	3.81	3.70	3.54	3.36	3.18	3.08	2.98	2.88	2.77	2.66	2.55
23	9.63	6.73	5.58	4.95	4.54	4.26	4.05	3.88	3.75	3.64	3.47	3.30	3.12	3.02	2.92	2.82	2.71	2.60	2.48
24	9.55	6.66	5.52	4.89	4.49	4.20	3.99	3.83	3.69	3.59	3.42	3.25	3.06	2.97	2.87	2.77	2.66	2.55	2.43
25	9.48	6.60	5.46	4.84	4.43	4.15	3.94	3.78	3.64	3.54	3.37	3.20	3.01	2.92	2.82	2.72	2.61	2.50	2.38
26	9.41	6.54	5.41	4.79	4.38	4.10	3.89	3.73	3.60	3.49	3.33	3.15	2.97	2.87	2.77	2.67	2.56	2.45	2.33
27	9.34	6.49	5.36	4.74	4.34	4.06	3.85	3.69	3.56	3.45	3.28	3.11	2.93	2.83	2.73	2.63	2.52	2.41	2.29
28	9.28	6.44	5.32	4.70	4.30	4.02	3.81	3.65	3.52	3.41	3.25	3.07	2.89	2.79	2.69	2.59	2.48	2.37	2.25
29	9.23	6.40	5.28	4.66	4.26	3.98	3.77	3.61	3.48	3.38	3.21	3.04	2.86	2.76	2.66	2.56	2.45	2.33	2.21
30	9.18	6.35	5.24	4.62	4.23	3.95	3.74	3.58	3.45	3.34	3.18	3.01	2.82	2.73	2.63	2.52	2.42	2.30	2.18
40	8.83	6.07	4.98	4.37	3.99	3.71	3.51	3.35	3.22	3.12	2.95	2.78	2.60	2.50	2.40	2.30	2.18	2.06	1.93
60	8.49	5.79	4.73	4.14	3.76	3.49	3.29	3.13	3.01	2.90	2.74	2.57	2.39	2.29	2.19	2.08	1.96	1.83	1.69
120	8.18	5.54	4.50	3.92	3.55	3.28	3.09	2.93	2.81	2.71	2.54	2.37	2.19	2.09	1.98	1.87	1.75	1.61	1.43
∞	7.88	5.30	4.28	3.72	3.35	3.09	2.90	2.74	2.62	2.52	2.36	2.19	2.00	1.90	1.79	1.67	1.53	1.36	1.00

习题答案

习题一

1. A

2. B

3. A

4. B

5. D

习题二

1. (1) $A\overline{B}\overline{C}$; (2) $AB\overline{C}$; (3) ABC; (4) $A+B+C$; (5) $\overline{A}\overline{B}\overline{C}$;
(6) $\overline{A}\overline{B}\overline{C}+A\overline{B}\overline{C}+\overline{A}B\overline{C}+\overline{A}\overline{B}C$; (7) $\overline{ABC}$; (8) $ABC+AB\overline{C}+A\overline{B}C+\overline{A}BC$;
(9) $(A+B)\overline{C}$; (10) $AB\overline{C}+A\overline{B}C+\overline{A}BC$.

2. $\frac{1\,013}{1\,152}$

3. 0.5

4. $P(A_1)=\frac{1}{15}$, $P(A_2)=\frac{8}{15}$, $P(A_3)=\frac{7}{30}$.

5. $P(\overline{AB})=0.6$, $P(\overline{A}\overline{B})=0.1$.

6. $P(\overline{A}\overline{B})=0.3$, $P(\overline{A}\cup B)=0.6$.

7. 略

8. 0.625

9. $\frac{C_6^3}{C_{15}^3}\cdot\frac{C_9^3}{C_{15}^3}+\frac{C_9^1C_6^2}{C_{15}^3}\cdot\frac{C_8^3}{C_{15}^3}+\frac{C_9^2C_6^1}{C_{15}^3}\cdot\frac{C_7^3}{C_{15}^3}+\frac{C_9^3}{C_{15}^3}\cdot\frac{C_6^3}{C_{15}^3}=\frac{528}{5\,915}$

10. 0.6

11. (1) $\frac{C_{500}^{90}C_{1\,200}^{110}}{C_{1\,700}^{200}}$; (2) $1-\frac{C_{500}^{1}C_{1\,200}^{199}+C_{1\,200}^{200}}{C_{1\,700}^{200}}$.

12. 0.619

13. 196/197

14. (1) 0.4; (2) 0.485 6.

15. $\frac{n+N(n+m)}{(n+m)(N+M+1)}$

16. (1) $\frac{25}{91}$; (2) $\frac{6}{91}$.

17. $\frac{1}{1\,260}$

18. (1) $\frac{N-n}{N}$; (2) $\frac{n!\ (N-n)!}{N!}$.

19. 0.8

20. (1) $\frac{8}{225}$; (2) $\frac{4}{91}$.

21. (1) $\frac{1}{n+1}$; (2) $\frac{1}{n(n+1)}$.

22. 0.901

23. (1) $\frac{5}{21}$; (2) $\frac{10}{21}$; (3) $\frac{11}{21}$.

24. 0.746

25. 0.01

26. $\frac{3}{10}$

27. 0.588

28. (1) 0.363 32; (2) 0.214 76.

29. 0.25

30. (1) 0.253; (2) 0.055 4.

31. 0.66

32. (1) 三局两胜制 0.648; (2) 五局三胜制 0.682.

33. (1) $\frac{1}{2}$; (2) $\frac{2}{9}$.

34. 0.037 9

35. 0.476 5

习题三

1. (1) 是; (2) 不是; (3) 不是; (4) 是

2. (1) $F(x)=\begin{cases}0, & x<-1\\ 0.2, & -1\leqslant x<1\\ 0.7, & 1\leqslant x<2\\ 1, & x\geqslant 2\end{cases}$; (2) 0.8; (3) 1.

3. (1) 两次所得点数之和 ξ 的分布律为:

ξ	2	3	4	5	6	7	8	9	10	11	12
p	$\frac{1}{36}$	$\frac{2}{36}$	$\frac{3}{36}$	$\frac{4}{36}$	$\frac{5}{36}$	$\frac{6}{36}$	$\frac{5}{36}$	$\frac{4}{36}$	$\frac{3}{36}$	$\frac{2}{36}$	$\frac{1}{36}$

(2) 两次中得到小的点数 η 的分布律为:

η	1	2	3	4	5	6
p	$\frac{11}{36}$	$\frac{9}{36}$	$\frac{7}{36}$	$\frac{5}{36}$	$\frac{3}{36}$	$\frac{1}{36}$

4. $P(X=m,Y=n)=p^2q^{n-2}$, $n=2, 3, \cdots; m=1, 2, \cdots, n-1$

$P(X=m|Y=n)=\frac{1}{n-1}$ $n=2, 3, \cdots; m=1, 2, \cdots, n-1$

$P(Y=n|X=m)=pq^{n-m-1}$ $n=2, 3, \cdots, m=1, 2, \cdots, n-1$

5. （1）在有放回抽样下，ξ 服从 $n=4$，$p=2/3$ 为参数的二项分布，其分布列为：

$$P\{\xi=m\}=C_4^m\left(\frac{2}{3}\right)^m\left(\frac{1}{3}\right)^{4-m},\ m=0, 1, 2, 3, 4.$$

在不放回抽样下，ξ 服从 $N=6$，$M=4$，$n=4$ 为参数的超几何分布，其分布列为：

$$P\{\xi=m\}=\frac{C_4^m C_2^{4-m}}{C_6^4},\quad m=2,3,4.$$

（2）在有放回抽样条件下，ξ 的分布函数为：

$$F(x)=P(\xi\leqslant x)=\begin{cases}0, & x<0,\\ \frac{1}{81}, & 0\leqslant x<1,\\ \frac{1}{9}, & 1\leqslant x<2,\\ \frac{11}{27}, & 2\leqslant x<3,\\ \frac{65}{81}, & 3\leqslant x<4,\\ 1, & x\geqslant 4.\end{cases}$$

在无放回抽样条件下，ξ 的分布函数为：

$$F(x)=P(\xi\leqslant x)=\begin{cases}0, & x<2,\\ \frac{6}{15}, & 2\leqslant x<3,\\ \frac{14}{15}, & 3\leqslant x<4,\\ 1, & x\geqslant 4.\end{cases}$$

6. （1）$C=0.5$；（2）$a=\frac{\pi}{2}$.

7. （1）$\frac{7}{27}$；

（2）

Y	0	1	2	3
P	8/27	12/27	6/27	1/27

8. (1) T 的分布函数为 $F_T(t)=\begin{cases}1-e^{-\lambda t}, & t>0\\0, & t\leqslant 0\end{cases}$，即 T 服从参数为 λ 的指数分布；

(2) $P(T>16|T>8)=e^{-8\lambda}$.

9. (1) 0.988 6；(2) $a=111.84$；(3) $a=57.495$.

10. 0.2

11. (1) $f_Y(y)=\begin{cases}\left(\dfrac{y-3}{2}\right)^3 e^{-\left(\frac{y-3}{2}\right)^2}, & y\geqslant 3\\0, & y<3\end{cases}$；(2) $f_Y(y)=\begin{cases}ye^{-y}, & y\geqslant 0\\0, & y<0\end{cases}$；

(3) $f_Y(y)=2e^{4y}e^{-e^{2y}}$，$-\infty<y<\infty$.

12. (1) $\dfrac{1}{\pi}$；(2) $\dfrac{1}{3}$；(3) $F(x)=\begin{cases}0, & x<-1,\\\dfrac{1}{2}+\dfrac{1}{\pi}\arcsin x, & -1\leqslant x<1,\\1, & x\geqslant 1.\end{cases}$

13. $A=1$，$P\left[|X|<\dfrac{\pi}{6}\right]=\dfrac{1}{2}$.

14. (1) $f_Y(y)=\begin{cases}\dfrac{1}{y}, & 1<y<e,\\0, & \text{其他}.\end{cases}$　　(2) $f_Y(y)=\begin{cases}\dfrac{1}{2}e^{-\frac{y}{2}}, & y>0,\\0, & y\leqslant 0.\end{cases}$

15. (1) $A=\dfrac{1}{2}$，$B=\dfrac{1}{\pi}$；(2) $\dfrac{1}{3}$；(3) $f_X(x)=\begin{cases}\dfrac{1}{\pi\sqrt{a^2-x^2}}, & -a<x<a,\\0, & \text{其他}.\end{cases}$

16. $f_Y(y)=\begin{cases}\dfrac{2}{\pi\sqrt{1-y^2}}, & 0<y<1,\\0, & \text{其他}.\end{cases}$

17. $F_{X,Y}(x,y)=\begin{cases}0, & x<0\text{ 或 }y<0,\\x^2y^2, & 0\leqslant x\leqslant 1,\ 0\leqslant y\leqslant 1,\\x^2, & 0\leqslant x\leqslant 1,\ y>1,\\y^2, & x>1,\ 0\leqslant y\leqslant 1,\\1, & x>1,\ y>1.\end{cases}$

18. (1) $f_X(x)=\begin{cases}0, & x\leqslant 0\\e^{-x}, & x>0\end{cases}$，$f_Y(y)=\begin{cases}0, & y\leqslant 0\\ye^{-y}, & y>0\end{cases}$；

(2) $P(X+Y\leqslant 1)=1-2e^{-\frac{1}{2}}+e^{-1}$.

19. (1) X，Y 独立；(2) $e^{-0.1}$

20. $f_Z(z)=\begin{cases}0, & z\leqslant 0,\\1-e^{-z}, & 0<z<1,\\e^{-z}(e-1), & z\geqslant 1.\end{cases}$

21. $P\left(X>\frac{1}{2}\right)=\frac{47}{64}$.

22. 略

23.

(1) $f_\eta(y)=\begin{cases}\frac{1}{\sqrt{2\pi}}e^{-\frac{(\ln y)^2}{2}}\frac{1}{y}, & y>0,\\ 0, & y\leqslant 0.\end{cases}$

(2) $f_\eta(y)=\begin{cases}\frac{1}{2\sqrt{\pi(y-1)}}e^{-\frac{y-1}{4}}, & y>1,\\ 0, & y\leqslant 1.\end{cases}$

(3) $f_\eta(y)=\begin{cases}\sqrt{\frac{2}{\pi}}e^{-\frac{y^2}{2}}, & y>0,\\ 0, & y\leqslant 0.\end{cases}$

24. (1) $P(\xi=k)=0.76\cdot 0.24^{k-1}$, $k=1, 2, \cdots$;

(2) $P(\eta=k)=0.76\cdot 0.6^k 0.4^{k-1}$, $k=1, 2, \cdots$.

25. $\approx 0.080\ 301$

26. 0.5

27. (1) $f_X(x)=\begin{cases}xe^{-x}, & x\geqslant 0,\\ 0, & x<0.\end{cases}$ (2) $P\{X\leqslant 2\}=F_X(2)=1-3e^{-2}$.

28. (1) $A=\frac{2}{\pi}$; (2) 1/6; (3) $F_X(x)=\frac{2}{\pi}\text{arctane}^x$, $(-\infty<x<\infty)$.

29. (1) $A=1$; (2) $F(x)=\begin{cases}0, & x<0,\\ 0.5x^2, & 0\leqslant x<1,\\ 2x-0.5x^2-1, & 1\leqslant x<2,\\ 1, & x\geqslant 2.\end{cases}$ (3) 0.75.

30. (1) $f_X(x)=\begin{cases}2x, & 0<x<1,\\ 0, & \text{其他}.\end{cases}$ $f_Y(y)=\begin{cases}1-\frac{y}{2}, & 0<y<2,\\ 0, & \text{其他}.\end{cases}$

(2) $P\{Y\leqslant 0.5 | X\leqslant 0.5\}=0.75$.

31. 1/3

习题四

1. 2.25 元

2. (1) -0.2; (2) 2.8; (3) 13.4.

3. (1) 1; (2) -1; (3) 7/3.

4. (1) $E(Y)=1/6$; (2) $D(Y)=1/45$.

5. $E(XY)=\frac{1}{6}$; $E(-3X^2+4\sqrt{Y})=\frac{1}{30}(64\sqrt{2}-15)$.

6. $\rho_{\xi,\eta}=\dfrac{(\alpha^2-\beta^2)}{(\alpha^2+\beta^2)}$

7. （1）$COV(X,Y)=-\dfrac{1}{144}$，$\rho_{XY}=-\dfrac{1}{13}$；（2）$D(2X-Y+1)=\dfrac{23}{48}$.

8. 5.209 2 万元

9. （1）$E(XY)=1$；（2）$D(XY)=\dfrac{4}{9}$.

10. （1）$C=1.2$；（2）1.099 1；（3）$-0.130\ 6$；（4）不独立.

11. （1）1；（2）3.

12. （1）0.5；

（2）$E(X)=\dfrac{\pi}{4}$，$D(X)=\dfrac{\pi^2}{16}+\dfrac{\pi}{2}-2$，$E(Y)=\dfrac{\pi}{4}$，$D(Y)=\dfrac{\pi^2}{16}+\dfrac{\pi}{2}-2$；

（3）$\rho_{XY}=-0.245$.

13. （1）2；（2）1/3.

14. $\dfrac{\pi}{12}(b^2+ab+a^2)$

15. $EX=0$；$DX=1/6$.

16. $EX=DX=1$

17. $EX=1$；$DX=1/6$.

18. $k=3$，$a=2$.

19. $a=12$，$b=-12$，$c=3$

20. $E\eta=29$，$D\eta=106$

21. 不独立，$\rho_{XY}=0$

22. 略

23. $E(X^k)=\dfrac{k!}{\lambda^k}$

24. （1）1；（2）10；（3）11.

25. （1）$E(X)=E(Y)=\dfrac{7}{12}$；（2）$D(X)=D(Y)=\dfrac{11}{144}$；（3）$COV(X,Y)=-\dfrac{1}{144}$；（4）$\rho_{XY}=-\dfrac{1}{11}$；（5）$X$，$Y$不独立.

26. （1）$E(X)=12/7$，$E(Y)=2$；（2）$D(X)=3/49$，$D(Y)=4/5$；（3）$COV(X,Y)=8/63$；（4）$\rho_{XY}=0.574$.

27. （1）$E(X)=\dfrac{3}{4}$，$E(Y)=\dfrac{3}{8}$；（2）$D(X)=\dfrac{3}{80}$，$D(Y)=\dfrac{19}{320}$；

（3）$COV(X,Y)=\dfrac{3}{160}$；（4）$\rho_{XY}=0.397\ 4$；（5）X，Y不独立.

28. （1）$D(X)=D(Y)=2\sigma^2$；（2）X与Y的相关系数$\rho_{XY}=0$.

29. (1) $E(U)=1$, $E(V)=8$; (2) $D(U)=5$, $D(V)=5$;
(3) $COV(U,V)=4$, $\rho_{UV}=0.8$.

30. (1) $e^{-\frac{1}{8}}-e^{-\frac{1}{2}}$; (2) $\sqrt{2\pi}$.

31. (1) $\frac{1}{3}$; (2) $\frac{2}{\sqrt{\pi}}$.

32. (1) 2; (2) 1/3.

33. (1) $E(X)=4/5$; (2) $E(Y)=3/5$; (3) $E(XY)=1/2$;
(4) $E(X^2+Y^2)=16/15$.

34. (1) $E(X)=2/3$; (2) $E(Y)=0$; (3) $COV(X, Y)=0$.

35. (1) 7/6; (2) 7/6; (3) −1/36; (4) −1/11; (5) 5/9.

习题五

1. 1/9
2. $n\geqslant 250$
3. $\alpha\leqslant 1-\frac{1}{2n}$
4. 0.421 3
5. (1) 0.952 2; (2) $p\geqslant 0.91$.
6. 0.180 2
7. 0.01
8. 62
9. 0.94
10. $n>537$
11. 可以
12. $n=147$
13. 98 箱
14. 0.94
15. 103
16. 0.988
17. 0.044
18. $n\geqslant\frac{4}{1-p}$
19. 1 791
20. (1) $n\geqslant 20$; (2) $n\geqslant 6$.
21. 0.92
22. 0.958 6
23. 略

习题六

1. $\overline{x}=0.5089$，$s^2=0.000118$
2. （1）$u_{0.05}=1.645$；（2）$u_{0.025}=1.96$.
3. $Y \sim F(n,1)$
4. 略
5. 0.674 2
6. 0.05
7. （1）0.890 4；（2）$n \approx 96$.
8. （1）0.10；（2）0.75.
9. （1）0.909；（2）0.95.
10. （1）0.97；（2）0.98.
11. 0.95
12. $E(\overline{X}^2)=\mu^2+\frac{\sigma^2}{n}$；$D(S^2)=\frac{2\sigma^4}{n-1}$.
13. $a=0.05$，$b=0.01$ 时，Y 服从 χ^2 分布，自由度是 2.
14. $E(Y)=2(n-1)\sigma^2$
15. Y 服从自由度为 9 的 t 分布
16. 0.1
17. 0.895
18. 0.9
19. $Y \sim t(n-1)$
20. $C=1/3$
21. $n=14$
22. n 至少为 25
23. （1）0.091 8；（2）$a=1.7531$.
24. $a=1.628$
25. （1）0.025；（2）0.01.
26. 0.05

习题七

1. 矩估计值 =5/6；最大似然估计值 =5/6.
2. （1）$\hat{b}=2\overline{X}$；（2）1.69.
3. $\hat{\theta}=3\overline{X}$
4. 5/26
5. （1）T_1，T_3 是 θ 的无偏估计量；（2）T_3 是比 T_1 更有效的无偏估计量.
6. $\hat{\theta}=\frac{\overline{X}}{1-\overline{X}}$

7. $\hat{\beta}=\frac{k}{\bar{x}}$

8. $\hat{\theta}=\min(x_i)$

9. $\hat{\theta}=-1-\frac{n}{\sum_{i=1}^{n}\ln x_i}$

10. $\hat{\theta}=\frac{1}{\bar{x}}$

11. $\hat{\lambda}=\frac{n}{\sum_{i=1}^{n}x_i^a}$

12. $\hat{\alpha}=\frac{\bar{X}+\bar{Y}}{2}$，$\hat{\beta}=\frac{\bar{X}-\bar{Y}}{2}$

13. (992.2 h，1 007.8 h)

14. 1 064.56 h

15. 40.84

16. (159.60，165.74)

17. (1) 457.50； (2) (432.30，482.70)； (3) (438.90，476.09)；(4) 1 240.28；(5) (586.79，4 134.27).

18. (0.02，0.10)

19. (1) $\hat{\theta}=\frac{n}{\sum_{i=1}^{n}\ln x_i-n\ln c}$；(2) $\hat{\theta}=\left(\frac{n}{\sum_{i=1}^{n}\ln x_i}\right)^2$.

20. (1 185.612，1 214.388)

21. 219

22. μ 的置信区间为 (1 635.69，1 664.31)；

σ 的置信区间为$(\sqrt{189.24},\sqrt{1\ 333.33})=(13.8,36.5)$.

23. (1) (1 464.42，1 491.58)；(2) (1 466.60，1 489.40).

24. (1) 56.8；(2) (55.56，58.04).

25. (1) $\hat{\mu}=14.72$，$\hat{\sigma}^2=s^2=1.907\ 2$；(2) (14.292，15.148).

26. (60.33，72.27)

27. (−3.65，9.05)

28. (1) $\left(\frac{\sigma_X^2}{\sigma_Y^2}\right)$的单侧置信上限为 1.836；(2) σ_X的单侧置信上限为 12.22.

29. μ 的 0.95 双侧置信区间观测值为 [54.74，75.54]；σ^2 的 0.9 双侧置信区间观测值为 [60.3，464.14].

30. [−1.68，7.68]

31. [0.066，3.094]

习题八

1. 检验假设 $H_0: \mu=580$，$H_1: \mu<580$，选择统计量 $U=\dfrac{\overline{X}-\mu_0}{\sigma/\sqrt{n}}\sim N(0,1)$，计算得到 $U=-2.846<u_\alpha=-1.645$，故拒绝 H_0 接受 H_1，认为折断力均值变小.

2. 原假设 $H_0: \mu=4.55$；备择假设 $H_1: \mu\neq 4.55$，选择统计量 $U=\dfrac{\bar{x}-4.55}{0.11/9}$，计算得到 $|U|=2.86>u_{0.025}=1.96$，故拒绝原假设，即认为总体均值 μ 有显著变化.

3. 原假设 $H_0: \mu=800$；备择假设 $H_1: \mu\neq 800$，选择统计量 $U=\dfrac{\bar{x}-800}{40/\sqrt{9}}$，计算得到 $|U|=1.5<u_{0.025}=1.96$，故接受原假设，即认为这批钢索的断裂强度为 800.

4. 原假设 $H_0: \sigma\leqslant 0.005$；备择假设 $H_1: \sigma>0.005$，选取统计量 $\chi^2=\dfrac{(n-1)S^2}{\sigma^2}\sim\chi^2(n-1)$. 计算得到 $\chi^2=15.68>\chi^2_{0.05}(8)=15.5$，故拒绝 H_0，接受 H_1，即认为该厂生产的这批导线的标准差显著地偏大.

5. $H_0: \sigma^2=5\,000$，$H_1: \sigma^2\neq 5\,000$，选取统计量 $\chi^2=\dfrac{(n-1)S^2}{\sigma^2}\sim\chi^2(n-1)$，计算得到 $\chi^2=46>\chi^2_{0.01}(25)=44.314$，故拒绝 H_0，接受 H_1，即认为这批电池寿命的波动性较以往有显著性变化.

6. $H_0: \mu\geqslant 1\,000$，$H_1: \mu<1\,000$，选取统计量 $U=\dfrac{\overline{X}-\mu_0}{\sigma/\sqrt{n}}\sim N(0,1)$，计算得到 $U=-2.5<-u_{0.05}=-1.645$，故拒绝 H_0，接受 H_1，即认为该厂生产的这批电子元件不合格.

7. $H_0: \mu_A-\mu_B=0$，$H_1: \mu_A-\mu_B<0$，选用统计量 $T=\dfrac{\overline{X}_A-\overline{Y}_B}{S_w\sqrt{\dfrac{1}{n_A}+\dfrac{1}{n_B}}}\sim t(n_A+n_B-2)$，本题由于样本数很大，因此可以认为 $T\sim N(0,1)$，计算得到 $T=-1.754\,2<-u_{0.05}=-1.645$，故拒绝 H_0 接受 H_1，即认为使用原料 B 的产品的平均重量比使用原料 A 的产品的平均重量要大.

8. $H_0: u_1=u_2$，$H_1: u_1\neq u_2$，选取统计量 $u=\dfrac{\bar{x}_1-\bar{x}_2}{\sqrt{\dfrac{\sigma_1^2}{n_1}+\dfrac{\sigma_2^2}{n_2}}}\sim N(0,1)$，拒绝域为 $|u|=\left|\dfrac{\bar{x}_1-\bar{x}_2}{\sqrt{\dfrac{\sigma_1^2}{n_1}+\dfrac{\sigma_2^2}{n_2}}}\right|\geqslant u_{\frac{\alpha}{2}}=2.65$，计算得到 $u=3.15>2.65$，所以拒绝 H_0，认

为两种试验方案对苗高影响显著.

9. H_0: $\sigma^2 < \sigma_0^2$, H_1: $\sigma^2 \geqslant \sigma_0^2$, 选取统计量 $\chi^2 = \frac{(n-1) \cdot S^2}{\sigma_0^2} \sim \chi^2(n-1)$, 拒绝域为 $\chi^2 > \chi^2_{\frac{\alpha}{2}}(n-1) = 43.8$, 计算得到 $\chi^2 = 44.5$, 故拒绝原假设, 认为这台车床不能保持原来的加工精度.

10. H_0: $\mu \leqslant 0.8$, H_1: $\mu > 0.8$, 选取统计量 $t = \frac{(\bar{x} - 0.8)}{\sqrt{\frac{s^2}{n}}} \sim t(n-1)$, 拒绝域为 $t \geqslant t_\alpha(n-1) = 1.753$, 计算得到 $t = 1.5$, 故接受 H_0, 即接受厂方的断言.

11. H_0: $\mu = 1\ 600$, H_1: $\mu \neq 1\ 600$, 选择统计量 $u = \frac{\bar{x} - 1\ 600}{150/\sqrt{26}}$, 拒绝域为 $|u| > u_{\frac{\alpha}{2}} = 1.96$, 计算得到 $|u| = 1.25 < u_{0.025} = 1.96$, 故接受原假设, 即认为这批产品的指标的期望值 μ 为 1 600.

12. H_0: $\mu = 2.64$, H_1: $\mu \neq 2.64$, 选择统计量 $u = \frac{\bar{x} - 2.64}{0.06/\sqrt{100}}$, 拒绝域为 $|u| > u_{\frac{\alpha}{2}} = 1.96$, 计算得到 $|u| = 3.33 > u_{0.025} = 1.96$, 故故拒绝 H_0, 接受 H_1, 即认为新工艺对此零件的电阻有显著影响.

13. H_0: $\mu = 12\ 100$, H_1: $\mu \neq 12\ 100$, 选择统计量 $t = \frac{\bar{x} - 12\ 100}{323/\sqrt{24}} \sim t(23)$, 拒绝域为 $|t| > t_{\frac{\alpha}{2}}(n-1) = 2.07$, 计算得到 $|t| = 2.153\ 7 > t_{0.025}(23) = 2.07$, 故拒绝 H_0, 接受 H_1, 即以 95% 的把握认为试验物的发热量的期望值不是 12 100.

14. H_0: $\mu \geqslant 23.8$, H_1: $\mu < 23.8$, 选择统计量 $u = \frac{\bar{x} - \mu_0}{\sigma/\sqrt{n}} \sim N(0, 1)$, 拒绝域为 $u < -u_\alpha = -1.65$, 计算得到 $u = 0.661\ 3 > -u_\alpha$, 故接受 H_0, 即认为新安眠药已达到新的疗效.

参 考 文 献

[1] 于宗义．实变函数论［M］．第2版．济南：山东大学出版社，2003.

[2]［苏联］A. H. 柯尔莫哥洛夫．概率论基本概念［M］．丁寿田，译．上海：商务印书馆，1952.

[3] 苏淳．概率论［M］．北京：科学出版社，2004.

[4] 王明慈，沈恒范．概率论与数理统计［M］．第2版．北京：高等教育出版社，2007.

[5]［美］威廉．费勒．概率论及其应用［M］．胡迪鹤，译．第3版．北京：人民邮电出版社，2006.

[6]［俄罗斯］A. H. 施利亚耶夫．概率［M］．周概容，译．北京：高等教育出版社，2007.

[7] 王梓坤．概率论基础及其应用［M］．第3版．北京：北京师范大学出版社，2007.

[8] 李子强．概率论与数理统计教程［M］．第2版．北京：科学出版社，2008.

[9] 教育部考试中心．2012年全国硕士研究生入学统一考试数学考试大纲［M］．北京：高等教育出版社，2011.